零基础点对点识图与造价系列

安装工程识图与造价入门

鸿图造价　组编

张利霞　周新海　杨霖华　主编

本书为“零基础点对点识图与造价系列”之一，根据《建设工程工程量清单计价规范》（GB 50500—2013）、《通用安装工程工程量计算规范》（GB 50856—2013）等标准规范编写。本书针对读者在安装工程造价工作中遇到的问题和难点，以问题导入、案例导入、算量分析、关系识图等板块进行一一讲解，同时融合了软件的操作使用。全书共 12 章，主要内容包括：造价工程师执业制度，工程造价管理相关法律法规，工程造价概述，安装工程识图，电气设备安装工程，给水排水、采暖、燃气安装工程，通风空调安装工程，消防工程，建筑智能化系统设备安装工程，刷油、防腐蚀、绝热工程，安装工程定额与清单计价，安装工程造价软件应用。

本书适合安装工程造价、工程管理、工程经济等专业学生及从事造价工作的人员学习参考，可以作为自学造价人员的优选书籍。

图书在版编目（CIP）数据

安装工程识图与造价入门/鸿图造价组编. —北京：机械工业出版社，2021.9（2024.6 重印）

（零基础点对点识图与造价系列）

ISBN 978-7-111-69112-9

Ⅰ.①安…　Ⅱ.①鸿…　Ⅲ.①建筑安装-工程造价　Ⅳ.①TU723.3

中国版本图书馆 CIP 数据核字（2021）第 186282 号

机械工业出版社（北京市百万庄大街 22 号　邮政编码 100037）

策划编辑：闫云霞　责任编辑：闫云霞　刘　晨

责任校对：李　杉　封面设计：张　静

责任印制：刘　媛

涿州市般润文化传播有限公司印刷

2024 年 6 月第 1 版第 2 次印刷

184mm×260mm · 13.25 印张 · 323 千字

标准书号：ISBN 978-7-111-69112-9

定价：48.00 元

电话服务　　　　　　　　　网络服务

客服电话：010-88361066　　机　工　官　网：www.cmpbook.com

010-88379833　　机　工　官　博：weibo.com/cmp1952

010-68326294　　金　书　网：www.golden-book.com

封底无防伪标均为盗版　　机工教育服务网：www.cmpedu.com

编委会

前言

PREFACE

工程造价是比较专业的领域，建筑单位、设计院、造价咨询等单位都需要大量的造价人员，因此具有广阔的发展前景。当前，很多初学造价的人员工作时比较迷茫，而一些转行造价的入门者，学习和工作起来困难就更大一些。因此，一本站在入门者角度的造价图书就显得很有必要，可以帮助这些读者在工作和学习中得心应手，达到事半功倍的效果。

对于入门造价的初学者，任何一个知识盲点都有可能成为他们学习的绊脚石，他们会觉得书中提到的一些专业术语，为什么没有相应的解释？为何没有对应的图片？本书针对以上问题，进行了市场调研，按照初学者的思路，对其学习过程中遇到的知识点、难点和问题进行点对点的讲解，做到识图有根基，算量有依据，前后呼应，理论与实践兼备。

本书根据《建设工程工程量清单计价规范》（GB 50500—2013）、《通用安装工程工程量计算规范》（GB 50856—2013）、《通用安装工程量消耗定额》（TY02-31-2015）及部分省份预算定额等标准规范编写，站在初学者的角度设置内容，具有以下显著特点：

1. 点对点。对识图和算量学习过程中的专业名词和术语进行点对点的解释，重点处给出了图片、音频或音视频解释。

2. 针对性强。每一章按照知识点以“问题导入+案例导入+算量解析+疑难分析”为主线，分别按定额和清单方式进行串讲。

3. 形式新颖。采用直入问题、带着疑问去找答案的方式，帮助读者提高学习兴趣。

4. 实践性强。每个知识点的讲解，所采用的案例和图片均来源于实际。

5. 时效性强。结合新版造价软件进行绘图与工程报表的提取，顺应造价工程新形势的发展。

本书在编写过程中，得到了许多同行的支持与帮助，在此一并表示感谢。由于编者水平有限加上时间紧迫，书中难免有疏漏和不妥之处，望广大读者批评指正。如有疑问，可发邮件至 zjyjr1503@163.com，也可申请加入 QQ 群 811179070 与编者联系。

编　者

目录

CONTENTS

第1章 造价工程师执业制度

1.1 造价工程师的执业范围

造价工程师在工作中必须遵纪守法，恪守职业道德和行为规范，诚信执业，主动接受有关主管部门的监督检查，加强行业自律。造价工程师不得同时受聘于两个或两个以上单位，不得允许他人以本人名义执业，严禁“证书挂靠”。凡出租出借注册证书的，依据相关法律法规进行处罚，构成犯罪的，依法追究刑事责任。

1. 一级造价工程师执业范围

一级造价工程师执业范围包括建设项目全过程的工程造价管理与咨询等，具体工作内容有以下几方面。

（1）项目建议书、可行性研究投资/估算与审核，项目评价造价分析。

（2）建设工程设计概算、施工（图）预算的编制和审核。

（3）建设工程指标投标文件工程量和造价的编制与审核。

（4）建设工程合同价款、结算价款、竣工决算价款的编制与管理。

（5）建设工程审计、仲裁、诉讼、保险中的造价鉴定，工程造价纠纷调解。

（6）建设工程计价依据、造价指标的编制与管理。

（7）与工程造价管理有关的其他事项。

2. 二级造价工程师执业范围

二级造价工程师主要协助一级造价工程师开展相关工作，可独立开展以下具体工作。

（1）建设工程工料分析、计划、组织与成本管理，施工图预算和设计概算的编制。

（2）建设工程量清单、最高投标限价、投标报价的编制。

（3）建设工程合同价款、结算价款和竣工决算价款的编制。

造价工程师应该在本人工程造价咨询成果文件上签章，并承担相应责任。工程造价咨询成果文件应由一级造价工程师审核并加盖执业印章。

1.2 造价工程师的职权与岗位职责

音频 1-1：造价工程师素质要求

1. 造价工程师的职权

（1）使用注册造价工程师的名称。

（2）依法独立执行工程师造价业务。

（3）在本人执业活动中形成的工程造价成果上签字并加盖执业印章。

（4）发起设立工程造价咨询企业。

（5）保管和使用本人的注册证书和执业印章。

（6）参加继续教育。

2. 造价工程师的岗位职责

音频 1-2：造价工程师职业道德

（1）负责审查本项目工程计量和造价管理工作。

（2）审查工程进度款，提出审核意见。

（3）审查合理化建议的费用节省情况。

（4）审核承建商工程进度用款和材料采购用款计划，严格控制投资。

（5）编制工程投资完成情况的图表，及时进行投资跟踪，提出审核意见。

（6）对有争议的计量计价问题提出索赔处理意见，对工程变更对投资的影响提出意见。

（7）负责审核承建商提交的竣工结算。

（8）收集、整理投资控制资料，编制投资控制的监理日志。

（9）承担上级交办的其他工作。

第2章 工程造价管理相关法律法规

2.1 《中华人民共和国建筑法》

《中华人民共和国建筑法》是为了加强对建筑活动的监督管理，维护建筑市场秩序，保证建筑工程的质量和安全，促进建筑业健康发展制定的法律法规。本法所称建筑活动是指各类房屋建筑及其附属设施的建造和与其配套的线路、管道、设备的安装活动。

2.1.1 建筑许可

音频 2-1：施工许可证的条件

1. 建筑工程施工许可

建筑工程开工前，建设单位应当按照国家有关规定向工程所在地县级以上人民政府建设行政主管部门申请领取施工许可证；但是，国务院建设行政主管部门确定的限额以下的小型工程除外。按照国务院规定的权限和程序批准开工报告的建筑工程，不再领取施工许可证。

建设行政主管部门应当自收到申请之日起七日内，对符合条件的申请颁发施工许可证。

建设单位应当自领取施工许可证之日起三个月内开工。因故不能按期开工的，应当向发证机关申请延期；延期以两次为限，每次不超过三个月。既不开工又不申请延期或者超过延期时限的，施工许可证自行废止。

在建的建筑工程因故中止施工的，建设单位应当自中止施工之日起一个月内，向发证机关报告，并按照规定做好建筑工程的维护管理工作。建筑工程恢复施工时，应当向发证机关报告；中止施工满一年的工程恢复施工前，建设单位应当报发证机关核验施工许可证。

按照国务院有关规定批准开工报告的建筑工程，因故不能按期开工或者中止施工的，应当及时向批准机关报告情况。因故不能按期开工超过六个月的，应当重新办理开工报告的批准手续。

2. 从业资格

从事建筑活动的建筑施工企业、勘察单位、设计单位和工程监理单位，按照其拥有的注册资本、专业技术人员、技术装备和已完成的建筑工程业绩等资质条件，划分为不同的资质等级，经资质审查合格，取得相应等级的资质证书后，方可在其资质等级许可的范围内从事建筑活动。

从事建筑活动的专业技术人员，应当依法取得相应的执业资格证书，并在执业资格证书许可的范围内从事建筑活动。

2.1.2 建筑工程发包与承包

1. 发包

1）建筑工程依法实行招标发包，对不适于招标发包的可以直接发包。

2）建筑工程实行公开招标的，发包单位应当依照法定程序和方式，发布招标公告，提供载有招标工程的主要技术要求、主要的合同条款、评标的标准和方法以及开标、评标、定标的程序等内容的招标文件。

开标应当在招标文件规定的时间、地点公开进行。开标后应当按照招标文件规定的评标标准和程序对标书进行评价、比较，在具备相应资质条件的投标者中，择优选定中标者。

3）建筑工程招标的开标、评标、定标由建设单位依法组织实施，并接受有关行政主管部门的监督。

4）建筑工程实行招标发包的，发包单位应当将建筑工程发包给依法中标的承包单位。建筑工程实行直接发包的，发包单位应当将建筑工程发包给具有相应资质条件的承包单位。

5）政府及其所属部门不得滥用行政权力，限定发包单位将招标发包的建筑工程发包给指定的承包单位。

6）提倡对建筑工程实行总承包，禁止将建筑工程肢解发包。

建筑工程的发包单位可以将建筑工程的勘察、设计、施工、设备采购一并发包给一个工程总承包单位，也可以将建筑工程勘察、设计、施工、设备采购的一项或者多项发包给一个工程总承包单位；但是，不得将应当由一个承包单位完成的建筑工程肢解成若干部分发包给几个承包单位。

7）按照合同约定，建筑材料、建筑构配件和设备由工程承包单位采购的，发包单位不得指定承包单位购入用于工程的建筑材料、建筑构配件和设备或者指定生产厂、供应商。

2. 承包

1）承包建筑工程的单位应当持有依法取得的资质证书，并在其资质等级许可的业务范围内承揽工程。

禁止建筑施工企业超越本企业资质等级许可的业务范围或者以任何形式用其他建筑施工企业的名义承揽工程。禁止建筑施工企业以任何形式允许其他单位或者个人使用本企业的资质证书、营业执照，以本企业的名义承揽工程。

2）大型建筑工程或者结构复杂的建筑工程，可以由两个以上的承包单位联合共同承包。共同承包的各方对承包合同的履行承担连带责任。

两个以上不同资质等级的单位实行联合共同承包的，应当按照资质等级低的单位的业务许可范围承揽工程。

3）禁止承包单位将其承包的全部建筑工程转包给他人，禁止承包单位将其承包的全部建筑工程肢解以后以分包的名义分别转包给他人。

4）建筑工程总承包单位可以将承包工程中的部分工程发包给具有相应资质条件的分包单位；但是，除总承包合同中约定的分包外，必须经建设单位认可。施工总承包的，建筑工程主体结构的施工必须由总承包单位自行完成。

建筑工程总承包单位按照总承包合同的约定对建设单位负责；分包单位按照分包合同的约定对总承包单位负责。总承包单位和分包单位就分包工程对建设单位承担连带责任。

禁止总承包单位将工程分包给不具备相应资质条件的单位。禁止分包单位将其承包的工程再分包。

2.1.3 建筑工程监理

国家推行建筑工程监理制度。实行监理的建筑工程，由建设单位委托具有相应资质条件的工程监理单位监理。建设单位与其委托的工程监理单位应当订立书面委托监理合同。

建筑工程监理应当依照法律、行政法规及有关的技术标准、设计文件和建筑工程承包合同，对承包单位在施工质量、建设工期和建设资金使用等方面，代表建设单位实施监督。

工程监理人员认为工程施工不符合工程设计要求、施工技术标准和合同约定的，有权要求建筑施工企业改正。

工程监理人员发现工程设计不符合建筑工程质量标准或者合同约定的质量要求的，应当报告建设单位要求设计单位改正。

2.1.4 建筑安全生产管理

1）建筑工程安全生产管理必须坚持安全第一、预防为主的方针，建立健全安全生产的责任制度和群防群治制度。

2）建筑工程设计应当符合按照国家规定制定的建筑安全规程和技术规范，保证工程的安全性能。

3）建筑施工企业在编制施工组织设计时，应当根据建筑工程的特点制定相应的安全技术措施；对专业性较强的工程项目，应当编制专项安全施工组织设计，并采取安全技术措施。

4）建筑施工企业应当在施工现场采取维护安全、防范危险、预防火灾等措施；有条件的，应当对施工现场实行封闭管理。

对施工现场毗邻的建筑物、构筑物和特殊作业环境可能造成损害的，建筑施工企业应当采取安全防护措施。

5）建筑施工企业应当遵守有关环境保护和安全生产的法律、法规的规定，采取控制和处理施工现场的各种粉尘、废气、废水、固体废物以及噪声、振动对环境的污染和危害的措施。

6）施工现场安全由建筑施工企业负责。实行施工总承包的，由总承包单位负责。分包单位向总承包单位负责，服从总承包单位对施工现场的安全生产管理。

7）建筑施工企业应当建立健全劳动安全生产教育培训制度，加强对职工安全生产的教育培训；未经安全生产教育培训的人员，不得上岗作业。

8）建筑施工企业和作业人员在施工过程中，应当遵守有关安全生产的法律、法规和建筑行业安全规章、规程，不得违章指挥或者违章作业。作业人员有权对影响人身健康的作业程序和作业条件提出改进意见，有权获得安全生产所需的防护用品。作业人员对危及生命安全和人身健康的行为有权提出批评、检举和控告。

9）建筑施工企业应当依法为职工参加工伤保险缴纳工伤保险费。鼓励企业为从事危险作业的职工办理意外伤害保险，支付保险费。

2.1.5 建筑工程质量管理

1）国家对从事建筑活动的单位推行质量体系认证制度。从事建筑活动的单位根据自愿原则可以向国务院产品质量监督管理部门或者国务院产品质量监督管理部门授权的部门认可的认证机构申请质量体系认证。经认证合格的，由认证机构颁发质量体系认证证书。

2）建设单位不得以任何理由，要求建筑设计单位或者建筑施工企业在工程设计或者施工作业中，违反法律、行政法规和建筑工程质量、安全标准，降低工程质量。

建筑设计单位和建筑施工企业对建设单位提出的降低工程质量的要求，应当予以拒绝。

3）建筑工程的勘察、设计单位必须对其勘察、设计的质量负责。勘察、设计文件应当符合有关法律、行政法规的规定和建筑工程质量、安全标准、建筑工程勘察、设计技术规范以及合同的约定。设计文件选用的建筑材料、建筑构配件和设备，应当注明其规格、型号、性能等技术指标，其质量要求必须符合国家规定的标准。

4）建筑施工企业对工程的施工质量负责。建筑施工企业必须按照工程设计图纸和施工技术标准施工，不得偷工减料。工程设计的修改由原设计单位负责，建筑施工企业不得擅自修改工程设计。

5）建筑工程实行质量保修制度。建筑工程的保修范围应当包括地基基础工程、主体结构工程、屋面防水工程和其他土建工程，以及电气管线、上下水管线的安装工程，供热、供冷系统工程等项目；保修的期限应当按照保证建筑物合理寿命年限内正常使用，维护使用者合法权益的原则确定。具体的保修范围和最低保修期限由国务院规定。

2.2 《中华人民共和国民法典》

《中华人民共和国民法典》是为了保护合同当事人的合法权益、维护社会经济秩序、促进社会主义现代化建设而制定。

1. 合同的订立

（1）当事人订立合同，可以采用书面形式、口头形式和其他形式。

书面形式是合同书、信件、电报、电传、传真等可以有形地表现所载内容的形式。

（2）合同的内容由当事人约定。

2. 合同的效力

（1）依法成立的合同，自成立时生效　依照法律、行政法规的规定，合同应当办理批准等手续的，依照其规定。

（2）合同中的下列免责条款无效

1）造成对方人身损害的。

2）因故意或者重大过失造成对方财产损失的。

3. 合同的履行

（1）当事人应当按照约定全面履行自己的义务　当事人应当遵循诚信原则，根据合同的性质、目的和交易习惯履行通知、协助、保密等义务。

音频 2-2：变更或撤销合同的条件

（2）合同生效后，当事人就质量、价款或者报酬、履行地点等内容没有约定或者约定不明确的，可以协议补充；不能达成补充协议的，按照合同有关条款或者交易习惯确定。

（3）当事人就有关合同内容约定不明确，依据前条规定仍不能确定的，适用下列规定：

1）质量要求不明确的，按照强制性国家标准履行；没有强制性国家标准的，按照推荐性国家标准履行；没有推荐性国家标准的，按照行业标准履行；没有国家标准、行业标准的，按照通常标准或者符合合同目的的特定标准履行。

2）价款或者报酬不明确的，按照订立合同时履行地的市场价格履行；依法应当执行政府定价或者政府指导价的，按照规定履行。

3）履行地点不明确，给付货币的，在接受货币一方所在地履行；交付不动产的，在不动产所在地履行；其他标的，在履行义务一方所在地履行。

4）履行期限不明确的，债务人可以随时履行，债权人也可以随时请求履行，但是应当给对方必要的准备时间。

5）履行方式不明确的，按照有利于实现合同目的的方式履行。

6）履行费用的负担不明确的，由履行义务一方负担。因债权人原因增加的履行费用，由债权人负担。

2.3 《中华人民共和国招标投标法》

《中华人民共和国招标投标法》是为了规范招标投标活动，保护国家利益、社会公共利益和招标投标活动当事人的合法权益，提高经济效益，保证项目质量制定的法律。适用于中华人民共和国境内进行招标投标活动。

1. 招标

1）招标人是依照本法规定提出招标项目、进行招标的法人或者其他组织。

2）招标项目按照国家有关规定需要履行项目审批手续的，应当先履行审批手续，取得批准。

招标人应当有进行招标项目的相应资金或者资金来源已经落实，并应当在招标文件中如实载明。

3）国务院发展计划部门确定的国家重点项目和省、自治区、直辖市人民政府确定的地方重点项目不适宜公开招标的，经国务院发展计划部门或者省、自治区、直辖市人民政府批准，可以进行邀请招标。

4）招标人有权自行选择招标代理机构，委托其办理招标事宜。任何单位和个人不得以任何方式为招标人指定招标代理机构。

招标人具有编制招标文件和组织评标能力的，可以自行办理招标事宜。任何单位和个人不得强制其委托招标代理机构办理招标事宜。

依法必须进行招标的项目，招标人自行办理招标事宜的，应当向有关行政监督部门备案。

5）招标代理机构是依法设立、从事招标代理业务并提供相关服务的社会中介组织。

招标代理机构应当具备下列条件：

①有从事招标代理业务的营业场所和相应资金；②有能够编制招标文件和组织评标的相应专业力量。

6）招标代理机构与行政机关和其他国家机关不得存在隶属关系或者其他利益关系。

7）招标人采用公开招标方式的，应当发布招标公告。依法必须进行招标的项目的招标公告，应当通过国家指定的报刊、信息网络或者其他媒介发布。

招标公告应当载明招标人的名称和地址、招标项目的性质、数量、实施地点和时间以及获取招标文件的办法等事项。

8）招标人采用邀请招标方式的，应当向三个以上具备承担招标项目的能力、资信良好的特定的法人或者其他组织发出投标邀请书。

9）招标人可以根据招标项目本身的要求，在招标公告或者投标邀请书中，要求潜在投标人提供有关资质证明文件和业绩情况，并对潜在投标人进行资格审查；国家对投标人的资格条件有规定的，依照其规定。

招标人不得以不合理的条件限制或者排斥潜在投标人，不得对潜在投标人实行歧视待遇。

10）招标人应当根据招标项目的特点和需要编制招标文件。招标文件应当包括招标项目的技术要求、对投标人资格审查的标准、投标报价要求和评标标准等所有实质性要求和条件以及拟签订合同的主要条款。

国家对招标项目的技术、标准有规定的，招标人应当按照其规定在招标文件中提出相应要求。

招标项目需要划分标段、确定工期的，招标人应当合理划分标段、确定工期，并在招标文件中载明。

11）招标文件不得要求或者标明特定的生产供应者以及含有倾向或者排斥潜在投标人的其他内容。

12）招标人对已发出的招标文件进行必要的澄清或者修改的，应当在招标文件要求提交投标文件截止时间至少十五日前，以书面形式通知所有招标文件收受人。该澄清或者修改的内容为招标文件的组成部分。

13）招标人应当确定投标人编制投标文件所需要的合理时间；但是，依法必须进行招标的项目，自招标文件开始发出之日起至投标人提交投标文件截止之日止，最短不得少于二十日。

2. 投标

1）投标人是响应招标、参加投标竞争的法人或者其他组织。

2）投标人应当具备承担招标项目的能力；国家有关规定对投标人资格条件或者招标文件对投标人资格条件有规定的，投标人应当具备规定的资格条件。

3）投标人应当按照招标文件的要求编制投标文件。投标文件应当对招标文件提出的实质性要求和条件做出响应。

招标项目属于建设施工的，投标文件的内容应当包括拟派出的项目负责人与主要技术人员的简历、业绩和拟用于完成招标项目的机械设备等。

4）投标人应当在招标文件要求提交投标文件的截止时间前，将投标文件送达投标地点。招标人收到投标文件后，应当签收保存，不得开启。投标人少于三个的，招标人应当依照本法重新招标。在招标文件要求提交投标文件的截止时间后送达的投标文件，招标人应当拒收。

5）投标人在招标文件要求提交投标文件的截止时间前，可以补充、修改或者撤回已提交的投标文件，并书面通知招标人。补充、修改的内容为投标文件的组成部分。

6）投标人根据招标文件载明的项目实际情况，拟在中标后将中标项目的部分非主体、非关键性工作进行分包的，应当在投标文件中载明。

音频 2-3：联合体投标

7）两个以上法人或者其他组织可以组成一个联合体，以一个投标人的身份共同投标。

8）投标人不得相互串通投标报价，不得排挤其他投标人的公平竞争，损害招标人或者其他投标人的合法权益。

投标人不得与招标人串通投标，损害国家利益、社会公共利益或者他人的合法权益。

禁止投标人以向招标人或者评标委员会成员行贿的手段谋取中标。

9）投标人不得以低于成本的报价竞标，也不得以他人名义投标或者以其他方式弄虚作假，骗取中标。

3. 开标

1）开标应当在招标文件确定的提交投标文件截止时间的同一时间公开进行；开标地点应当为招标文件中预先确定的地点。

2）开标由招标人主持，邀请所有投标人参加。

3）开标时，由投标人或者其推选的代表检查投标文件的密封情况，也可以由招标人委托的公证机构检查并公证；经确认无误后，由工作人员当众拆封，宣读投标人名称、投标价格和投标文件的其他主要内容。

招标人在招标文件要求提交投标文件的截止时间前收到的所有投标文件，开标时都应当当众予以拆封、宣读。开标过程应当记录，并存档备查。

4. 评标

1）评标由招标人依法组建的评标委员会负责。

依法必须进行招标的项目，其评标委员会由招标人的代表和有关技术、经济等方面的专家组成，成员人数为五人以上单数，其中技术、经济等方面的专家不得少于成员总数的三分之二。

与投标人有利害关系的人不得进入相关项目的评标委员会；已经进入的应当更换。

评标委员会成员的名单在中标结果确定前应当保密。

2）招标人应当采取必要的措施，保证评标在严格保密的情况下进行。

任何单位和个人不得非法干预、影响评标的过程和结果。

3）评标委员会可以要求投标人对投标文件中含义不明确的内容作必要的澄清或者说明，但是澄清或者说明不得超出投标文件的范围或者改变投标文件的实质性内容。

4）评标委员会应当按照招标文件确定的评标标准和方法，对投标文件进行评审和比较；设有标底的，应当参考标底。评标委员会完成评标后，应当向招标人提出书面评标报告，并推荐合格的中标候选人。

招标人根据评标委员会提出的书面评标报告和推荐的中标候选人确定中标人。招标人也可以授权评标委员会直接确定中标人。

5）中标人的投标应当符合下列条件之一：①能够最大限度地满足招标文件中规定的各项综合评价标准；②能够满足招标文件的实质性要求，并且经评审的投标价格最低；但是投标价格低于成本的除外。

6）评标委员会经评审，认为所有投标都不符合招标文件要求的，可以否决所有投标。依法必须进行招标的项目的所有投标被否决的，招标人应当依照本法重新招标。

7）在确定中标人前，招标人不得与投标人就投标价格、投标方案等实质性内容进行谈判。

8）评标委员会成员应当客观、公正地履行职务，遵守职业道德，对所提出的评审意见承担个人责任。

评标委员会成员不得私下接触投标人，不得收受投标人的财物或者其他好处。

9）评标委员会成员和参与评标的有关工作人员不得透露对投标文件的评审和比较、中标候选人的推荐情况以及与评标有关的其他情况。

10）中标人确定后，招标人应当向中标人发出中标通知书，并同时将中标结果通知所有未中标的投标人。

中标通知书对招标人和中标人具有法律效力。中标通知书发出后，招标人改变中标结果的，或者中标人放弃中标项目的，应当依法承担法律责任。

11）招标人和中标人应当自中标通知书发出之日起三十日内，按照招标文件和中标人的投标文件订立书面合同。招标人和中标人不得再行订立背离合同实质性内容的其他协议。

招标文件要求中标人提交履约保证金的，中标人应当提交。

12）依法必须进行招标的项目，招标人应当自确定中标人之日起十五日内，向有关行政监督部门提交招标投标情况的书面报告。

13）中标人应当按照合同约定履行义务，完成中标项目。中标人不得向他人转让中标项目，也不得将中标项目肢解后分别向他人转让。

中标人按照合同约定或者经招标人同意，可以将中标项目的部分非主体、非关键性工作分包给他人完成。接受分包的人应当具备相应的资格条件，并不得再次分包。

中标人应当就分包项目向招标人负责，接受分包的人就分包项目承担连带责任。

2.4 其他相关法律法规

2.4.1 《中华人民共和国政府采购法》

《中华人民共和国政府采购法》是为了规范政府采购行为，提高政府采购资金的使用效益，维护国家利益和社会公共利益，保护政府采购当事人的合法权益，促进廉政建设而制定的。适用于中华人民共和国境内进行的政府采购。

政府采购，是指各级国家机关、事业单位和团体组织，使用财政性资金采购依法制定的集中采购目录以内的或者采购限额标准以上的货物、工程和服务的行为。

1. 政府采购当事人

1）政府采购当事人是指在政府采购活动中享有权利和承担义务的各类主体，包括采购人、供应商和采购代理机构等。

2）集中采购机构为采购代理机构。设区的市、自治州以上人民政府根据本级政府采购项目组织集中采购的需要设立集中采购机构。

集中采购机构是非营利事业法人，根据采购人的委托办理采购事宜。

3）采购人可以要求参加政府采购的供应商提供有关资质证明文件和业绩情况，并根据本法规定的供应商条件和采购项目对供应商的特定要求，对供应商的资格进行审查。

4）两个以上的自然人、法人或者其他组织可以组成一个联合体，以一个供应商的身份共同参加政府采购。

以联合体形式进行政府采购的，参加联合体的供应商均应当具备本法第二十二条规定的条件，并应当向采购人提交联合协议，载明联合体各方承担的工作和义务。联合体各方应当共同与采购人签订采购合同，就采购合同约定的事项对采购人承担连带责任。

2. 政府采购方式

政府采购采用公开招标、邀请招标、竞争性谈判、单一来源采购、询价、国务院政府采购监督管理部门认定的其他采购方式。

公开招标应作为政府采购的主要采购方式。

（1）公开招标　采购人采购货物或服务应当采用公开招标方式的，其具体数额标准，属于中央预算的政府采购项目，由国务院规定；属于地方预算的政府采购项目，由省、自治区、直辖市人民政府规定。因特殊情况需要采用公开招标以外的采购方式的，应当在采购活动开始前获得设区的市、自治州以上人民政府采购监督管理部门的批准。

（2）邀请招标　符合下列情形之一的货物或服务，可采用邀请招标方式采购：

1）具有特殊性，只能从有限范围的供应商处采购的。

2）采用公开招标方式的费用占政府采购项目总价值的比例过大的。

（3）竞争性谈判　符合下列情形之一的货物或服务，可采用竞争性谈判方式采购：

1）招标后没有供应商投标或没有合格标的或重新招标未能成立的。

2）技术复杂或性质特殊，不能确定详细规格或具体要求的。

3）采用招标所需时间不能满足用户紧急需要的。

4）不能事先计算出价格总额的。

（4）单一来源采购　符合下列情形之一的货物或服务，可以采用单一来源方式采购：

1）只能从唯一供应商处采购的。

2）发生不可预见的紧急情况，不能从其他供应商处采购的。

3）必须保证原有采购项目一致性或服务配套的要求，需要继续从原供应商处添购，且添购资金总额不超过原合同采购金额10%的。

（5）询价　采购的货物规格和标准统一、现货货源充足且价格变化幅度小的政府采购项目，可以采用询价方式采购。

2.4.2 《中华人民共和国价格法》

《中华人民共和国价格法》中的价格包括商品价格和服务价格。大多数商品价格和服务价格实行市场调节价，只有极少数商品和服务价格实行政府指导价或政府定价。我国的价格管理机构是县级以上各级政府价格主管部门和其他有关部门。

1. 经营者的价格行为

1）商品价格和服务价格，除依照《中华人民共和国价格法》第十八条规定适用政府指导价或者政府定价外，实行市场调节价，由经营者依照《中华人民共和国价格法》自主制定。

2）经营者应当努力改进生产经营管理，降低生产经营成本，为消费者提供价格合理的商品和服务，并在市场竞争中获取合法利润。

3）经营者不得有下列不正当价格行为：

① 相互串通，操纵市场价格，损害其他经营者或者消费者的合法权益。

② 除了依法降价处理鲜活商品、季节性商品、积压商品等商品外，为了排挤竞争对手或者独占市场，以低于成本的价格倾销，扰乱正常的生产经营秩序，损害国家利益或者其他经营者的合法权益。

③ 捏造、散布涨价信息，哄抬价格，推动商品价格过高上涨的。

④ 利用虚假的或者使人误解的价格手段，诱骗消费者或者其他经营者与其进行交易。

⑤ 提供相同商品或者服务，对具有同等交易条件的其他经营者实行价格歧视。

⑥ 采取抬高等级或者压低等级等手段收购、销售商品或者提供服务，变相提高或者压低价格。

⑦ 违反法律、法规的规定牟取暴利。

⑧ 法律、行政法规禁止的其他不正当价格行为。

2. 政府的定价行为

1）下列商品和服务价格，政府在必要时可以实行政府指导价或者政府定价：

① 与国民经济发展和人民生活关系重大的极少数商品价格。

② 资源稀缺的少数商品价格。

③ 自然垄断经营的商品价格。

④ 重要的公用事业价格。

⑤ 重要的公益性服务价格。

2）政府指导价、政府定价的定价权限和具体适用范围，以中央的和地方的定价目录为依据。中央定价目录由国务院价格主管部门制定、修订，报国务院批准后公布。地方定价目录由省、自治区、直辖市人民政府价格主管部门按照中央定价目录规定的定价权限和具体适用范围制定，经本级人民政府审核同意，报国务院价格主管部门审定后公布。省、自治区、直辖市人民政府以下各级地方人民政府不得制定定价目录。

3）国务院价格主管部门和其他有关部门，按照中央定价目录规定的定价权限和具体适用范围制定政府指导价、政府定价；其中重要的商品和服务价格的政府指导价、政府定价，应当按照规定经国务院批准。省、自治区、直辖市人民政府价格主管部门和其他有关部门，应当按照地方定价目录规定的定价权限和具体适用范围制定在本地区执行的政府指导价、政府定价。市、县人民政府可以根据省、自治区、直辖市人民政府的授权，按照地方定价目录规定的定价权限和具体适用范围制定在本地区执行的政府指导价、政府定价。

3. 价格总水平调控

1）稳定市场价格总水平是国家重要的宏观经济政策目标。国家根据国民经济发展的需要和社会承受能力，确定市场价格总水平调控目标，列入国民经济和社会发展计划，并综合运用货币、财政、投资、进出口等方面的政策和措施，予以实现。

2）政府可以建立重要商品储备制度，设立价格调节基金，调控价格，稳定市场。

3）为适应价格调控和管理的需要，政府价格主管部门应当建立价格监测制度，对重要商品、服务价格的变动进行监测。

4. 价格监督检查

政府价格主管部门进行价格监督检查时，可以行使下列职权：

① 询问当事人或者有关人员，并要求其提供证明材料和与价格违法行为有关的其他资料。

② 查询、复制与价格违法行为有关的账簿、单据、凭证、文件及其他资料，核对与价格违法行为有关的银行资料。

③ 检查与价格违法行为有关的财物，必要时可以责令当事人暂停相关营业。

④ 在证据可能灭失或者以后难以取得的情况下，可以依法先行登记保存，当事人或者有关人员不得转移、隐匿或者销毁。

第3章 工程造价概述

3.1 工程造价的概念

工程造价是指拟建工程的建造价格。工程造价的含义从不同的角度具有不同的含义。

1）从业主（建设单位）的角度上讲，工程造价是指完成某项工程建设所需要的全部费用，包括该工程项目有计划地进行固定资产再生产和形成相应无形资产，以及铺底流动资金一次性费用的总和。业主（建设单位）在选定一个工程项目后，必须对该工程项目的可行性进行评估和决策，在此基础上再进行设计招标、工程施工招标直至竣工验收及决算等一系列投资管理活动，所有这些开支就构成了工程造价。

2）从建筑企业即从承包商的角度来定义，工程造价是指一项建设工程项目的建造价格（费用），包括建成该项工程所预计或实际在承包市场、技术市场、劳务市场和设备市场等交易活动中所形成的建筑安装工程的建造价格或建设工程项目建造的总价格。它是以建设工程这种特定的建筑商品形式作为交换对象，并通过工程项目施工招标投标、承包发包或其他交易形式，在进行多次估算或预算的基础上，由市场最终所形成或决定的价格。通常把这种工程造价的含义又认定为建设工程的承发包价格。

上述工程造价的两种含义是从不同角度对同一事物本质的表述。对业主（建设单位）来讲，工程造价就是“购买”工程项目所付出的价格，也是市场需求主体的业主（建设单位）“购买”工程项目时定价的基础。对承包商来讲，工程造价是承包商通过市场提供给需求主体（业主）出售建筑商品和劳务价格的总和，即建筑安装工程造价。

3.2 工程造价的构成

由于工程项目的建设极为复杂，既有工程实体的采购和建造，又关联工程建设各参与主体的技术经济活动，也涉及有关各方的工程管理活动，这些工作最终均要通过工程造价来体现。所以，工程造价就必须完整反映工程建设的所有工作和活动。由此可见，用以体现建造所需费用总和的工程造价，其构成也就必然较为复杂。进行工程造价计价与管理，首先必须掌握工程造价的构成。研究和确定工程造价的构成，是进行工程造价策划和控制的需要和前提。

工程造价的构成按工程项目建设过程中各类费用支出的性质和途径等来确定，是通过费用的划分和汇集所形成的工程造价的费用分解结构。工程造价的基本构成中，包括用于购买工程项目所含各种设备的费用，用于建筑施工和安装施工所需的费用，用于委托工程勘察设计应支付的费用，用于购置土地（或使用权）所需的费用，以及用于建设单位自身进行项目筹建和项目管理所需的费用等。总之，工程造价是工程项目按照确定的建设内容、建设规模、建设标准、功能要求和使用要求等全部建成并验收合格交付使用所需的全部费用。

我国现行工程造价构成及基本计算方法见表 3-1。

表 3-1　工程造价的构成及基本计算方法

构成	费用项目	参考计算方法
(一)建筑安装工程费用	人工费 材料费 施工器具使用费 企业管理费 利润、规费、税金	
(二)设备工器具费用	设备购置费(包括备品、备件) 工器具及生产家具购置费	设备原件×(1+设备运杂费) 设备购置费×费率
(三)工程建设其他费用	土地使用费 建设单位管理费 勘察设计费 研究试验费 生产准备费 办公和生活家具购置费 联合试运转费 临时设施费 工程监理费 工程保险费 引进技术和设备,进口项目的其他费用 配套工程建设费 财务费用 其他	按有关规定计算 [(一)+(二)]×费率或按规定的金额计算 [(一)+(二)]×费率或按规定的金额计算 按有关规定计算 按有关规定计算 按有关规定计算 按有关规定计算 按有关规定计算 按有关规定计算 按有关规定计算 按有关规定计算 按有关规定计算 按有关规定计算 按有关规定计算
(四)预备费	基本预备费 价差预备费	[(一)+(二)]×费率或按规定的金额计算
(五)建设期利息	融资费用及债务资金利息	

3.3　工程造价费用

3.3.1　安装工程费用构成

音频 3-1：人工费

1. 建筑安装工程费用项目组成（按费用构成要素划分）

按照费用构成要素划分的建筑安装工程费用项目组成：如图 3-1 所示。

（1）人工费　指按工资总额构成规定，支付给从事建筑安装工程施工的生产工人和附属生产单位工人的各项费用。

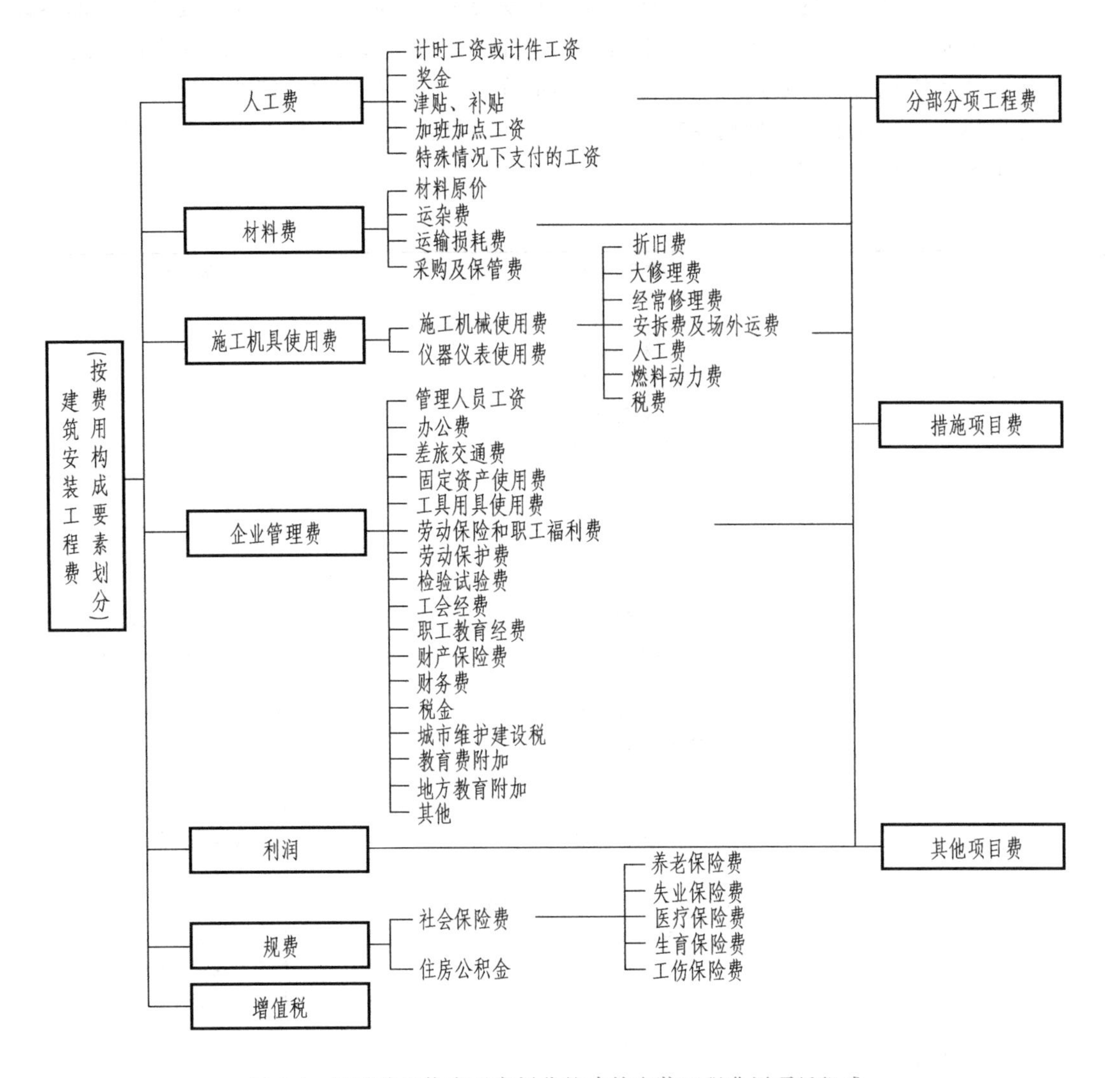

图 3-1　按照费用构成要素划分的建筑安装工程费用项目组成

1）计时工资或计件工资：指按计时工资标准和工作时间或对已做工作按计件单价支付给个人的劳动报酬。

2）奖金：指对超额劳动和增收节支的个人支付的劳动报酬。如节约奖、劳动竞赛奖等。

3）津贴、补贴：指为了补偿职工特殊或额外的劳动消耗和因其他特殊原因支付给个人的津贴，以及为了保证职工工资水平不受物价影响支付给个人的物价补贴。如流动施工津贴、特殊地区施工津贴、高温（寒）作业临时津贴、高空津贴等。

4）加班加点工资：指按规定支付的在法定节假日工作的加班工资和在法定工作日工作时间外延时工作的加点工资。

5）特殊情况下支付的工资：指根据国家法律、法规和政策规定，因病、工伤、产假、计划生育假、婚丧假、事假、探亲假、定期休假、停工学习、执行国家或社会义务等原因按计时工资标准或计时工资标准的一定比例支付的工资。

（2）材料费　指施工过程中耗费的原材料、辅助材料、构配件、零件、半成品或成品、工程设备的费用。

1）材料原价：指材料、工程设备的出厂价格或商家供应价格。

2）运杂费：指材料、工程设备自来源地运至工地仓库或指定堆放地点所发生的全部费用。

3）运输损耗费：指材料在运输装卸过程中不可避免的损耗费用。

音频3-2：材料费

4）采购及保管费：指为组织采购、供应和保管材料、工程设备的过程中所需要的各项费用。包括采购费、仓储费、工地保管费、仓储损耗。工程设备是指构成或计划构成永久工程一部分的机电设备、金属结构设备、仪器装置及其他类似的设备和装置。

（3）施工机具使用费　指施工作业所发生的施工机械、仪器仪表使用费或其租赁费。

1）施工机械使用费：以施工机械台班耗用量乘以施工机械台班单价表示，施工机械台班单价应由下列七项费用组成：

① 折旧费：指施工机械在规定的使用年限内，陆续收回其原值的费用。

② 大修理费：指施工机械按规定的大修理间隔台班进行必要的大修理，以恢复其正常功能所需的费用。

③ 经常修理费：指施工机械除大修理以外的各级保养和临时故障排除所需的费用。包括为保障机械正常运转所需替换设备与随机配备工具附具的摊销和维护费用，机械运转中日常保养所需润滑与擦拭的材料费用及机械停滞期间的维护和保养费用等。

④ 安拆费及场外运费：安拆费指施工机械（大型机械除外）在现场进行安装与拆卸所需的人工、材料、机械和试运转费用以及机械辅助设施的折旧、搭设、拆除等费用；场外运费指施工机械整体或分体自停放地点运至施工现场或由一施工地点运至另一施工地点的运输、装卸、辅助材料及架线等费用。

⑤ 人工费：指机上司机（司炉）和其他操作人员的人工费。

⑥ 燃料动力费：指施工机械在运转作业中所消耗的各种燃料及水、电等。

⑦ 税费：指施工机械按照国家规定应缴纳的车船使用税、保险费及年检费等。

2）仪器仪表使用费：指工程施工所需使用的仪器仪表的摊销及维修费用。

（4）企业管理费　指建筑安装企业组织施工生产和经营管理所需的费用。

1）管理人员工资：指按规定支付给管理人员的计时工资、奖金、津贴补贴、加班加点工资及特殊情况下支付的工资等。

2）办公费：指企业管理办公用的文具、纸张、账表、印刷、邮电、书报、办公软件、现场监控、会议、水电、烧水和集体取暖降温（包括现场临时宿舍取暖降温）等费用。

3）差旅交通费：指职工因公出差、调动工作的差旅费、住勤补助费，市内交通费和误餐补助费，职工探亲路费，劳动力招募费，职工退休、退职一次性路费，工伤人员就医路费，工地转移费以及管理部门使用的交通工具的油料、燃料等费用。

4）固定资产使用费：指管理和试验部门及附属生产单位使用的属于固定资产的房屋、设备、仪器等的折旧、大修、维修或租赁费。

5）工具用具使用费：指企业施工生产和管理使用的不属于固定资产的工具、器具、家具、交通工具和检验、试验、测绘、消防用具等的购置、维修和摊销费。

6）劳动保险和职工福利费：指由企业支付的职工退职金、按规定支付给离休干部的经费、集体福利费、夏季防暑降温费、冬季取暖补贴、上下班交通补贴等。

7）劳动保护费：企业按规定发放的劳动保护用品的支出。如工作服、手套、防暑降温饮料以及在有碍身体健康的环境中施工的保健费用等。

8）检验试验费：指施工企业按照有关标准规定，对建筑以及材料、构件和建筑安装物进行一般鉴定、检查所发生的费用，包括自设试验室进行试验所耗用的材料等费用。不包括新结构、新材料的试验费，对构件做破坏性试验及其他特殊要求检验试验的费用和建设单位委托检测机构进行检测的费用，对此类检测发生的费用，由建设单位在工程建设其他费用中列支。但对施工企业提供的具有合格证明的材料进行检测不合格的，该检测费用由施工企业支付。

9）工会经费：指企业按全部职工工资总额的规定比例计提的工会经费。

10）职工教育经费：指按职工工资总额的规定比例计提，企业为职工进行专业技术和职业技能培训，专业技术人员继续教育、职工职业技能鉴定、职业资格认定以及根据需要对职工进行各类文化教育所发生的费用。

11）财产保险费：指施工管理用财产、车辆等的保险费用。

12）财务费：指企业为施工生产筹集资金或提供预付款担保、履约担保、职工工资支付担保等所发生的各种费用。

13）税金：指企业按规定缴纳的房产税、车船使用税、土地使用税、印花税等。

14）其他：包括技术转让费、技术开发费、投标费、业务招待费、绿化费、广告费、公证费、法律顾问费、审计费、咨询费、保险费等。

15）城市维护建设税、教育费附加以及地方教育附加。

（5）利润　指施工企业完成所承包工程获得的盈利。

（6）规费　指按国家法律、法规规定，由省级政府和省级有关权力部门规定必须缴纳或计取的费用。

1）社会保险费：包括以下几项。

① 养老保险费：是指企业按照规定标准为职工缴纳的基本养老保险费。

② 失业保险费：是指企业按照规定标准为职工缴纳的失业保险费。

③ 医疗保险费：是指企业按照规定标准为职工缴纳的基本医疗保险费。

④ 生育保险费：是指企业按照规定标准为职工缴纳的生育保险费。

⑤ 工伤保险费：是指企业按照规定标准为职工缴纳的工伤保险费。

2）住房公积金：是指企业按规定标准为职工缴纳的住房公积金。

其他应列而未列入的规费，按实际发生计取。

（7）增值税　指国家税法规定的应计入建筑安装工程造价内的增值税销项税额。

2. 建筑安装工程费用项目组成（按造价形成划分）

建筑安装工程费按照工程造价形成由分部分项工程费、措施项目费、其他项目费、规费、税金组成，分部分项工程费、措施项目费、其他项目费包含人工费、材料费、施工机具使用费、企业管理费和利润。

（1）分部分项工程费　指各专业工程的分部分项工程应予列支的各项费用。

1）专业工程：指按现行国家计量规范划分的房屋建筑与装饰工程、仿古建筑工程、通用安装工程、市政工程、园林绿化工程、矿山工程、构筑物工程、城市轨道交通工程、爆破工程等各类工程。

2）分部分项工程：指按现行国家计量规范对各专业工程划分的项目。如房屋建筑与装饰工程划分的土石方工程、地基处理与桩基工程、砌筑工程、钢筋及钢筋混凝土工程等。

（2）措施项目费 指为完成建设工程施工，发生于该工程施工前和施工过程中的技术、生活、安全、环境保护等方面的费用。

1）安全文明施工费：包括以下几项。

① 环境保护费：是指施工现场为达到环保部门要求所需要的各项费用。

② 文明施工费：是指施工现场文明施工所需要的各项费用。

③ 安全施工费：是指施工现场安全施工所需要的各项费用。

④ 临时设施费：是指施工企业为进行建设工程施工所必须搭设的生活和生产用的临时建筑物、构筑物和其他临时设施费用。包括临时设施的搭设费、维修费、拆除费、清理费或摊销费等。

音频3-3：措施项目费的内容

2）夜间施工增加费：是指因夜间施工所发生的夜班补助费、夜间施工降效费、夜间施工照明设备摊销费及照明用电等费用。

3）二次搬运费：是指因施工场地条件限制而发生的材料、构配件、半成品等一次运输不能到达堆放地点，必须进行二次或多次搬运所发生的费用。

4）冬雨季施工增加费：是指在冬季或雨季施工需增加的临时设施、防滑、排除雨雪，人工及施工机械效率降低等费用。

5）已完工程及设备保护费：是指竣工验收前，对已完工程及设备采取的必要保护措施所发生的费用。

6）脚手架工程费：是指施工需要的各种脚手架搭建、拆除、运输费用以及脚手架购置费的摊销（或租赁）费用。

措施项目及其包含的内容详见各类专业工程的现行国家或行业计量规范。

（3）其他项目费

1）暂列金额：是指建设单位在工程量清单中暂定并包括在工程合同价款中的一笔款项。用于施工合同签订时尚未确定或者不可预见的所需材料、工程设备、服务的采购，施工中可能发生的工程变更、合同约定调整因素出现时的工程价款调整以及发生的索赔、现场签证确认等的费用。

2）计日工：是指在施工过程中，施工企业完成建设单位提出的施工图纸以外的零星项目或工作所需的费用。

3）总承包服务费：是指总承包人为配合、协调建设单位进行的专业工程发包，对建设单位自行采购的材料、工程设备等进行保管以及施工现场管理、竣工资料汇总整理等服务所需的费用。

4）暂估价。

（4）规费和税金 规费和税金的构成和计算与按费用构成要素划分建筑安装工程费用项目组成相同。

3.3.2 安装工程费的计取方法

建筑安装工程费所包含的人工费、材料费、施工机具使用费、企业管理费、利润、规费和增值税七项费用要素须按下列方法计算。

1. 人工费

人工费由日工资单价乘以工程的工日消耗量计算得到。计算公式为：

$$人工费=\Sigma(日工资单价\times工程工日消耗量) \tag{3-1}$$

2. 材料（工程设备）费

（1）材料费　材料费由材料单价乘以相应的材料的消耗量计算。

$$材料费=\Sigma(材料单价\times材料消耗量) \tag{3-2}$$

$$材料单价=[(材料原价+运杂费)\times(1+运输损耗率)]\times(1+采购保管费率) \tag{3-3}$$

（2）工程设备费　工程设备费由工程设备单价乘以相应的设备的消耗量计算。

$$工程设备费=\Sigma(工程设备单价\times工程设备消耗量) \tag{3-4}$$

$$工程设备单价=(设备原价+运杂费)\times(1+采购保管费率) \tag{3-5}$$

3. 施工机具使用费

（1）施工机械使用费　由各种机械台班单价乘以相应施工机械的台班消耗量计算。

$$施工机械使用费=\Sigma(机械台班单价\times施工机械台班消耗量) \tag{3-6}$$

$$\begin{aligned}机械台班单价=&台班折旧费+台班大修费+台班经常修理费+台班安拆费及场外运费+\\&台班人工费+台班燃料、动力费+台班车船税费\end{aligned} \tag{3-7}$$

（2）仪器仪表使用费　由工程使用的仪器仪表摊销费加上其维修费计算。

$$仪器仪表使用费=工程使用的仪器仪表摊销费+维修费 \tag{3-8}$$

4. 企业管理费

企业管理费以计算基数乘以相应的企业管理费率计算。计算方法如下：

$$企业管理费=计算基数\times相应的企业管理费率 \tag{3-9}$$

$$企业管理费率=(生产工人年平均管理费/计算基数)\times100\% \tag{3-10}$$

企业管理费的计算基数有三种：以分部分项工程费为计算基数、以人工费为计算基数、以人工费和机械费之和为计算基数；相应的企业管理费率测算的分母亦然。

5. 利润

利润有以下两种计算方法：

1）施工企业根据企业自身需求并结合建筑市场实际自主确定，列入报价中。

2）工程造价管理机构在确定计价定额中利润时，应以定额人工费或（定额人工费+定额机械费）作为计算基数，其费率根据历年工程造价积累的资料，并结合建筑市场实际确定，以单位（单项）工程测算，利润在税前建筑安装工程费的比重可按不低于5%且不高于7%的比率计算。

6. 规费

主要包括社会保险费和住房公积金。

社会保险费和住房公积金应以定额人工费为计算基数，根据工程所在地省、自治区、直辖市或行业建设主管部门规定的费率计算。

社会保险费和住房公积金=Σ(工程定额人工费×社会保险费和住房公积金费率)

(3-11)

7. 增值税

建筑安装工程费用中的增值税按税前造价乘以增值税税率确定。

(1) 一般计税法　当采用一般计税法时，建筑业增值税税率为9%，计算公式为：

增值税=税前造价×9%　(3-12)

(2) 简易计税法

1) 简易计税的适用范围：根据《营业税改征增值税试点实施办法》《营业税改征增值税试点有关事项的规定》以及《关于建筑服务等营改增试点政策的通知》的规定，简易计税方法主要适用于以下几种情况：

① 小规模纳税人发生应税行为适用简易计税方法计税。小规模纳税人通常是指纳税人提供建筑服务的年应征增值税销售额未超过500万元，并且会计核算不健全，不能按规定报送有关税务资料的增值税纳税人。年应税销售额超过500万元但不经常发生应税行为的单位也可选择按照小规模纳税人计税。

② 一般纳税人以清包工方式提供的建筑服务，可以选择简易计税方法计税。以清包工方式提供建筑服务，是指施工方不采购建筑工程所需的材料或只采购辅助材料，并收取人工费、管理费或者其他费用的建筑服务。

③ 一般纳税人为甲供工程提供的建筑服务，可以选择简易计税方法计税。甲供工程是指全部或部分设备、材料、动力由工程发包方自行采购的建筑工程。

④ 一般纳税人为建筑工程老项目提供的建筑服务，可以选择简易计税方法计税。建筑工程老项目：《建筑工程施工许可证》注明的合同开工日期在2016年4月30日前的建筑工程项目；未取得《建筑工程施工许可证》的，建筑工程承包合同注明的开工日期在2016年4月30日前的建筑工程项目。

2) 简易计税的计算方法。当采用简易计税方法时，建筑业增值税税率为3%。计算公式为：

增值税=税前造价×3%　(3-13)

税前造价为人工费、材料费、施工机具使用费、企业管理费、利润和规费之和，各费用项目均以包含增值税进项税额的含税价格计算。

3.3.3 安装工程费用取费程序

建筑安装工程造价计价程序分一般计税法和简易计税法两种情况。

1. 一般计税法

一般计税法计价程序见表3-2。

表3-2　一般计税法计价程序表

序号	费用名称	计算公式	备注
1	分部分项工程费	1.2+1.3+1.4+1.5+1.6+1.7	
1.1	其中:综合工日	定额基价分析	
1.2	定额人工费	定额基价分析	

（续）

序号	费用名称	计 算 公 式	备注
1.3	定额材料费	定额基价分析	
1.4	定额机械费	定额基价分析	
1.5	定额管理费	定额基价分析	
1.6	定额利润	定额基价分析	
1.7	调差	1.7.1+1.7.2+1.7.3+1.7.4	
1.7.1	人工费差价		
1.7.2	材料费差价		不含税价调差
1.7.3	机械费差价		
1.7.4	管理费差价		按规定调差
2	措施项目费	2.2+2.3+2.4	
2.1	其中:综合工日	定额基价分析	
2.2	安全文明施工费	定额基价分析	不可竞争费
2.3	单价类措施费	2.3.1+2.3.2+2.3.3+2.3.4+2.3.5+2.3.6	
2.3.1	定额人工费	定额基价分析	
2.3.2	定额材料费	定额基价分析	
2.3.3	定额机械费	定额基价分析	
2.3.4	定额管理费	定额基价分析	
2.3.5	定额利润	定额基价分析	
2.3.6	调差	2.3.6.1+2.3.6.2+2.3.6.3+2.3.6.4	
2.3.6.1	人工费差价		
2.3.6.2	材料费差价		不含税价调差
2.3.6.3	机械费差价		
2.3.6.4	管理费差价		按规定调差
2.4	其他措施费(费率类)	2.4.1+2.4.2	
2.4.1	其他措施费(费率)	定额基价分析	
2.4.2	其他(费率)		按约定
3	其他项目费	3.1+3.2+3.3+3.4+3.5	
3.1	暂列金额		按约定
3.2	专业工程暂估价		按约定
3.3	计日工		按约定
3.4	总承包服务费	业主分包专业工程造价×费率	按约定
3.5	其他		按约定
4	规费	4.1+4.2	不可竞争费
4.1	定额规费	定额基价分析	
4.2	其他		按实计取
5	不含税工程造价	1+2+3+4	
6	增值税	5×11%	一般计税法
7	含税工程造价	5+6	

2. 简易计税法

简易计税法计价程序见表 3-3。

表 3-3 简易计税法计价程序表

序号	费用名称	计算公式	备注
1	分部分项工程费	1.2+1.3+1.4+1.5+1.6+1.7	
1.1	其中:综合工日	定额基价分析	
1.2	定额人工费	定额基价分析	
1.3	定额材料费	定额基价分析	
1.4	定额机械费	定额基价分析/(1-11.34%)	
1.5	定额管理费	定额基价分析/(1-11.34%)	
1.6	定额利润	定额基价分析	
1.7	调差	1.7.1+1.7.2+1.7.3+1.7.4	
1.7.1	人工费差价		
1.7.2	材料费差价		不含税价调差
1.7.3	机械费差价		
1.7.4	管理费差价	管理费差价/(1-5.13%)	按规定调差
2	措施项目费	2.2+2.3+2.4	
2.1	其中:综合工日	定额基价分析	
2.2	安全文明施工费	定额基价分析/(1-10.08%)	不可竞争费
2.3	单价类措施费	2.3.1+2.3.2+2.3.3+2.3.4+2.3.5+2.3.6	
2.3.1	定额人工费	定额基价分析	
2.3.2	定额材料费	定额基价分析	
2.3.3	定额机械费	定额基价分析/(1-11.34%)	
2.3.4	定额管理费	定额基价分析/(1-5.13%)	
2.3.5	定额利润	定额基价分析	
2.3.6	调差	2.3.6.1+2.3.6.2+2.3.6.3+2.3.6.4	
2.3.6.1	人工费差价		
2.3.6.2	材料费差价		不含税价调差
2.3.6.3	机械费差价		
2.3.6.4	管理费差价	管理费差价/(1-5.13%)	按规定调差
2.4	其他措施费(费率类)	2.4.1+2.4.2	
2.4.1	其他措施费(费率)	定额基价分析	
2.4.2	其他(费率)		按约定
3	其他项目费	3.1+3.2+3.3+3.4+3.5	
3.1	暂列金额		按约定
3.2	专业工程暂估价		按约定
3.3	计日工		按约定
3.4	总承包服务费	业主分包专业工程造价×费率	按约定

（续）

序号	费用名称	计 算 公 式	备注
3.5	其他		按约定
4	规费	4.1+4.2	不可竞争费
4.1	定额规费	定额基价分析	
4.2	其他		按实计取
5	不含税工程造价	1+2+3+4	
6	增值税	5×[3%/(1-3%)]	一般计税法
7	含税工程造价	5+6	

3.4 工程定额与清单

3.4.1 工程定额

1. 概念

工程定额是在建筑安装工程施工生产过程中，为完成某项工程或某项结构构件，必须消耗一定数量的劳动力、材料和机具。在社会平均的生产条件下，将科学的方法和实践经验相结合，生产质量合格的单位工程产品所必需的人工材料、机具数量标准，就称为建筑安装工程定额，简称工程定额。工程定额除了规定有数量标准外，也要规定它的工作内容、质量标准、生产方法、安全要求和适用的范围等。

2. 工程定额的分类

工程定额是一个综合概念，是建设工程造价计价和管理中各类定额的总称，其中包括许多种类的定额，可以按照不同的原则和方法进行分类。

（1）按定额反映的生产要素消耗内容分类　可以把工程定额划分为劳动消耗定额、材料消耗定额和机具消耗定额三种。

1）劳动消耗定额。简称劳动定额（也称为人工定额），是在正常的施工技术和组织条件下，完成规定计量单位合格的建筑安装产品所消耗的人工工日的数量标准。劳动定额的主要表现形式是时间定额，但同时也表现为产量定额。时间定额与产量定额互为倒数。

2）材料消耗定额。简称材料定额，是指在正常的施工技术和组织条件下，完成规定计量单位合格的建筑安装产品所消耗的原材料、成品、半成品、构配件、燃料以及水、电等动力资源的数量标准。

3）机具消耗定额。机具消耗定额由机械消耗定额与仪器仪表消耗定额组成。机械消耗定额是以一台机械一个工作班为计量单位，所以又称为机械台班定额。机械消耗定额是指在正常的施工技术和组织条件下，完成规定计量单位合格的建筑安装产品所消耗的施工机械台班的数量标准。机械消耗定额的主要表现形式是机械时间定额，同时也以产量定额表现。施工仪器仪表消耗定额的表现形式与机械消耗定额类似。

（2）按定额的编制程序和用途分类　可以把工程定额分为施工定额、预算定额、概算定额、概算指标、投资估算指标等。

1）施工定额。施工定额是完成一定计量单位的某施工过程或基本工序所需消耗的人工、材料和施工机具台班数量标准。施工定额是施工企业（建筑安装企业）组织生产和加强管理在企业内部使用的一种定额，属于企业定额的性质。施工定额是以某一施工过程或基本工序作为研究对象，表示生产产品数量与生产要素消耗综合关系编制的定额。为了适应组织生产和管理的需要，施工定额的项目划分很细，是工程定额中分项最细、定额子目最多的一种定额，也是工程定额中的基础性定额。

2）预算定额。预算定额是在正常的施工条件下，完成一定计量单位合格分项工程或结构构件所需消耗的人工、材料、施工机具台班数量及其费用标准。预算定额是种计价性定额。从编制程序上看，预算定额是以施工定额为基础综合扩大编制的，同时它也是编制概算定额的基础。

3）概算定额。概算定额是完成单位合格扩大分项工程或扩大结构构件所需消耗的人工、材料和施工机具台班的数量及其费用标准，是一种计价性定额。概算定额是编制扩大初步设计概算、确定建设项目投资额的依据。概算定额的项目划分粗细与扩大初步设计的深度相适应，一般是在预算定额的基础上综合扩大而成的，每一扩大分项概算定额都包含了数项预算定额。

4）概算指标。概算指标是以单位工程为对象，反映完成一个规定计量单位建筑安装产品的经济指标。概算指标是概算定额的扩大与合并，是以更为扩大的计量单位来编制的。概算指标的内容包括人工、材料、机具台班三个基本部分，同时还列出了分部工程量及单位工程的造价，是一种计价定额。

5）投资估算指标。投资估算指标是以建设项目、单项工程、单位工程为对象，反映建设总投资及其各项费用构成的经济指标。它是在项目建议书和可行性研究阶段编制投资估算、计算投资需要量时使用的一种定额。它的概略程度与可行性研究阶段相适应。投资估算指标往往根据历史的预算、决算资料和价格变动等资料编制，但其编制基础仍然离不开预算定额和概算定额。

（3）按专业分类　由于工程建设涉及众多的专业，不同的专业所含的内容也不同，因此就确定人工、材料和机具台班消耗数量标准的工程定额来说，也需按不同的专业分别进行编制和执行。

1）建筑工程定额按专业对象分为建筑及装饰工程定额、房屋修缮工程定额、市政工程定额、铁路工程定额、公路工程定额、矿山井巷工程定额、水利工程定额、水运工程定额等。

2）安装工程定额按专业对象分为电气设备安装工程定额、机械设备安装工程定额、热力设备安装工程定额、通信设备安装工程定额、化学工业设备安装工程定额、工业管道安装工程定额、工艺金属结构安装工程定额等。

（4）按主编单位和管理权限分类　工程定额可以分为全国统一定额、行业统一定额、地区统一定额、企业定额、补充定额等。

1）全国统一定额是由国家建设行政主管部门综合全国工程建设中技术和施工组织管理的情况编制，并在全国范围内执行的定额。

2）行业统一定额是考虑到各行业专业工程技术特点，以及施工生产和管理水平编制的。一般是指在本行业和相同专业性质的范围内使用。

3）地区统一定额包括省、自治区、直辖市定额。地区统一定额主要是考虑地区性特点和全国统一定额水平做适当调整和补充编制的。

4）企业定额是施工单位根据本企业的施工技术、机械装备和管理水平编制的人工、材料、机具台班等的消耗标准。企业定额在企业内部使用，是企业综合素质的标志。企业定额水平一般应高于国家现行定额，才能满足生产技术发展、企业管理和市场竞争的需要。在工程量清单计价方法下，企业定额是施工企业进行投标报价的依据。

5）补充定额是指随着设计、施工技术的发展，现行定额不能满足需要的情况下，为了补充缺陷所编制的定额。补充定额只能在指定的范围内使用，可以作为以后修订定额的基础。

上述各种定额虽然适用于不同的情况和用途，但是它们是一个互相联系的、有机的整体，在实际工作中配合使用。

3.4.2 工程量清单

1. 概念

工程量清单是建设工程的分部分项工程项目、措施项目、其他项目、规费项目和税金项目的名称和相应数量等的明细清单。由分部分项工程量清单、措施项目清单、其他项目清单、规费税金清单组成。在招标投标阶段，招标工程量清单为投标人的投标竞争提供了一个平等和共同的基础。工程量清单要求投标人将完成的工程项目及其相应工程实体数量全部列出，为投标人提供拟建工程的基本内容、实体数量和质量要求等信息。保证所有投标人所掌握的信息相同，体现客观、公正和公平性。

2. 工程量清单的作用

（1）提供一个平等的竞争条件　面对相同的工程量，由企业根据自身的实力来自主报价，使得企业的优势体现到投标报价中，可在一定程度上规范建筑市场秩序，确保工程质量。

（2）满足市场经济条件下竞争的需要　招标投标过程就是竞争的过程，招标人提供工程量清单，投标人根据自身情况确定综合单价，计算出投标总价。促成了企业整体实力的竞争，有利于我国建设市场的快速发展。

（3）有利于工程款的拨付和工程造价的最终结算　中标后，中标价就是双方确定合同价的基础，投标清单上的单价就成了拨付工程款的依据。招标人根据施工企业完成的工程量，可以很容易地确定进度款的拨付额。工程竣工后，根据设计变更、工程量增减等，招标人也很容易确定工程的最终造价，可在某种程度上减少招标人与施工单位之间的纠纷。

（4）有利于招标人对投资的控制　采用工程量清单计价，招标人可对投资变化更清楚，在进行设计变更时，能迅速计算出该工程变更对工程造价的影响，从而能根据投资情况来决定是否变更或进行方案比较，进而加强投资控制。

3.5 工程计价

3.5.1 工程计价基本原理

1. 工程计价含义

工程计价是指按照法律法规及标准规范规定的程序、方法和依据，对工程项目实施建设的各个阶段的工程造价及其构成内容进行预测和估算的行为。工程计价应体现出《住房城乡建设部关于进一步推进工程造价管理改革的指导意见》（建标［2014］142号）中提出的“市场决定工程造价原则，全面清理现有工程造价管理制度和计价依据，消除对市场主体计价行为的干扰”的原则。工程计价依据是指在工程计价活动中，所要依据的与计价内容、计价方法和价格标准相关的工程计量计价标准、工程计价定额及工程造价信息等。

2. 工程计价基本原理

（1）利用函数关系对拟建项目的造价进行类比匡算　当一个建设项目还没有具体的图样和工程量清单时，需要利用产出函数对建设项目投资进行匡算。在微观经济学中把过程的产出和资源的消耗这两者之间的关系称为产出函数。在建筑工程中，产出函数建立了产出的总量或规模与各种资源投入（比如人力、材料、机具等）之间的关系。因此，对某一特定的产出，可以通过对各投入参数赋予不同的值，从而找到一个最低的生产成本。房屋建筑面积的大小和消耗的人工之间的关系就是产出函数的一个例子。

投资的匡算常常基于某个表明设计能力或者形体尺寸的变量，比如建筑面积、公路的长度、工厂的生产能力等。在这种类比估算方法下尤其要注意规模对造价的影响。项目的造价并不总是和规模大小呈线性关系的，典型的规模经济或规模不经济都会出现。因此要慎重选择合适的产出函数，寻找规模和经济有关的经验数据。例如生产能力指数法就是利用生产能力与投资额间的关系函数来进行投资估算的方法。

（2）分部组合计价原理　如果一个建设项目的设计方案已经确定，常用的是分部组合计价法。任何一个建设项目都可以分解为一个或几个单项工程，任何一个单项工程都是由一个或几个单位工程所组成。作为单位工程的各类建筑工程和安装工程仍然是一个比较复杂的综合实体，还需要进一步分解。单位工程可以按照结构部位、路段长度及施工特点或施工任务分解为分部工程。分解成分部工程后，从工程计价的角度，还需要把分部工程按照不同的施工方法、材料、工序及路段长度等，加以更为细致的分解，划分为更为简单细小的部分，即分项工程。按照计价需要，将分项工程进一步分解或适当组合，就可以得到基本构造单元了。

工程计价的基本原理是项目的分解和价格的组合。即将建设项目自上而下细分至最基本的构造单元（假定的建筑安装产品），采用适当的计量单位计算其工程量，以及当时当地的工程单价，首先计算各基本构造单元的价格，再对费用按照类别进行组合汇总，计算出相应工程造价。工程计价的基本过程可以用公式示例如下；

$$\text{分部分项工程费(或单价措施项目费)} = \sum[\text{基本构造单元工程量(定额项目或清单项目)} \times \text{相应单价}] \tag{3-14}$$

工程计价可分为工程计量和工程组价两个环节。

3.5.2　工程计量

1. 工程计量的含义

工程量计算是工程计价活动的重要环节，是指建设工程项目以工程设计图样、施工组织设计或施工方案及有关技术经济文件为依据，按照相关国家标准的计算规则、计量单位等规定，进行工程数量的计算活动，在工程建设中简称工程计量。由于工程计价的多阶段性和多次性，工程计量也具有多阶段性和多次性。工程计量不仅包括招标阶段工程量清单编制中工程量的计算，也包括投标报价以及合同履约阶段的变更、索赔、支付和结算中工程量的计算和确认。工程计量工作在不同计价过程中有不同的具体内容，如在招标阶段主要依据施工图样和工程量计算规则确定拟建分部分项工程项目和措施项目的工程数量；在施工阶段主要根据合同约定、施工图样及工程量计算规则对已完成工程量进行计算和确认。

2. 工程计量的内容

工程计量工作包括工程项目的划分和工程量的计算。

1）单位工程基本构造单元的确定，即划分工程项目。编制工程概算预算时，主要是按工程定额进行项目的划分；编制工程量清单时主要是按照清单工程量计算规范规定的清单项目进行划分。

2）工程量的计算就是按照工程项目的划分和工程量计算规则，就不同的设计文件对工程实物量进行计算。工程实物量是计价的基础，不同的计价依据有不同的计算规则规定。目前，工程量计算规则包括两大类：①各类工程定额规定的计算规则；②各专业工程量计算规范附录中规定的计算规则。

3. 工程量的含义

工程量是工程计量的结果，是指按一定规则并以物理计量单位或自然计量单位所表示的建设工程各分部分项工程、措施项目或结构构件的数量。物理计量单位是指以公制度量表示的长度、面积、体积和重量等计量单位。

准确计算工程量是工程计价活动中最基本的工作，一般来说工程量有以下作用：

1）工程量是确定建筑安装工程造价的重要依据。只有准确计算工程量，才能正确计算工程相关费用，合理确定工程造价。

2）工程量是承包方生产经营管理的重要依据。工程量在投标报价时是确定项目的综合单价和投标策略的重要依据。工程量在工程实施时是编制项目管理规划，安排工程施工进度，编制材料供应计划，进行工料分析，编制人工、材料、机具台班需要量，进行工程统计和经济核算，编制工程形象进度统计报表的重要依据。工程量在工程竣工时是向工程建设发包方结算工程价款的重要依据。

3）工程量是发包方管理工程建设的重要依据。工程量是编制建设计划、筹集资金、工程招标文件、工程量清单、建筑工程预算、安排工程价款的拨付和结算、进行投资控制的重要依据。

4. 工程量计算规则

工程量计算规则是工程计量的主要依据之一，是工程量数值的取定方法。采用的规范或定额不同，工程量计算规则也不尽相同。在计算工程量时，应按照规定的计算规则进行，我国现行的工程量计算规则主要有：

1）工程量计算规范中的工程量计算规则。

2）消耗量定额中的工程量计算规则。

5. 工程量计算的依据

工程量的计算依据主要有施工图及其相关说明，技术规范、标准、定额，有关的图集，有关的计算手册等。

1）国家发布的工程量计算规范，国家、地方和行业发布的消耗量定额及其工程量计算规则。

2）经审定的施工设计图样及其说明。施工图样全面反映建筑物（或构筑物）的结构构造、各部位的尺寸及工程做法，是工程量计算的基础资料和基本依据。除了施工设计图样及其说明，还应配合有关的标准图集进行工程量计算。

3）经审定的施工组织设计（项目管理实施规划）或施工方案。施工图样主要表现拟建工程的实体项目，分项工程的具体施工方法及措施应按施工组织设计（项目管理实施规划）或施工方案确定。如计算挖基础土方，施工方法是采用人工开挖还是采用机械开挖、基坑周围是否需要放坡、预留工作面或做支撑防护等，应以施工方案为计算依据。

4）经审定通过的其他有关技术经济文件。如工程施工合同、招标文件的商务条款等。

6. 工程量计算规范

工程量计算规范包括正文、附录和条文说明三部分。正文部分包括总则、术语、工程计量、工程量清单编制。附录对分部分项工程和可计量的措施项目的项目编码、项目名称、项目特征描述的内容、计量单位、工程量计算规则及工作内容做了规定；对于不能计量的措施项目则规定了项目编码、项目名称和工作内容及包含范围。

3.5.3　工程组价

工程组价包括工程单价的确定和总价的计算。

（1）工程单价　指完成单位工程基本构造单元的工程量所需要的基本费用。工程单价包括工料单价和综合单价。

1）工料单价仅包括人工、材料、机具使用费，是各种人工消耗量、各种材料消耗量、各类施工机具台班消耗量与其相应单价的乘积。用公式表示：

$$工料单价=\sum(人材机消耗量\times人材机单价) \tag{3-15}$$

2）综合单价除包括人工、材料、机具使用费外，还包括可能分摊在单位工程基本构造单元上的费用。根据我国现行有关规定，又可以分成清单综合单价（不完全综合单价）与全费用综合单价（完全综合单价）两种：清单综合单价中除包括人工、材料、机具使用费外，还包括企业管理费、利润和风险因素；全费用综合单价中除包括人工、材料、机具使用费外，还包括企业管理费、利润、规费和税金。

综合单价根据国家、地区、行业定额或企业定额消耗量和相应生产要素的市场价格，以及定额或市场的取费费率来确定。

（2）工程总价　指按规定的程序或办法逐级汇总形成的相应工程造价。根据计算程序的不同，分为单价法和实物量法。

1）单价法：包括工料单价法和综合单价法。

① 工料单价法。首先依据相应计价定额的工程量计算规则计算项目的工程量，其次依据定额的人、材、机要素消耗量和单价，计算各个项目的直接费，汇总成直接费合价，最后再按照相应的取费程序计算其他各项费用，汇总后形成相应工程造价。

② 综合单价法。若采用全费用综合单价（完全综合单价），首先依据相应工程量计算规范规定的工程量计算规则计算工程量，并依据相应的计价依据确定综合单价，然后用工程量乘以综合单价，并汇总即可得出分部分项工程及单价措施项目费，之后再按相应的办法计算总价措施项目费、其他项目费，汇总后形成相应工程造价。我国现行的《建设工程工程量

清单计价规范》（GB 50500—2013）中规定的清单综合单价属于不完全综合单价，当把规费和税金计入不完全综合单价后即形成完全综合单价。

2）实物量法：依据施工图样和预算定额的项目划分即工程量计算规则，先计算出分部分项工程量，然后套用预算定额（消耗量定额）计算人、材、机等要素的消耗量，再根据各要素的实际价格及各项费率汇总形成相应工程造价的方法。

3.6 工程定额与清单编制

3.6.1 定额编制

1. 工程定额的编制步骤

（1）准备阶段　准备阶段的主要工作有：

1）由主管建设工程定额的相关部门组织编制。

2）提出编制的规划。

3）拟定定额的编制方案。

4）拟定定额的使用范围。

5）确定定额结构形式和定额水平。

6）进行大量的调差研究。

7）全面收集编制定额必需的各种基础资料等。

拟定定额的编制方案就是对编制过程中一系列重要问题做出原则性的决定，拟定定额的使用范围就是确定定额的使用范围，并让不同的定额与一定的生产力水平相适应。适用范围包括适用于某个地区、某个行业、某个专业、某个企业、某个工程投标报价。确定定额结构形式是指确定定额的项目划分、章节的编排、定额的步距大小及定额表现形式。确定定额水平就是确定定额反映的生产力水平和施工工艺水平。

（2）编制初稿阶段　编制初稿阶段中，首先需要对收集到的全部资料进行认真细致的测算、分析、研究，并做必要的设计和试验工作；然后，根据既定的定额项目和选定的图样等资料，按规定的编制原则，计算并综合确定工程量，在此基础上具体计算每个定额项目的人工、材料、施工机械台班消耗数量；最后，分章节草编出定额项目表并编写文字说明。

（3）审查、定稿阶段　审查、定稿阶段中的主要工作是：测算工程实物定额初稿水平；广泛征求各方面的意见；再次进行必要的调查研究，对初稿进行全面审查、修改并定稿；拟写定额的编制说明和送审报告，呈送有关部门审批。

2. 工程定额的编制依据

（1）法律法规　凡是与建筑工程的建设、工程量和费用计算有关的法律、法规、政府的价格政策、劳动保护法规等都是工程定额的编写依据，如《中华人民共和国建筑法》《中华人民共和国土地法》《中华人民共和国城市规划法》《中华人民共和国劳动法》等。

（2）各种规范、规程、标准　包括各种现行建筑安装工程产品的施工和质量验收规范、安全技术操作规程、设计规范、标准设计图集，工程量的计算规则等，如《建筑地基基础工程施工质量验收规范》（GB 50202—2018）、《混凝土结构工程施工质量验收规范》（GB

50204—2015)、《混凝土结构设计规范》(GB 50010—2010)、国家建筑标准设计图集、《全国统一建筑工程预算工程量计算规则》(GJDGZ101—1995)、《建筑工程建筑面积计算规范》(GB/T 50353—2013) 等。

(3) 劳动制度　包括工人的技术等级标准、工资标准、工资奖励制度、8h 工作日制度、劳动保护制度等。

(4) 技术及统计资料　包括典型工程施工图、正常施工条件、机械装备程度、常用施工方法、施工工艺、劳动组织、技术测定数据、定额统计资料和现行的工程定额及其编制资料等。

3. 工程定额的编制原则

(1) 水平合理的原则　定额水平主要反映在产品质量与原材料消耗量、劳动组织合理性与人工消耗量、生产技术水平与施工工艺先进性等方面。建筑安装工程定额作为计算、确定建设工程造价的重要依据之一，其定额水平就必须符合价值规律的客观要求。不同的定额有不同的水平，确定定额水平要从两个方面来考虑：

1) 根据定额的作用范围确定。根据作用范围确定定额水平是指编制行业定额（如国家各行业定额）用以指导整个行业时，应以该行业的平均水平作为定额的水平；编制地区定额（如地区预算定额）用以指导某一地区时，应以该地区该行业的平均水平作为定额的水平；编制企业定额（如企业施工定额）用以指导某一企业时，应以该企业的平均先进水平作为定额的水平。

2) 根据企业的生产技术水平来确定。定额水平的确定，不仅要坚持平均水平或平均先进水平的原则，还必须处理好数量与质量的关系，也要防止用提高劳动强度的方法来确定定额水平。

(2) 技术先进的原则　技术先进的原则是指在预算定额编制过程中，应及时地采用已成熟并已推广的先进施工方法、管理方法以及新工艺、新材料、新结构、新技术等，以促进先进生产技术和管理经验的不断推广、使用，有效地提高整个建筑业的劳动生产率水平。坚持这一原则，要求在每次定额的修订、编制时，根据施工生产和经营管理发展的新情况，对定额水平予以适当提高，保证所修订、编制的定额的总水平略高于历史上正常年份已达到的实际水平，与现阶段建筑业平均劳动生产率水平基本吻合。

但要注意技术先进性的成熟度，对于比较成熟，且已具备普遍推广条件的技术才可以反映到定额水平中：对难以立刻实现的先进技术，不应反映到定额水平中。

此外，各种定额的确定还应该以现行的工程质量验收规范为质量标准，在达到质量标准的前提下，确定定额水平；还应充分考虑工人的身心健康和安全生产，对有害身体健康的工作，应该减少作业时间。

(3) 简明适用的原则

1) 定额项目划分粗细合理。定额项目划分要粗细恰当，项目划分粗了，形式简单，但定额水平相当悬殊，精确程度低，工人苦乐不均；项目划分细了，精确程度高，但计算复杂，使用不便。

2) 步距大小适中。步距是指同类型产品（或同类工作过程）相邻定额项目之间的水平间距。步距大，定额项目就会减少，但定额水平的精确程度就会降低；步距小，定额项目就会增加，定额水平的精确程度就会提高，但编制定额的工作量会太大，定额的内容也会太多，计算和管理都比较复杂。

3）文字通俗易懂，计算方法简便。定额的文字说明、注释等应清楚、简练、通俗易懂，名词术语应该是全国通用的。计算方法力求简化，易于掌握和运用。章节的划分要方便基层使用。计量单位的选择应符合通用的原则，应能正确反映劳动、材料和机械台班的消耗量。定额项目的工程量单位要尽量与产品计量单位一致。计量单位应采用公制、十进制或百进位制。

4）定额的“活口”设置恰当。所谓“活口”就是指在定额中规定当符合一定条件时，允许定额另行调整。在编制定额时尽量不留“活口”，对实际情况变化较大、影响定额水平幅度大的项目，确需留的，也应该从实际出发，尽量少留“活口”。即使留，也要注意尽量规定换算方法，避免采取按实际计算；还要尽量减少定额的附注和换算系数。

4. 定额编制的方法

（1）技术测定法　技术测定法是一种科学的调查研究方法。即通过对施工过程的具体活动进行实地观察，详细记录工人和施工机械的工作时间消耗，测定完成产品的数量和有关因素，对记录结果进行分析研究，整理出可靠的数据资料。常用的技术测定法包括测时法、写实记录法和工作日写实法。

（2）经验估计法　根据定额员、技术员、生产管理员和老工人的实际工作经验，对生产某种产品或某项工作所需的人工、材料、机械数量进行分析、讨论和估算后，确定定额消耗量的一种方法。

（3）统计计算法　过去的统计资料编制定额的一种方法。

（4）比较类推法　即在同类型项目中选择有代表性的典型项目，用技术测定法编制出定额。

3.6.2　工程量清单编制

工程量清单的编制专业性强，内容复杂，对编制人的业务技术水平要求高。能否编制出完整、严谨的工程量清单，直接影响招标的质量，也是招标成败的关键。

1. 工程量清单格式及清单编制的规定

工程量清单应由分部分项工程量清单、措施项目清单、其他项目清单、规费项目清单、税金项目清单组成。

1）工程量清单是招标人要求投标人完成的工程项目及相应工程数量，全面反映了投标报价要求，是投标人进行报价的依据，工程量清单应是招标文件不可分割的一部分，必须由具有编制招标文件能力的招标人或受其委托具有相应资质的中介机构编制。

2）工程量清单反映拟建工程的全部工程内容，由分部分项工程量清单、措施项目清单、其他项目清单组成。

3）编制分部分项工程量清单时，项目编码、项目名称、项目特征、计量单位和工程量计算规则等严格按照国家制定的计价规范中的附录做到统一，不能任意修改和变更。其中项目编码的第十至十二位可由招标人自行设置。

4）措施项目清单及其他项目清单应根据拟建工程具体情况确定。

2. 工程量清单编制依据和编制程序

（1）工程量清单编制依据　编制工程量清单应依据：

1）《建设工程工程量清单计价规范》。
2）国家或省级、行业建设主管部门颁发的计价依据和办法。
3）建设工程设计文件。
4）与建设工程项目有关的标准、规范、技术资料。
5）招标文件及其补充通知、答疑纪要。
6）施工现场情况、工程特点及常规施工方案。
7）其他相关资料。
（2）工程量清单编制程序　工程量清单编制的程序如下：
1）熟悉图纸和招标文件。
2）了解施工现场的有关情况。
3）划分项目、确定分部分项清单项目名称、编码（主体项目）。
4）确定分部分项清单项目的项目特征。
5）计算分部分项清单主体项目工程量。
6）编制清单（分部分项工程量清单、措施项目清单、其他项目清单）。
7）复核、编写总说明。
8）装订。

3. 分部分项工程量清单的编制

分部分项工程量清单应包括项目编码、项目名称、项目特征、计量单位和工程量。分部分项工程量清单应根据附录规定的项目编码、项目名称、项目特征、计量单位和工程量计算规则进行编制。

（1）项目编码　分部分项工程量清单的项目编码，应采用12位阿拉伯数字表示。1~9位应按附录的规定设置，10~12位应根据拟建工程的工程量清单项目名称设置。同一招标工程的项目编码不得有重码。各级编码代表的含义如图3-2所示。

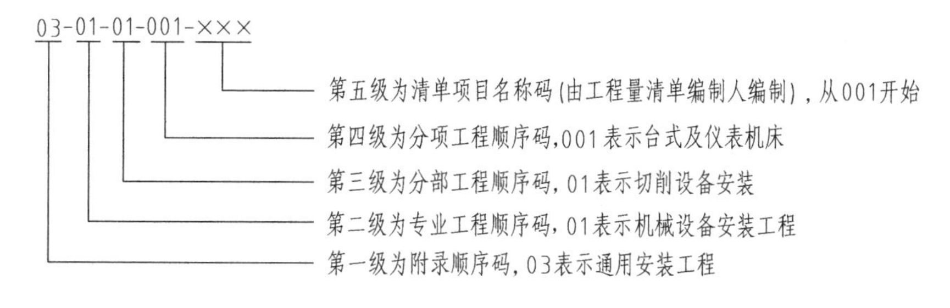

图3-2　各级编码代表的含义

（2）项目名称　分部分项工程量清单的项目名称应按附录的项目名称结合拟建工程的实际确定。

项目名称应以工程实体命名。这里所指的工程实体，有些是可用适当的计量单位计算的、简单完整的施工过程的分部分项工程，有些是分部分项工程的组合。

（3）工程量　分部分项工程量清单中所列工程量应按附录中规定的工程量计算规则计算。

工程数量的计算主要通过工程量计算规则计算得到。工程量计算规则是指对清单项目工程量的计算规定。除另有说明外，所有清单项目的工程量应以实体工程量为准，并以完成后的净值计算；投标人投标报价时，应在单价中考虑施工中的各种损耗和需要增加的工程量。工程量的计算规则按主要专业划分，包括建筑工程、装饰装修工程、安装工程、市政工程和园林绿化工程5个专业部分。

（4）计量单位　分部分项工程量清单的计量单位应按附录中规定的计量单位确定。工程数量应遵守下列规定：

1）以“吨”“公里”为单位，应保留小数点后3位数字，第四位四舍五入。

2）以“立方米”“平方米”“米”为单位，应保留小数点后两位数字，第三位四舍五入。

3）以“个”“项”“付”“套”等为单位，应取整数。

当计量单位有两个或两个以上时，应根据所编工程量清单项目的特征要求，选择最适宜表现该项目特征并方便计量的单位。如有两个计量单位，实际工作中，应选择最适宜、最方便计量的单位来表示。

（5）项目特征　项目特征是指构成分部分项工程量清单项目、措施项目自身价值的本质特征。项目特征的表述按拟建工程的实际要求，以能满足确定综合单价的需要为前提。在编制工程量清单时应根据计价规范附录中有关项目特征的要求，结合技术规范、标准图集、施工图样，按照工程结构、使用材质及规格或安装位置等予以详细而准确的表述和说明。在进行项目特征描述时，可掌握以下要点。

1）必须描述的内容。涉及正确计量的内容必须描述；涉及结构要求的内容必须描述；涉及材质要求的内容必须描述；涉及安装方式的内容必须描述。

2）可不描述的内容。对计量计价没有实质影响的内容可以不描述；应由投标人根据施工方案确定的可以不描述；应由投标人根据当地材料和施工要求确定的可以不描述；应由施工措施解决的可以不描述。

3）可不详细描述的内容。无法准确描述的可不详细描述，如土壤类别注明“由投标人根据地勘资料自行确定土壤类别，决定报价”。施工图样、标准图集标注明确的，可不再详细描述，对这些项目可描述为“见××图集××页号及节点大样”等。还有一些项目可不详细描述应注明由投标人自定。

（6）补充项目　随着工程建设中新材料、新技术、新工艺不断涌现，《通用安装工程工程量计算规范》（GB 50856—2013）附录所列的工程量清单项目不可能包罗万象，也不可能包含随科技发展而出现的新项目。在实际编制工程量清单时，当出现《通用安装工程工程量计算规范》（GB 50856—2013）附录中未包括的清单项目时，编制人应作补充。

编制补充项目时应注意以下3个方面：

1）补充项目的编码必须按本规范的规定进行。即03B和3位阿拉伯数字组成。并应从03B001起顺序编制，同一招标工程的项目不得重码。

2）在工程量清单中应附补充项目的项目名称、项目特征、计量单位、工程量计算规则和工作内容。

3）将编制的补充项目报省级或行业工程造价管理机构备案，补充工程量清单项目及计算规则见表3-4。

4. 措施项目清单的编制

措施项目是指为完成工程项目施工，发生于该工程施工准备和施工过程中的技术、生活、安全、环境保护等方面的非工程实体项目。措施项目清单应根据拟建工程的实际情况列项。“通用措施项目”是指各专业工程的“措施项目清单”中均可列的措施项目，可按表 3-5 选择列项。

表 3-4 补充工程量清单项目及计算规则

项目编码	项目名称	项目特征	计量单位	工程量计算规则	工程内容
03B001					

表 3-5 通用措施项目

序 号	项 目 名 称
1	安全文明施工(含环境保护、文明施工、安全施工、临时设施)
2	夜间施工
3	非夜间施工
4	二次搬运
5	冬雨季施工
6	已完工程及设备保护

各专业工程的专用措施项目应按附录中各专业工程中的措施项目并根据工程实际进行选择列项。同时，当出现本规范未列的措施项目时，可根据工程实际情况进行补充。

5. 其他项目清单的编制

其他项目清单是指分部分项清单项目和措施项目以外，该工程项目施工中可能发生的其他费用项目和相应数量的清单。其他项目清单宜按照暂列金额、暂估价（包括材料暂估价、专业工程暂估价）、计日工、总承包服务费 4 项内容来列项。由于工程建设标准的高低、工程的复杂程度、工程的工期长短、工程的组成内容、发包人对工程管理要求等都直接影响其他项目清单的具体内容，以上内容作为列项参考，其不足部分，编制人可根据工程的具体情况进行补充。

6. 规费项目清单的编制

规费是指根据省级政府或省级有关权力部门规定必须缴纳的、应计入建筑安装工程造价的费用。规费项目清单应按照社会保障费（包括养老保险费、失业保险费、医疗保险费）、住房公积金等内容列项。若出现上述未列的项目，应根据省级政府或省级有关权力部门的规定列项。

规费作为政府和有关权力部门规定必须缴纳的费用，政府和有关权力部门可根据形势发展的需要，对规费项目进行调整。

7. 税金项目清单的编制

税金是指国家税法规定的应计入建筑安装工程造价内的增值税。出现计价规范未列的项目，应根据税务部门的规定列项。规费和税金应按国家或省级、行业建设主管部门的规定计算，不得作为竞争性费用。

第4章 安装工程识图

4.1 安装工程施工图识读基础

安装工程施工图是按照工程制图标准绘制成的安装工程图样，是设计人员根据工程初步设计、生产工艺流程设计规范，用线型、符号、文字、数字等表示安装物体各组成部分相互关系以及形状的图样。施工人员依据它来进行预制和安装；预算人员则依据它来计算工程量，进行工程估价和确定工程造价。作为预算人员，首先应学会阅读施工图，熟练掌握施工图的表达方式和工程内容，才能做好预算的编制工作。

4.1.1 安装工程施工图基本规定

施工图根据制图原理、制图标准和有关规定，能清楚地反映出与安装工程有关的设备、管道、零部件和各种附属装置的形状、大小、位置和制作安装要求。识图则根据图样想象出管道、设备及其附属装置的形状、大小和位置。

施工图按图形和作用分为基本图和详图两大部分。基本图包括图纸目录、设计说明、设备、材料明细表、工艺流程图、平面图、轴测图和立（剖）面图；详图包括节点图、大样图和标准图。

1. 图纸目录

设计人员将数量众多的施工图纸按一定的图名和顺序归纳编排成图纸目录，以便查阅。通过图纸目录可以知道参加设计和建设的单位、工程名称、地点、编号及图纸的名称。

2. 设计说明

凡在图纸上无法表示出来而施工人员又必须要知道的一些技术和质量方面的要求，一般都用文字加以说明。它的内容一般包括工程的主要技术数据，施工验收要求以及注意事项。

3. 设备、材料明细表

设备、材料明细表指该项工程所需的各种设备和各类管道、管件、阀门以及防腐、保温材料的名称、规格、型号、材质数量的明细表。

以上三点是施工图纸必不可少的一个组成部分，是对线条、图形的补充和说明。对于这些内容的了解有助于进一步看懂管道图。

4. 工艺流程图

工艺流程图是对一个生产系统或一个化工装置的整个工艺变化过程的示意性图样。一般指生产某一产品形成的全部生产过程，通过它可以对设备的位号、建（构）筑物的名称及整个系统的仪表控制点（温度、压力、流量及分析的测点）有一个全面的了解。同时，对管道的规格、编号、输送的介质、流向以及主要控制阀门等也有一个了解。

5. 平面图

平面图是施工图中最基本的一种图，它表示建（构）筑物和设备的平面分布情况，管线的水平走向、排列、管径大小、管子的坡度和坡向、标高等主要数据。当进户管、排出管和立管为两个或两个以上时，要编号。

6. 轴测图

轴测图是一种立体图，它能在一个图面上同时反映出管线的空间走向和实际位置，帮助施工人员想象管线的布置情况，是管道施工图中的重要图样之一。轴测图有时也能代替立面图或剖面图，弥补平、立面图的不足。一般情况下设计人员绘制了轴测图就不再绘制立面图或剖面图。

7. 立面图和剖面图

立面图和剖面图是施工图中最常见的一种图样。它主要表达建（构）筑物和设备的立面分布、管线垂直方向上的排列和走向，以及每路管线和编号、管径和标高等具体数据。

8. 节点图

节点图能清楚地表示某一部分管道的详细结构及尺寸，是对平面图及其他施工图所不能反映清楚的某点图形的放大。

4.1.2 安装工程常用图形符号

1. 电气安装设备工程常用图形符号

1）常用照明灯具图形符号见表4-1。

表4-1 常用照明灯具图形符号

序号	名 称	图形符号	说 明
1	灯		灯或信号灯的一般符号，与电路图上符号相同
2	局部照明灯		无
3	荧光灯	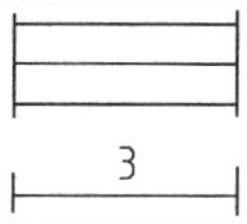 3	示例为3管荧光灯
4	应急灯		自带电源的事故照明灯装置
5	深照型灯		无
6	球形灯		
7	吸顶灯		
8	壁灯		
9	泛光灯		

（续）

序号	名　称	图形符号	说　明
10	弯灯	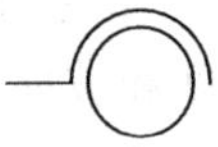	无
11	防水防尘灯	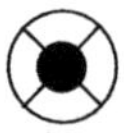	
12	防爆灯		

2）电气设备中常用的灯具类型及其符号见表4-2。

表4-2　常用灯具类型及符号

灯具名称	符　号	灯具名称	符　号
普通吊灯	P	工厂一般灯具	G
壁灯	B	荧光灯灯具	Y
花灯	H	隔爆灯	G或专用代号
吸顶灯	D	水晶底罩灯	J
柱灯	Z	防水防尘灯	F
卤钨探照灯	L	搪瓷伞罩灯	S
投光灯	T	无薄砂玻璃罩万能型灯	W_W

3）常用照明开关在平面布置图上的图形符号见表4-3。

表4-3　常用照明开关在平面布置图上的图形符号

序号	名　称	图形符号	说　明
1	开关	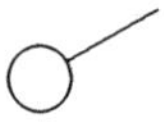	开关一般符号
2	单极开关	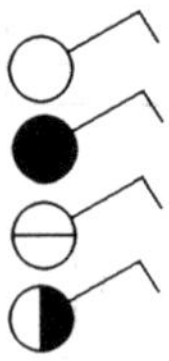	分别表示明装、暗装、密闭（防水）、防爆
3	双极开关	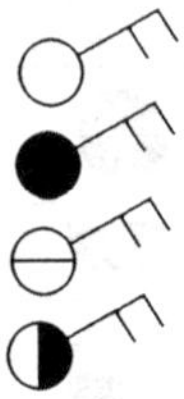	分别表示明装、暗装、密闭（防水）、防爆
4	单极拉线开关		无

（续）

序号	名　称	图形符号	说　明
5	双控开关	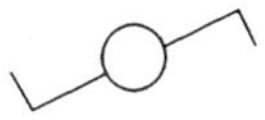	无
6	多拉开关	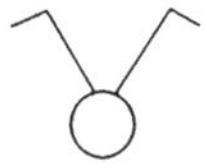	

4）常用灯具安装方式代号见表4-4。

表4-4　常用灯具安装方式代号

安装方式	代号	安装方式	代号	安装方式	代号
吊线灯	X	吊管灯	G	墙壁灯	B
吊链灯	L	吸顶灯	D	嵌入灯	E

5）插座在平面布置图上的图形符号见表4-5。

表4-5　插座在平面布置图上的图形符号

序号	名　称	图形符号	说　明
1	插座		插座或插孔的一般符号，表示一极
2	单相插座		分别表示明装、暗装、密闭（防水）、防爆
3	三相四孔插座	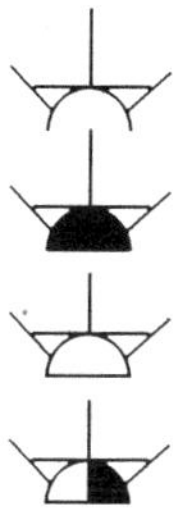	分别表示明装、暗装、密闭（防水）、防爆

2. 给水排水工程施工图常用图例

1）管道图例见表4-6。

表4-6　管道图例

序号	名　称	图　例	备　注
1	生活给水管	—— J ——	
2	热水给水管	——RJ——	

（续）

序号	名　　称	图　　例	备　　注
3	热水回水管	——RH——	
4	中水给水管	—— ZJ ——	
5	循环冷却给水管	—— XJ ——	
6	循环冷却回水管	——XH——	
7	热媒给水管	——RM——	
8	热媒回水管	——RMH——	
9	蒸汽管	—— Z ——	
10	凝结水管	—— N ——	
11	废水管	—— F ——	可与中水源水管合用
12	压力废水管	——YF——	
13	通气管	—— T ——	
14	污水管	—— W ——	
15	压力污水管	——YW——	
16	雨水管	—— Y ——	
17	压力雨水管	——YY——	
18	膨胀管	——PZ——	
19	保温管		
20	多孔管		
21	地沟管		
22	防护套管		
23	管道立管	XL-1 平面　XL-1 系统	X：管道类别 L：立管 1：编号
24	伴热管		
25	空调凝结水管	—— KN ——	
26	排水明沟	坡向——	
27	排水暗沟	坡向——	

注：分区管道用加注角标方式表示，如 J_1、J_2、RJ_1、RJ_2 等。

2）管道附件图例见表 4-7。

3）管道连接图例见表 4-8。

4）管件图例见表 4-9。

5）阀门图例见表 4-10。

表 4-7　管道附件图例

序号	名　称	图　例	备　注
1	管道伸缩器		
2	方形伸缩器		
3	刚性防水套管		
4	柔性防水套管		
5	波纹管		
6	可曲挠橡胶接头	单球　双球	
7	管道固定支架		
8	立管检查口		
9	清扫口	平面　系统	
10	通气帽	成品　蘑菇形	
11	雨水斗	YD-　平面　YD-　系统	
12	排水漏斗	平面　系统	
13	圆形地漏	平面　系统	
14	方形地漏		通用。如为无水封，地漏应加存水弯
15	自动冲洗水箱		

（续）

序号	名　称	图　例	备　注
16	档墩	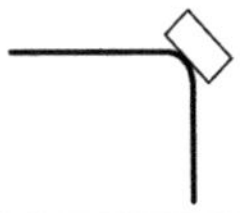	
17	减压孔板	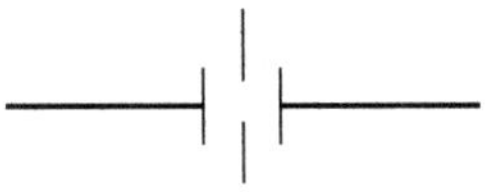	
18	Y形除污器	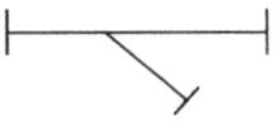	
19	毛发聚集器	 平面　系统	
20	防回流污染止回阀	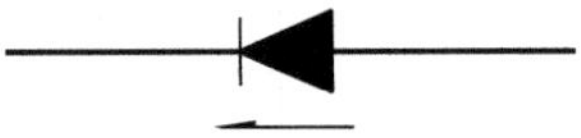	
21	吸气阀		

表 4-8　管道连接图例

序号	名　称	图　例	备　注
1	法兰连接	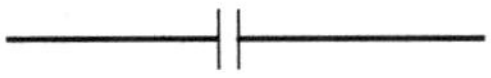	
2	承插连接		
3	活接头	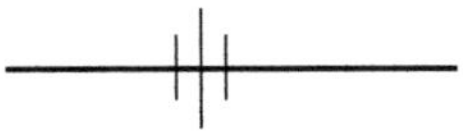	
4	管堵		
5	法兰堵盖		
6	弯折管	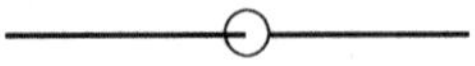	表示管道向后及向下弯转 90°
7	盲板		
8	管道丁字上接	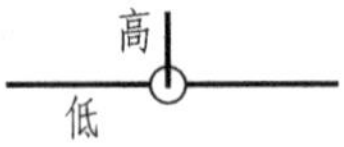 高　低	
9	管道丁字下接	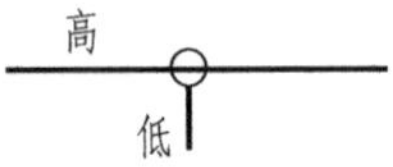 高　低	
10	管道交叉	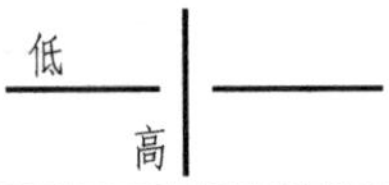 低　高	在下方和后面的管道应断开

表 4-9　管件图例

序号	名　称	图　例	备　注
1	偏心异径管		
2	异径管	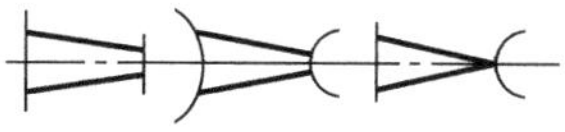	
3	乙字管		
4	喇叭口	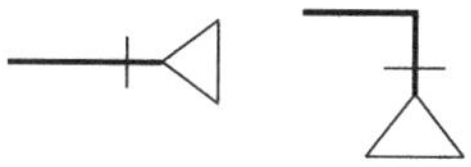	
5	转动接头	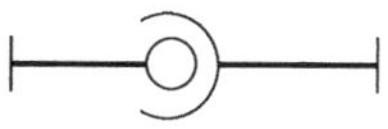	
6	存水管		
7	90°弯头		
8	正三通		
9	斜三通		
10	正四通	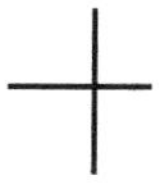	
11	斜四通		
12	浴盆排水件		

表 4-10　阀门图例

序号	名　称	图　例	备　注
1	闸阀		
2	角阀		
3	三通阀		
4	四通阀	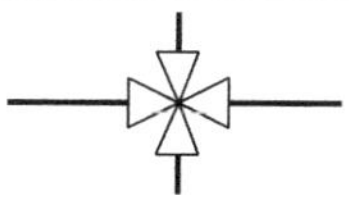	

（续）

序号	名　称	图　例	备　注
5	截止阀		
6	电动阀		
7	液动阀		
8	气动阀		
9	减压阀		左侧为高压端
10	旋塞阀	平面　系统	
11	底阀	平面　系统	
12	球阀		
13	隔膜阀		
14	气开隔膜阀		
15	气闭隔膜阀		
16	温度调节阀		
17	压力调节阀		
18	电磁阀	M	
19	止回阀		
20	消声止回阀		
21	蝶阀		
22	弹簧安全阀		左侧为通用

（续）

序号	名　称	图　例	备　注
23	平衡锤安全阀	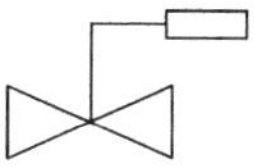	
24	自动排气阀	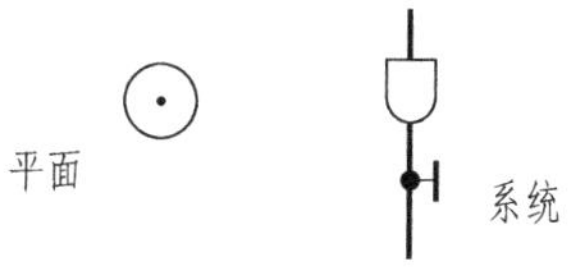 平面　系统	
25	浮球阀	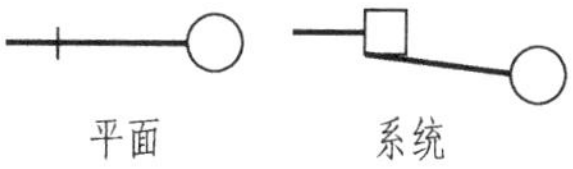 平面　系统	
26	延时自闭冲洗阀		
27	吸气喇叭口	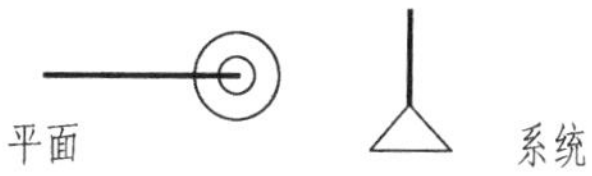 平面　系统	
28	疏水器		

6）卫生设备及水池图例见表4-11。

表4-11　卫生设备及水池图例

序号	名　称	图　例	备　注
1	立式洗脸盆	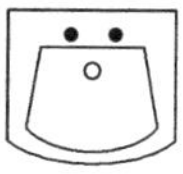	
2	台式洗脸盆	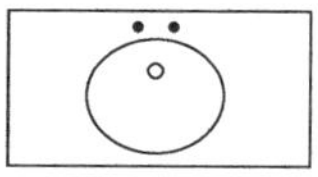	
3	挂式洗脸盆	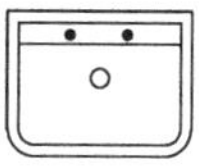	
4	浴盆	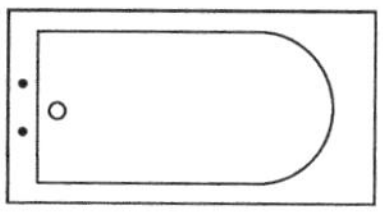	
5	化验盆、洗涤盆	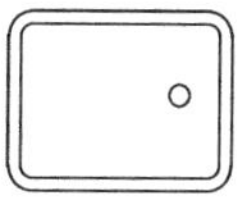	
6	带沥水板洗涤盆	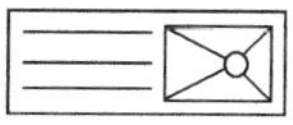	不锈钢制品

（续）

序号	名　　称	图　　例	备　　注
7	盥洗槽	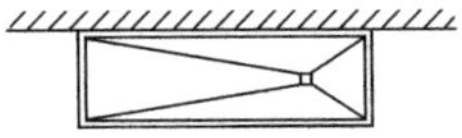	
8	污水池	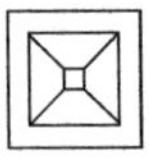	
9	妇女净身盆	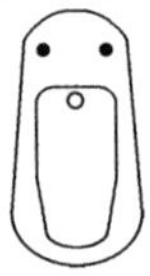	
10	立式小便器	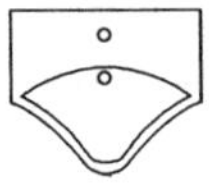	
11	壁挂式小便器	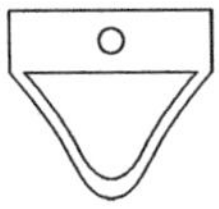	
12	蹲式大便器	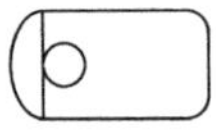	
13	坐式大便器	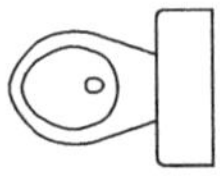	
14	小便槽	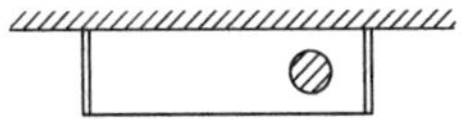	
15	淋浴喷头		

7）给水排水设备图例见表 4-12。

表 4-12　给水排水设备图例

序号	名　　称	图　　例	备　　注
1	卧式水泵	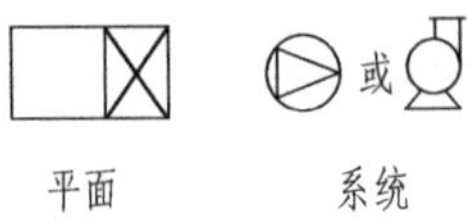 或 平面　　系统	
2	潜水泵	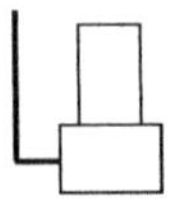	
3	定量泵	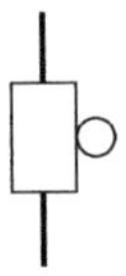	

（续）

序号	名　称	图　例	备　注
4	管道泵	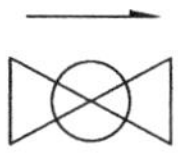	
5	卧式容积热交换器	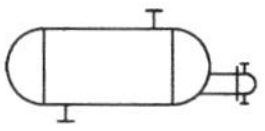	
6	立式容积热交换器	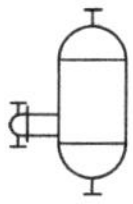	
7	快速管式热交换器	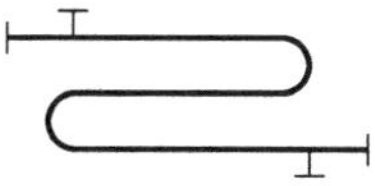	
8	开水器	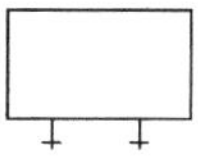	
9	喷射器	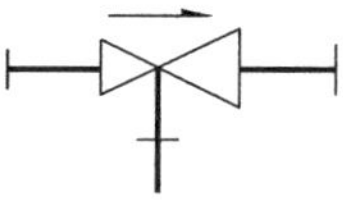	小三角为进水端
10	除垢器	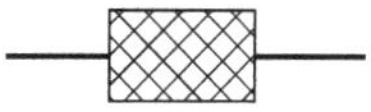	
11	水锤消除器	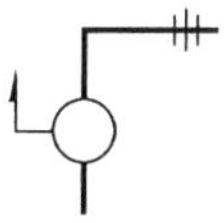	
12	紫外线消毒器	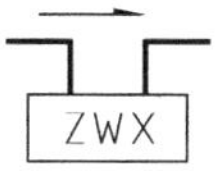 ZWX	
13	搅拌器	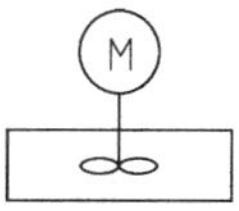 M	

3. 通风空调工程常用图例

通风空调工程常用图例见表 4-13，风道代号见表 4-14，风道、阀门及附件图例见表 4-15。

表 4-13　通风空调工程常用图例

图　例	名　称	图　例	名　称
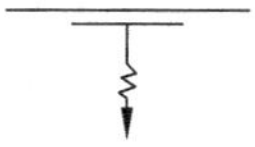	送风口		伞形风帽
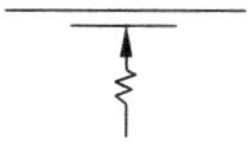	回风口		筒形风帽
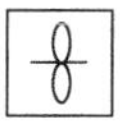	轴流风机		排气罩

（续）

图　例	名　称	图　例	名　称
	蝶阀	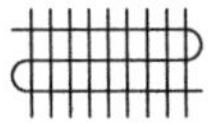	冷却器
	多叶阀		离心风机
	拉杆阀		

表 4-14　风道代号

代号	风道名称	代号	风道名称
K	空调风管	H	回风管(一二次回风可附加 1、2 区别)
S	送风管	P	排风管
X	新风管	PY	排烟管或排风、排烟共用管道

注：自定义风道代号应避免与表中相矛盾，并应在相应图面说明。

表 4-15　风道、阀门及附件图例

序号	名称	图　例	备　注
1	带导流片弯头		
2	消声器 消声弯管	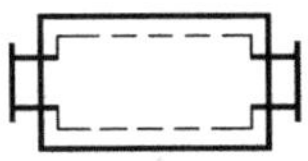 	也可表示为： 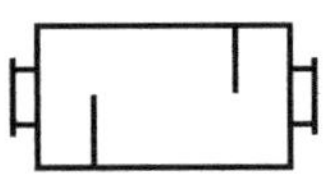 
3	天圆地方	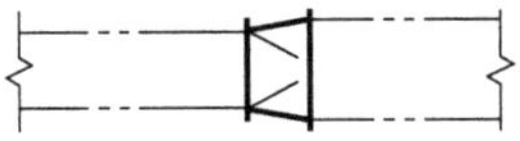	左接矩形风管，右接圆形风管
4	蝶阀	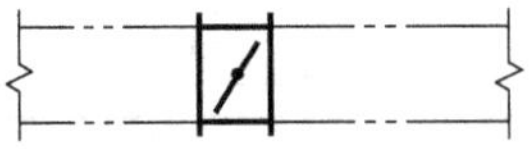	
5	风管止回阀	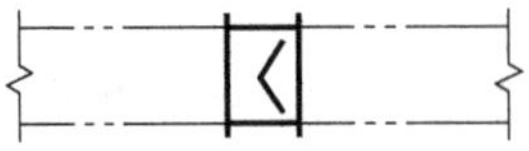	
6	三通调节阀	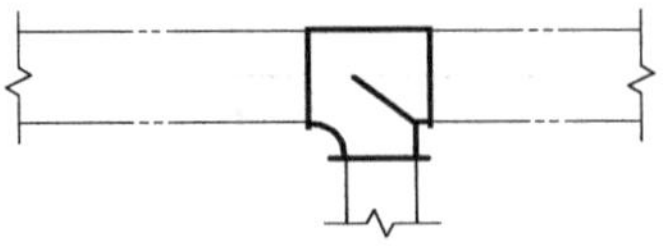	
7	防火阀	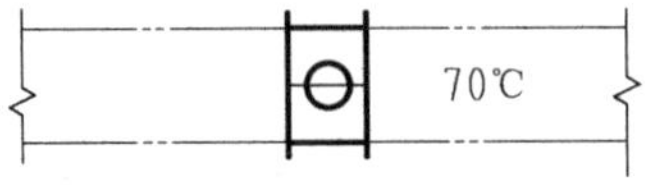 70℃	
8	排烟阀	  280℃　280℃	左为 280℃ 动作的常闭阀，右为常开阀

（续）

序号	名称	图　例	备　注
9	软接头	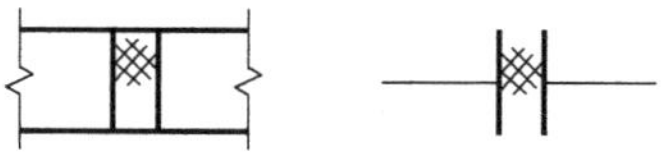	
10	软管	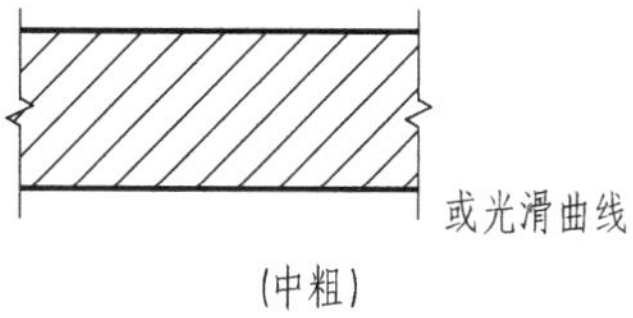 或光滑曲线 (中粗)	
11	风口(通用)	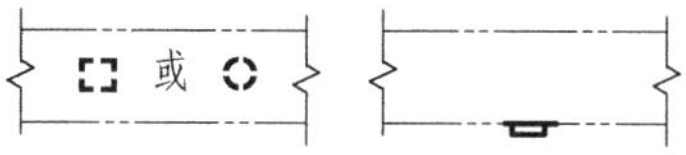 或	
12	气流方向		左为通用表示法,中表示送风,右表示回风
13	百叶窗		
14	检查孔 测量孔	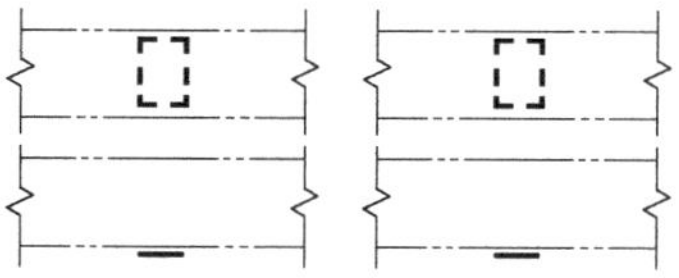	

4. 暖通空调设备常用图例

暖通空调设备常用图例及说明见表4-16。

表4-16　暖通空调设备常用图例及说明

序号	名　称	图　例	备　注
1	离心风机		左为左式风机,右为右式风机
2	轴流风机	 或	
3	水泵		左侧为进水,右侧为出水
4	空气加热、冷却器		左、中分别为单加热、单冷却,右为双功能换热装置

（续）

序号	名　称	图　例	备　注
5	板式换热器	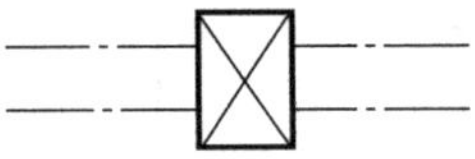	
6	电加热器		
7	加湿器	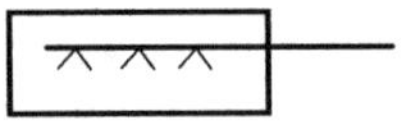	
8	挡水板	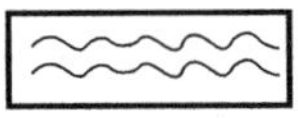	
9	窗式空调器	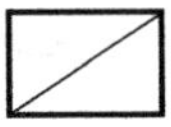	
10	风机盘管	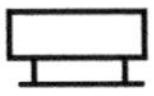	

5. 消防工程常用图例

1）消防工程固定灭火器系统符号见表4-17。

表4-17　消防工程固定灭火器系统符号

名　称	图　例	名　称	图　例
水灭火系统（全淹没）		ABC类干粉灭火系统	
手动控制灭火系统		泡沫灭火系统（全淹没）	
卤代烷灭火系统		BC类干粉灭火系统	
二氧化碳灭火系统			

2）火灾报警系统常用图形符号见表4-18。

表4-18　火灾报警系统常用图形符号

序号	图形符号	名称及说明	备　注
1	 ★	火灾报警控制器	需区分火灾报警装置，★用字母代替：C为集中型，Z为区域，G为通用，S为可燃气体

（续）

序号	图形符号	名称及说明	备　注
2	★	火灾控制、指示设备	需区分设备，★用字母代替
3	CT	缆式线型定温探测器	
4	!	感温探测器	
5	! N	感温探测器	非编码地址
6	N	感烟探测器	非编码地址
7		感烟探测器	
8	EX	感烟探测器	防爆型
9		感光式火灾探测器	
10		气体火灾探测器	点式
11	!	复合式感温感烟探测器	
12		复合式感光感烟探测器	
13	!	复合式感光感温探测器	点式
14		线型差定温探测器	
15		线型光束感烟探测器	发射部位

6. 建筑智能化系统设备安装工程施工图常用图例

1）综合布线系统工程常用图例见表 4-19。

表 4-19 综合布线系统工程常用图例

序号	图形符号	图形名称	说　　明
1		设备机架屏盘	设备机架、屏、盘等的一般符号
2	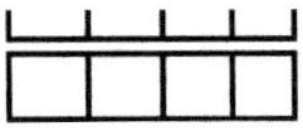	列架	列架的一般符号
3	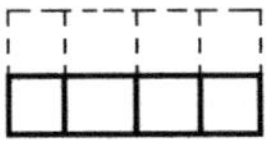	双面列架	
4	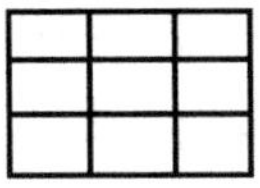	总配线架	建筑群配线架（CD）；建筑物配线架（BD）；总配线架（MDF）
5	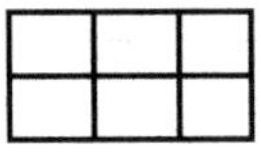	中间配线架	中间配线架的一般符号。可在图中标注以下字符，具体表示如下：数字配线架（DDF）；光纤配线架（ODF）；单频配线架（VDF）；中间配线架（IDF）
6	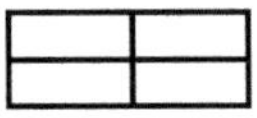	配线箱（柜）	楼层配线架（FD）
7	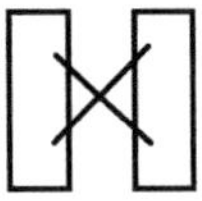	综合布线系统的交接（交叉连接）	建筑群配线架（CD）；建筑物配线架（BD）；楼层配线架（FD）均有这种连接方式 限在综合布线系统工程中使用
8	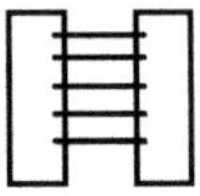	综合布线系统的互连（互相连接）	建筑群配线架（CD）；建筑物配线架（BD）；楼层配线架（FD）均有这种连接方式 限在综合布线系统工程中使用
9	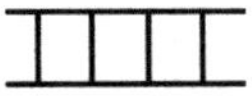	走线架（梯架）	
10		槽道（桥架）	
11	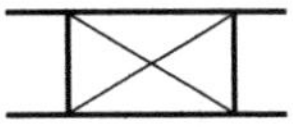	走线槽（明槽）	设在地面上的明槽
12		走线槽（暗槽）	设在地面下的暗槽
13	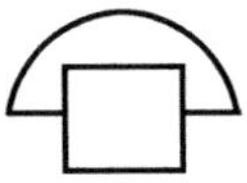 简化形 	电话机	电话机的一般符号
14		拨号盘自动电话机	

（续）

序号	图形符号	图形名称	说　明
15		按键电话机	
16	A	自动交换设备	A处加注文字符号表示其规格形式，如：程控交换机（SPC）；纵横制交换机（XB）；分组交换机（PAC）；电报交换机（T）
17	+ − × ÷	计算机	
18		计算机终端	
19	DTE	数据终端设备	
20	(A)	适配器	注：A处可用技术标准或特征表示，如LAM
21	MD	调制解调器	
22	RSU A	远端模块局站	注：A处为规模、形式
23		光纤或光缆	光纤或光缆的一般符号
24		多模突变型光纤	
25		多模渐变型光纤	
26		单模突变型光纤	
27	a/b/c/d	光纤各层直径的补充数据	从内到外表示：*a*为纤芯直径；*c*为一次被覆层直径；*b*为包层直径；*d*为外扩层直径
28	12 50/125	示例	具有12根多模突变型光纤的光缆，其纤芯直径为50μm，包层直径为125μm

（续）

序号	图形符号	图形名称	说　明
29	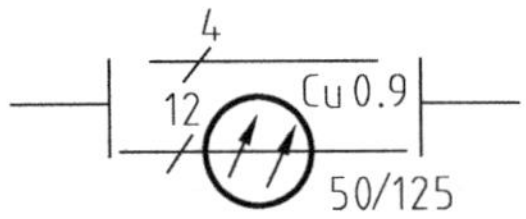 4 12 Cu0.9 50/125	铜线和光纤组成的综合光缆	0.9 表示铜导线直径为 0.9mm；4 和 12 分别表示铜线和光纤的根数和芯数
30	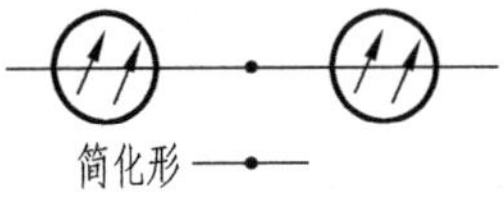 简化形	永久接头（固定接头）	
31	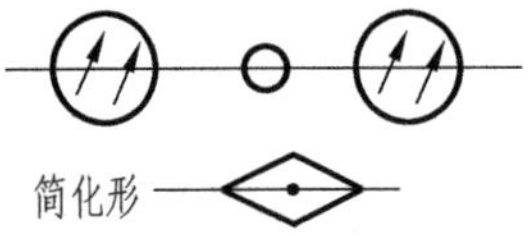 简化形	可拆卸接头（活接头）	
32	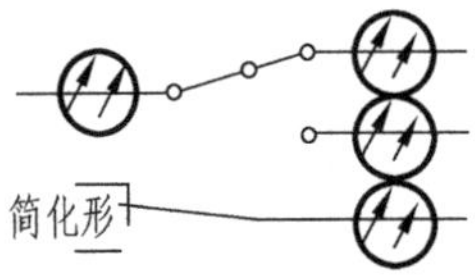 简化形	自动倒换（光纤电路转换）接头	
33		连接器(一)	插头——插座
34	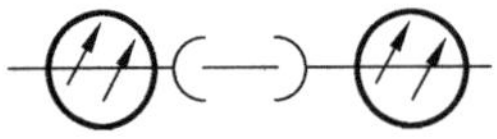	连接器(二)	插座——插头——插座
35		导线、电缆、线路的一般符号	本符号表示一条导线、电缆、线路或其他各种电信电路，其用途可用字母表示：F 为电话；V 为视频（电视）；B 为广播；T 为数据；S 为声道（电视广播）；CT 为槽道（桥架） 线路如为综合性，则将字母相加表示，如（F+T+V）
36		直埋电缆	图中有黑点表示电缆接头
37		架空线路	
38	 6	管道线路	管孔数量、断面尺寸或其他特征（如管道的排列形式），可标注在管道线路的上方。示例表示 6 孔管道的线路
39		沿建筑物明敷设通信线路	
40	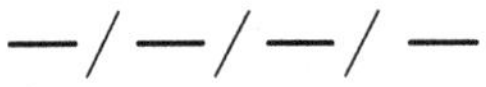	沿建筑物暗敷设通信线路	
41	 A-B C	电杆的一般符号	可以用文字标注：*A* 为杆材或所属部门；*B* 为杆长；*C* 为杆号

（续）

序号	图形符号	图形名称	说明
42	 A	电杆	电杆A处加注，如：H为H形杆；△为三角杆；L为L形杆；#为四角杆（井形杆）
43		带撑杆的电杆	
44	 简化形	有拉线的电杆 拉线一般符号	
45	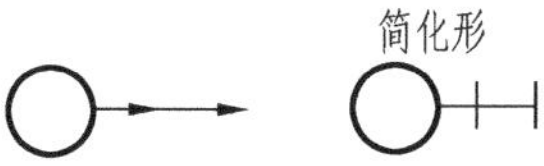 简化形	有V形拉线的电杆	
46	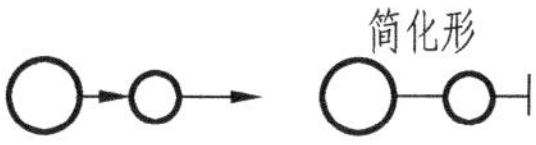 简化形	带高柱桩 拉线的电杆	
47		引上杆	黑点表示引上管和引上电缆（光缆）
48	 简化形	有横木或卡盘的电杆	横木为木杆、卡盘为钢筋混凝土杆
49	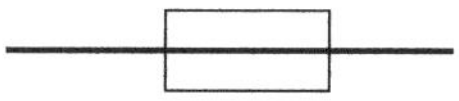	人孔	人孔的一般符号
50	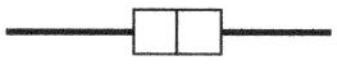	手孔	手孔的一般符号

2）通信系统设备安装工程常用图例。天线常用图例见表4-20。

表4-20 天线常用图例

序号	图形符号	图形名称	说明
1	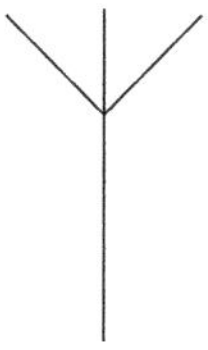	天线的一般符号	（1）此符号可用来表示任何类型天线或天线阵。符号的主杆线可表示包括单根导线的任何形式的对称馈线和非对称馈线 （2）天线的极坐标图主瓣的一般形状图样可在天线符号附近标出 （3）数字或字母符号的补充标记，可采用日内瓦国际电信联盟公布的《无线电规则》中的规定，名称或标记可以交替地写在天线一般符号旁边
2		天线塔的一般符号	
3	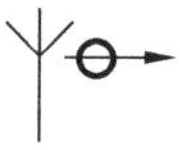	圆极化天线	

（续）

序号	图形符号	图形名称	说明
4	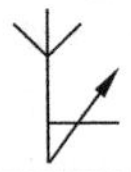	在方位角上敷设方向可变的天线	
5	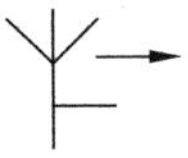	固定方位角水平极化的定向天线	
6		在俯仰角上辐射方向可变的天线	
7		环形（或框形）天线	
8	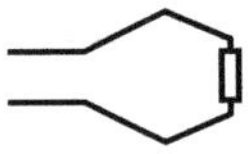	用电阻终端的菱形天线	
9		偶极子天线	
10	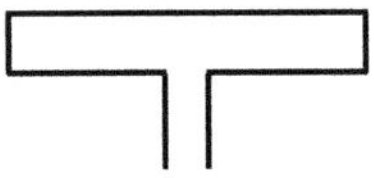	折叠偶极子天线	
11	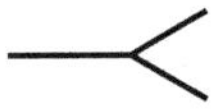	喇叭天线或喇叭馈线	
12	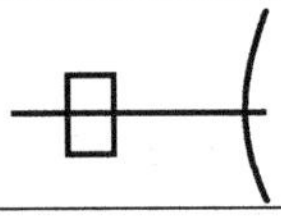	矩形波导馈电的抛物面天线	
13	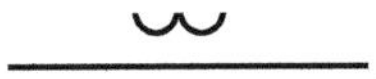	水下线路、海底线路	
14		线路中的充气或注油堵头	
15		具有旁路的充气或注油堵头的线路	
16		电信线路上直流供电	
17		电杆的一般符号	
18		单接杆	
19		双接杆	
20	 H	H形杆	

4.1.3 基本制图标准及图样画法

1. 图纸幅面和格式

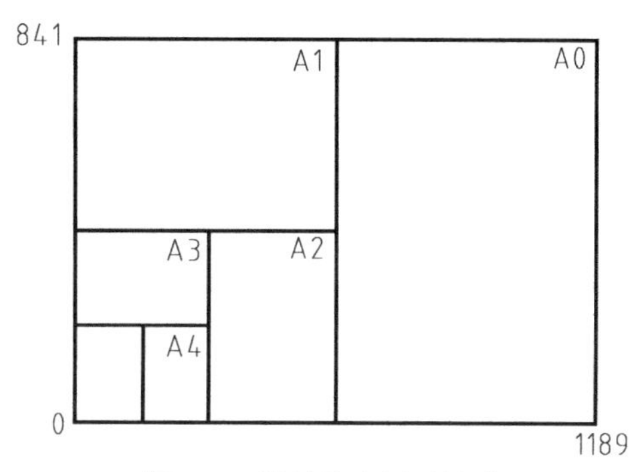

图 4-1 图纸基本幅面尺寸

图纸幅面是指图纸本身的大小规格(图 4-1)。图框是图纸上所供绘图范围的边线。表 4-21 列出了标准中规定的各种图纸的幅面尺寸，绘图时应优先采用。每张图样均需有细实线绘制的图幅。表中 *B* 与 *L* 分别代表图纸幅面的短边和长边的尺寸。必要时可加长边长，但加长量必须符合标准的规定，这些幅面的尺寸由基本幅面的短边乘以整数倍增加后得出。

表 4-21 图纸幅面及尺寸 (单位：mm)

幅面代号		A0	A1	A2	A3	A4
幅面尺寸 $B \times L$		841×1189	594×841	420×594	297×420	210×297
周边尺寸	*a*	25				
	c	10			5	
	e	20		10		

2. 标题栏和会签栏

图纸的标题栏（简称图标）和会签栏的位置、尺寸及内容如图 4-2、图 4-3 和图 4-4 所示。标题栏应根据工程需要选择确定其尺寸、格式及分区。签字区应包含实名列和签名列。涉外工程的标题栏内，各项主要内容的中文下方应附有译文，设计单位的上方或左方，应加“中华人民共和国”字样。会签栏是为各工种负责人签署专业、姓名、日期用的表格。会签栏画在图纸左侧上方的图框线外。不需要会签的图纸，可不设会签栏。

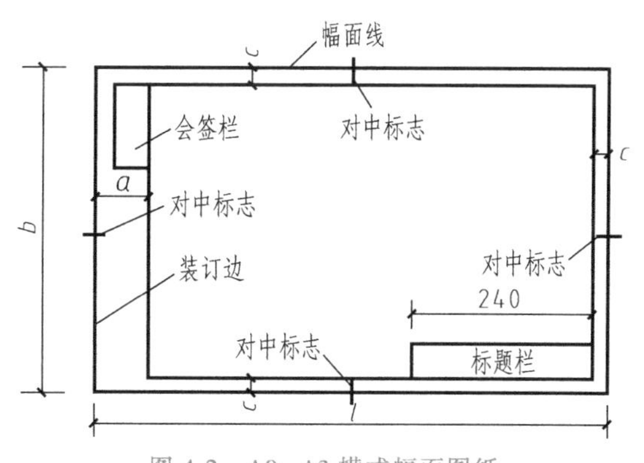

图 4-2 A0~A3 横式幅面图纸

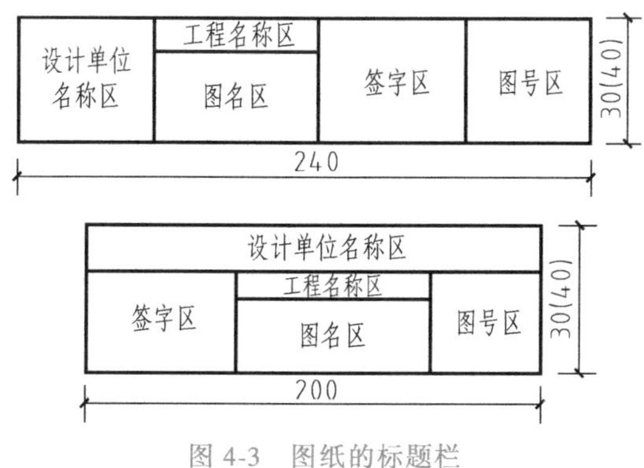

图 4-3 图纸的标题栏

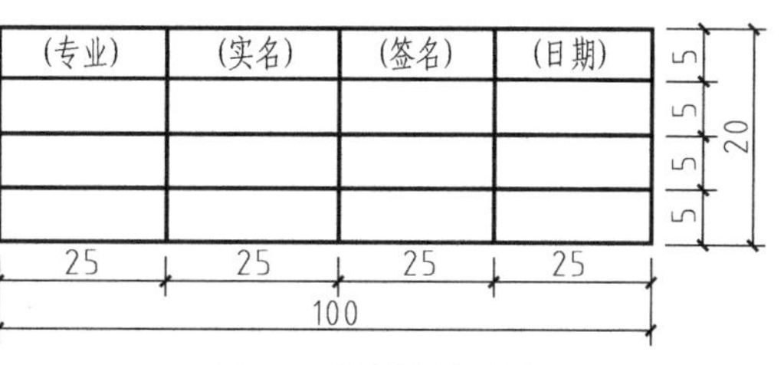

图 4-4 图纸的会签栏

3. 图线

工程图由不同的线型所构成，不同的图线可能代表不同的内容，也可以用来区分图中内容的主次。国家标准对线型和线宽做了相应的规定。一张图纸上一般要有三种线宽。每个图样应根据复杂程度与比例大小，先基本选定基本线宽 b，其他两种线宽分别是 $0.5b$ 和 $0.25b$，这样就形成粗、中、细线宽组。常用的线宽组合见表 4-22。常用线型及用途见表 4-23。

表 4-22　常用的线宽组合

线宽类别	线宽系列/mm			
b	1.4	1.0	0.7	0.5
$0.7b$	1.0	0.7	0.5	0.35
$0.5b$	0.7	0.5	0.35	0.25
$0.25b$	0.35	0.25	0.18(0.2)	0.13(0.15)

表 4-23　常用线型及用途

名称	线型	线宽
加粗粗实线	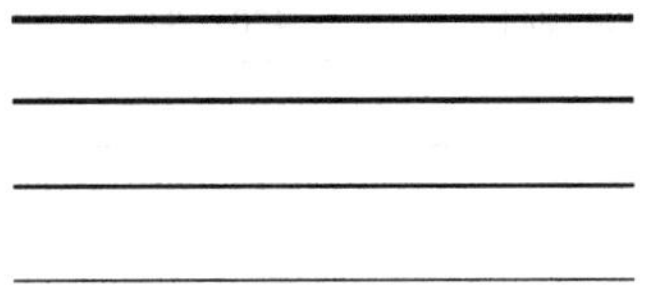	$(1.42\sim2.0)b$
粗实线		b
中粗实线		$0.5b$
细实线		$0.25b$
粗虚线		b
中粗虚线		$0.5b$
细虚线		$0.25b$
粗点画线		b
中粗点画线		$0.5b$
细点画线		$0.25b$
粗双点画线	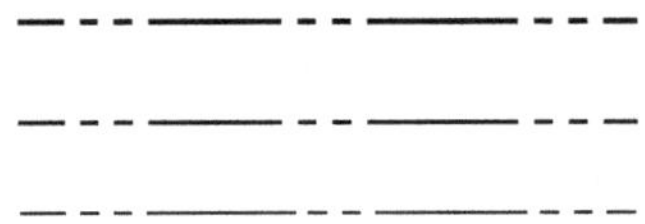	b
中粗双点画线		$0.7b$
细双点画线		$0.5b$
折断线	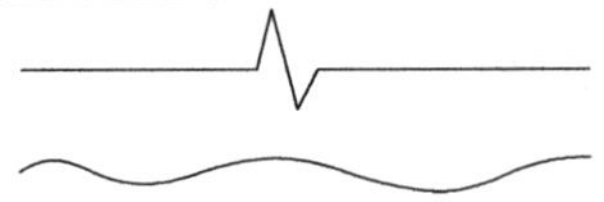	$0.5b$
波浪线		$0.5b$

4. 比例

图样的比例应为图形与实物相对应的线形尺寸比。比例的大小是指其比值的大小，如 1∶50 大于 1∶100。比例宜注写在图名的右侧，字的基准应取水平；比例的字高宜比图名的字高小一号或二号，如图 4-5 所示。

平面图　1:100　　⑥　1:20

图 4-5　比例的注写

绘图时所用的比例应根据图样的用途和被绘对象的复杂程度，从表 4-24 中选用，并优先选用表中常用比例。一般情况下，一个图样应选用一种比例。根据专业制图的需要，同一图样可选用两种比例。

表 4-24　绘图所用比例

常用比例	1∶1、1∶2、1∶5、1∶10、1∶20、1∶50、1∶100、1∶150、1∶200、1∶500、1∶1000、1∶2000、1∶5000、1∶10000、1∶20000、1∶50000、1∶100000、1∶200000
可用比例	1∶3、1∶4、1∶6、1∶15、1∶25、1∶30、1∶40、1∶60、1∶80、1∶250、1∶300、1∶400、1∶600

5. 尺寸标注

图样上的尺寸包括尺寸界线、尺寸线、尺寸起止符号和尺寸数字。

尺寸界线应用细实线绘制，一般应与被注长度垂直，其一端应离开图样轮廓线不小于 2mm，另一端宜超出尺寸线 2~3mm，图样轮廓线可用作尺寸界线。尺寸线应用细实线绘制，应与被注长度平行。图样本身的任何图线均不得用作尺寸线。尺寸起止符号一般用中粗斜短线绘制，其倾斜方向应与尺寸界线呈顺时针 45°角，长度宜为 2~3mm。尺寸数字应依据其方向注写在靠近尺寸线的上方中部。如没有足够的注写位置，最外边的尺寸数字可注写在尺寸界线的外侧，中间相邻的尺寸数字可错开注写，也可引出注写。

文字的字高应从如下系列中选用：3.5、7、10、14、20（mm）。如需书写更大的字，其高度应按$\sqrt{2}$的比例递增。图样及说明中的汉字宜采用长仿宋体，宽度与高度的关系应符合表 4-25 的规定。大标题、图册封面、地形图等的汉字，也可书写成其他字体，但应易于辨认。

表 4-25　长仿宋体字高与字宽的关系　（单位：mm）

字高	20	14	10	7	5	3.5
字宽	14	10	7	5	3.5	2.5

6. 标高

施工图纸中标高符号应采用不涂黑的三角形表示，如图 4-6 所示。

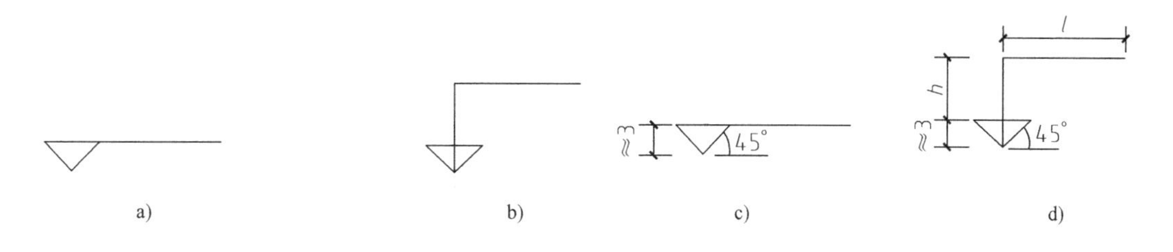

图 4-6　标高符号

a）平面图中楼地面标高符号　b）标高引出标注　c）标高符号具体画法　d）引出标高具体画法

l—取适当长度注写标高数字　h—根据需要取适当高度

标高符号的尖端应指至被注高度的位置。尖端一般应向下，也可向上。标高数字应注写在标高符号的左侧或右侧，如图 4-7 所示。

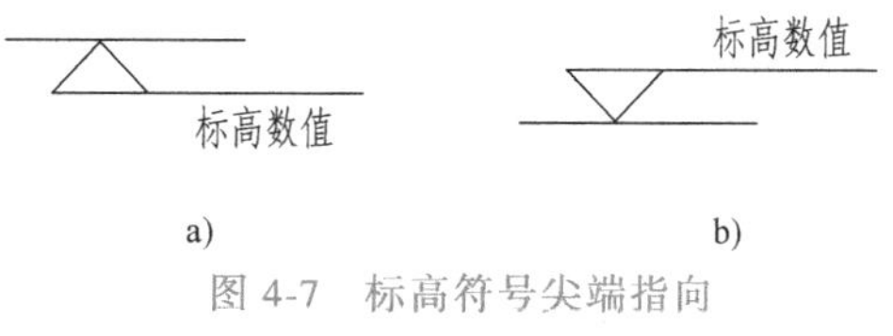

图 4-7　标高符号尖端指向

a）标高符号尖端向上　b）标高符号尖端向下

一个详图同时表示不同标高或稠密管线标高时，可采用一个标高符号表示，标高数值宜按大小自上而下标注，如图 4-8 所示。

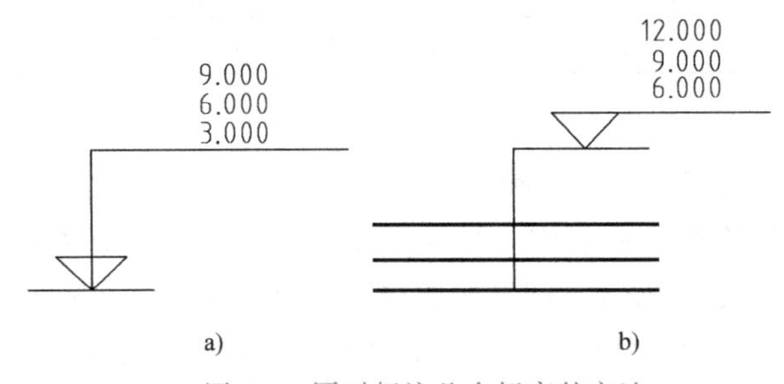

图 4-8 同时标注几个标高的方法

a）不同标高的标注 b）稠密管线标高的标注

标高为负值时，应在标高数值前加注负号“-”。

同一图样中标高的有效位数和标注方式宜一致。

4.2 安装工程施工图识读方法

4.2.1 电气设备安装工程图识读方法

一套建筑电气设备安装工程图包括很多内容，图纸也有很多张，一般应按照以下顺序依次阅读或相互对照参阅。具体的识读方法如下：

1. 熟悉电气图例符号

电气符号主要包括文字符号、图形符号、项目代号和回路标号等。在绘制电气图时，所有电气设备和电气元件都应使用国家统一标准符号，当没有国际标准符号时，可采用国家标准或行业标准符号。要想看懂电气图，就应了解各种电气符号的含义、标准原则和使用方法，充分掌握由图形符号和文字符号所提供的信息，这样才能正确地识图。

音频 4-1：电气设备安装工程图识读方法

电气技术文字符号在电气图中一般标注在电气设备、装置和元器件图形符号上或者其近旁，以表明设备、装置和元器件的名称、功能、状态和特征。

单字母符号用拉丁字母将各种电气设备、装置和元器件分为 23 类，每大类用一个大写字母表示。如用“V”表示半导体器件和电真空器件，用“K”表示继电器、接触器类等。

双字母符号是由一个表示种类的单字母符号与另一个表示用途、功能、状态和特征的字母组成，种类字母在前，功能名称字母在后。如“T”表示变压器类，“TA”表示电流互感器，“TV”表示电压互感器，“TM”表示电力变压器等。

辅助文字符号基本上是英文词语的缩写，表示电气设备、装置和元件的功能、状态和特征。例如，“启动”采用“START”的前两位字母“ST”作为辅助文字符号，另外辅助文字符号也可单独使用，如“N”表示交流电源的中性线，“OFF”表示断开，“DC”表示直流等。

2. 识图顺序

针对一套电气设备施工图，一般应先按以下顺序阅读，然后再对某部分内容进行重点识读。

（1）看标题栏及图纸目录　了解工程名称、项目内容、设计日期及图纸内容、数量等。

（2）看设计说明　了解工程概况、设计依据等，了解图纸中未能表达清楚的各有关事项。

（3）看材料设备表　了解工程中所使用的设备、材料的型号、规格和数量，如图4-9所示。

设备材料表

序号	图例	设备名称	型号规格	单位	数量	备注
1	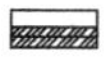	动力配电箱		个	2	距地1.4m
2	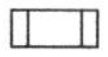	电表箱		个	6	距地1.6m
3		照明配电箱		个	149	距地1.6m
4		白炽灯	220V 1×40W	个	142	吸顶
5		吸顶灯(荧光灯)	220V 1×28W	个	155	吸顶
6		双管荧光灯	220V 2×40W	个	142	距地2.8m
7		单极开关	250V 16A	个	296	距地1.3m
8		双极开关	250V 16A	个	24	距地1.3m
9		声光控开关		个	107	
10		楼层指示灯	HJD105 8W 1h	个	12	门上0.2m
11		单向疏散指示灯	HJD105 8W 1h	个	18	距地0.5m
12		单向疏散指示灯	HJD105 8W 1h	个	17	距地0.5m
13	 E	安全出口标志灯	HJD105 8W 1h	个	16	门上0.2m
14		应急照明灯	HJD105 8W 1h	个	64	
15		安全型插座	250V 16A	个	710	距地0.3m
16	TO	网络插座		个	568	距地0.3m
17		消火栓按钮		个	24	
18		风扇		个	284	吸顶
19		风扇调速器		个	284	距地1.3m

图4-9　设备材料表示例

（4）看电气系统图　了解系统基本组成，主要电气设备与元件之间的连接关系以及它们的规格、型号、参数等，掌握该系统的组成概况，如图4-10所示。

（5）看平面布置图　如照明平面图、插座平面图、防雷接地平面图等。了解电气设备的规格、型号、数量及线路的起始点、敷设部位、敷设方式和导线根数等。平面图的阅读可

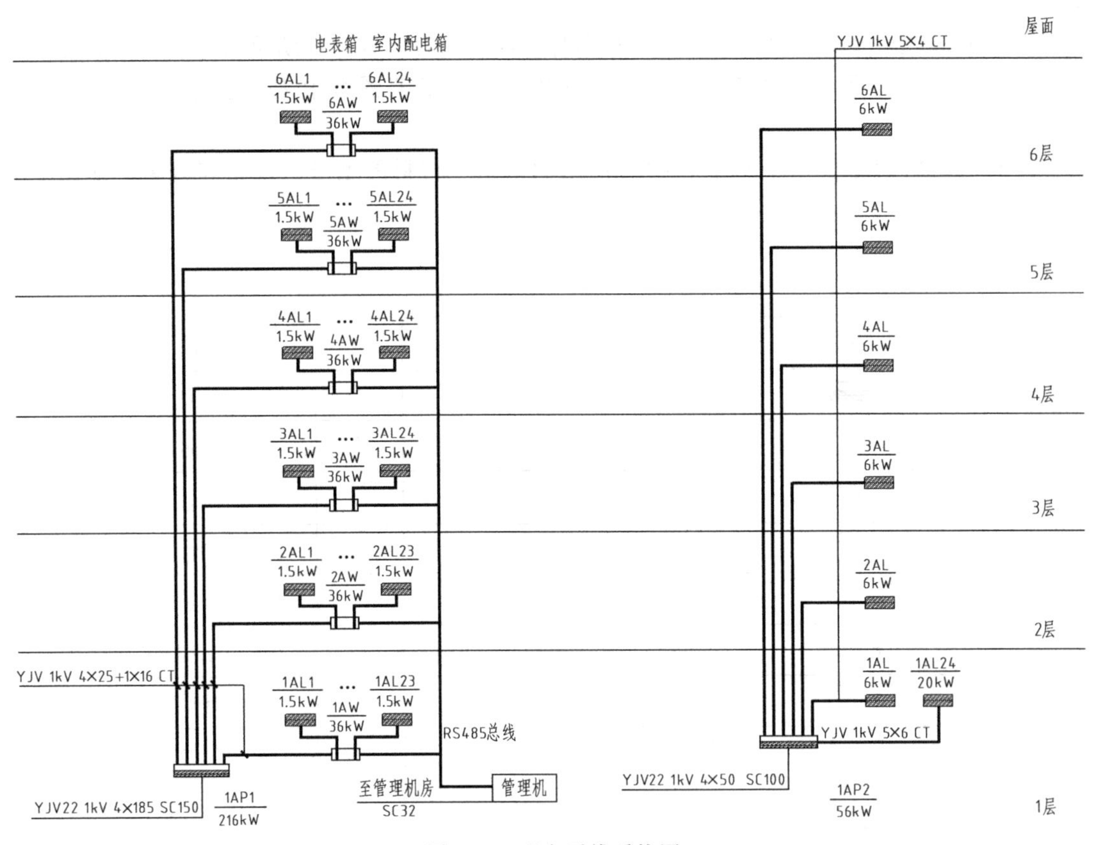

图 4-10 配电干线系统图

按照以下顺序进行：电源进线→总配电箱干线→支线→分配电箱→电气设备。

（6）看控制原理图 了解系统中电气设备的电气自动控制原理，以指导设备安装调试工作。

（7）看安装接线图 了解电气设备的布置与接线。

（8）看安装大样图 了解电气设备的具体安装方法、安装部件的具体尺寸等，如图 4-11 所示。

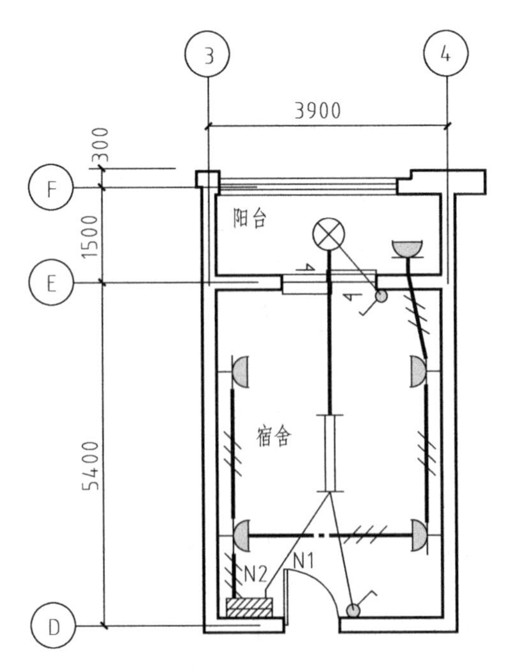

图 4-11 宿舍照明插座布置图

3. 抓住电气施工图要点进行识读

1）在明确负荷等级的基础上，了解供电电源的来源、引入方式及路数。

2）了解电源的进户方式是由室外低压架空引入还是电缆直埋引入。

3）明确各配电回路的相序、路径、管线敷设部位、敷设方式以及导线的型号和根数。

4）明确电气设备、器件的平面安装位置。

4. 结合土建施工图进行阅读

电气施工与土建施工结合得非常紧密，施工中常常涉及各工种之间的配合问题。电气施工平面图只反映电气设备的平面布置情况，结合土建施工图的阅读还可以了解电气设备的立体布设情况。

5. 熟悉施工顺序

识读配电系统图、照明与插座平面图时，应首先了解室内配线的施工顺序，便于阅读电气施工图。

1）根据电气施工图确定设备安装位置、导线敷设方式、敷设路径及导线穿墙或楼板的位置。

2）结合土建施工进行各种预埋件、线管、接线盒、保护管的预埋。

3）装设绝缘支持物、线夹等，敷设导线。

4）安装灯具、开关、插座及电气设备。

5）进行导线绝缘测试、检查及通电试验。

6）工程验收。

6. 各图纸协调配合阅读

对于具体工程来说，为说明配电关系则需要有配电系统图，为说明电气设备、器件的具体安装位置则需要有平面布置图，为说明设备工作原理则需要有控制原理图，为表示元件连接关系则需要有安装接线图，为说明设备、材料的特性、参数则需要有设备材料表等。这些图纸各自的用途不同，但相互之间是有联系并协调一致的。在识读时应根据需要，将各图纸结合起来识读，以达到对整个工程或分部项目全面了解的目的。

4.2.2　给水排水及采暖工程施工图识读方法

1. 给水排水施工图识读

建筑给水排水施工图的识读，在掌握识图知识和专业知识的基础上，应采用正确的识图方法。

（1）建筑给水排水施工图的图示特点　给水排水施工图的管道首尾相连，来龙去脉清楚，既不突然产生，也不突然消失，具有自身的图示特点。

1）给水排水施工图中的平面图、详图等都是用正投影法绘制，系统图用轴测投影绘制，工艺流程图则是用示意法绘制。

2）给水排水施工图中（详图除外），各种卫生器具、附件及闸门等均采用统一图例来表示。

3）给水排水管道一般采用单粗线绘制，详图的管道宜用双粗线绘制，而建筑、结构的图形及有关设备均采用细线绘制。

4）不同直径的管道，以相同线宽的线条表示；管道坡度无须按比例画出（画成水平即可）；管径和坡度均用数字注明。

5）靠墙敷设管道，不必按比例准确表示出管线与墙面的微小距离，图中只需略有距离即可。暗装管道与明装管道一样画在墙外，只需说明哪些部分要求暗装。

6）当在同一平面位置布置有几根不同高度的管道时，若严格按正投影绘制，平面图就会重叠在一起，这时可画成平行排列。

7）有关管道的连接配件均属规格统一的定型工业产品，在图中均不画出。

8）不需要表明的管道部分，常在管线端部采用细线 S 形折断符号表示删除。

（2）建筑给水排水施工图的识图方法　设计说明、图例、给水平面图、系统图等是给水排水工程图的有机组成部分，它们相互关联，相互补充，共同表达室内给水排水管道、卫生器具等的形状、大小及其空间位置。读图时必须结合起来，才能够准确把握设计者的意图。阅读给水排水施工图应首先看图标、图例及有关说明，然后读图。具体识图的方法如下：

1）阅读设计说明。设计说明是用文字而非图形的形式表达有关必须交代的技术内容，它是图纸的重要组成部分。说明中交代的有关事项，往往对整套给水排水工程图的识读和施工都有重要的影响，因此弄通设计说明是识读工程图的第一步，必须认真对待。

设计说明所要记叙的内容应视需要而定，以能够交代清设计人员的意图为原则，一般包括工程概况、设计依据、设计范围、各系统设计概况、安装方式、工艺要求、尺寸单位、管道防腐、试压等内容。

2）浏览建筑给水排水平面图。浏览建筑给水排水平面图首先看首层给水排水平面图，然后再看其他楼层给水排水平面图。首先确定每层给水排水房间的位置和数量、给水排水房间内的卫生器具和用水设备的种类和平面布置情况，然后确定给水引入管与排水排出管的数量和位置，最后确定给水排水管道干管、立管和支管的位置。

3）对照建筑给水排水平面图，阅读建筑给水排水系统图。根据建筑给水排水平面图找出对应的给水排水系统图。首先找出建筑给水排水平面图和建筑给水排水系统图中相同编号的给水引入管与排水排出管，然后再找出相同编号的立管，最后按照一定顺序阅读建筑给水排水系统图。

① 阅读建筑给水系统图。一般按照水流的方向阅读，从引入管开始，按照引入管→干管→立管→支管→配水装置的顺序进行。

② 阅读建筑排水系统图。一般按照水流的方向阅读，从器具排水管开始，按照器具排水管→排水横支管→排水立管→排水干管→排出管的顺序进行。

在建筑给水排水施工图中，对于某些常见部位的管道器材、设备等细部位置、尺寸和构造要求，往往是不加说明的，而是遵循专业设计规范、施工操作规程等标准进行施工的，读图时想了解其详细做法，还需参照有关标准图集和安装详图。

2. 采暖工程施工图识读

（1）采暖工程施工图的内容　采暖工程施工图一般由设计说明书、施工图、设备材料表组成。

音频 4-2：采暖工程系统的分类

1）设计说明书。设计说明书是用来说明设计意图和施工中需要注意的问题。通常在设计说明书中应说明的事项主要有：总耗热量；热媒的来源及参数；各不同房间内温度、相对湿度；采暖管道材料的种类、规格；管道保温材料、保温厚度及保温方法，管道及设备的刷油遍数及要求等。

2）施工图。采暖施工图分为室外与室内两部分。室外部分表明一个区域内的供热系统热媒输送干管的管网布置情况，其中包括管道敷设总平面图、管道横剖面图、管道纵剖面图和详图。室内部分表明一幢建筑物的供暖设备、管道安装情况和施工要求。它一般包括供暖平面图、系统图、详图、设备材料表及设计说明。

3）设备材料表。采暖工程所需要的设备和材料，在施工图册中都列有设备材料清单，以备订货和采购之用。

（2）室内采暖工程施工图的识读方法

1）平面图的识读方法：

① 了解建筑物内散热器（热风机、辐射板等）的平面位置、种类、片数以及散热器的安装方式（是明装、暗装或半暗装）。

② 了解水平干管的布置方式，干管上的阀门、固定支架、补偿器等的平面位置和型号以及干管的管径。

③ 通过立管编号查清系统立管数量和布置位置。

④ 在热水采暖系统平面图上还标有膨胀水箱、集气罐等设备的位置、型号以及设备上连接管道的平面布置和管道直径。

⑤ 在蒸汽采暖系统平面图上还有疏水装置的平面位置及其规格尺寸。水平管的末端常积存有凝结水，为了排出这些凝结水，在系统末端设有疏水装置。

⑥ 查明热媒入口及入口地沟情况。当热媒入口无节点图时，平面图上一般将入口装置组成的各配件、阀件，如减压阀、混水器、疏水器、分水器、分汽缸、除污器、控制阀门等管径、规格以及热媒来源、流向、参数等表示清楚。如果入口装置是按标准图设计的，则在平面图上注有规格及标准图号，识读时可按标准图号查阅标准图。如果施工图中画有入口装置节点图时，可按平面图标注的节点图编号查找热媒入口放大图进行识读。

2）系统轴测图的识读方法：

① 采暖系统轴测图可以清楚地表达出干管与立管之间以及立管、支管与散热器之间的连接方式、阀门安装位置及数量，整个系统的管道空间布置等一目了然。散热器支管都有一定的坡度，其中供水支管坡向散热器，回水支管则坡向回水立管。要了解各管段管径、坡度坡向、水平管的标高、管道的连接方法，以及立管编号等。

② 了解散热器类型及片数。光滑管散热要查明散热器的型号（A 型或 B 型）、管径、排数及长度；翼型或柱形散热器，要查明规格及片数，以及带脚散热器的片数；其他采暖方式，则要查明采暖器具的形式、构造以及标高等。

③ 要查清各种阀件、附件与设备在系统中的位置，凡注有规格型号者，要与平面图和材料明细表进行核对。

④ 查明热媒入口装置中各种设备、附件、阀门、仪表之间的关系及热媒的来源、流向、坡向、标高、管径等。如有节点详图时，要查明详图编号。

3）详图的识读方法。详图是表明某些供暖设备的制作、安装和连接的详细情况的图样。

室内采暖详图包括标准图和非标准图两种。标准图包括散热器的连接和安装、膨胀水箱的制作和安装、集气罐和补偿器的制作和连接等，它可直接查阅标准图集或有关施工图。非标准详图是指在平面图、系统图中表示不清的而又无标准详图的节点和做法，则须另绘制出详图。

4.2.3　通风空调工程施工图识读方法

1. 通风空调工程施工图的组成

通风空调工程施工图是由基本图、详图及设计说明等组成的。基本图包括系统原理图、平面图、立面图、剖面图及系统轴测图。详图包括部件的加工制作和安装的节点图、大样图及标准图。

(1) 设计说明　设计说明中应包括以下内容：

1) 工程性质、规模、服务对象及系统工作原理。

2) 通风空调系统的工作方式、系列划分和组成以及系统总送风、排风量和各风口的送、排风量。

3) 通风空调系统的设计参数。如室外气象参数、室内温湿度、室内含尘浓度、换气次数以及空气状态参数等。

4) 施工质量要求和特殊的施工方法。

5) 保温、油漆等的施工要求。

(2) 系统原理方框图　系统原理方框图是综合性的示意图，它将空气处理设备、通风管路、冷热源管路、自动调节及检测系统连接成一个整体，构成一个整体的通风空调系统。它表达了系统的工作原理及各环节的有机联系。这种图样一般通风空调系统无须绘制，只有在比较复杂的通风空调工程才需绘制。

(3) 系统平面图　在通风空调系统中，平面图上表明风管、部件及设备在建筑物内的平面坐标位置。其中包括：

1) 风管、送风口、回（排）风口、风量调节阀、测孔等部件和设备的平面位置，与建筑物墙面的距离及各部位尺寸。

2) 送风口、回（排）风口的空气流动方向。

3) 通风空调设备的外形轮廓、规格型号及平面坐标位置。

(4) 系统剖面图　剖面图上表明通风管路及设备在建筑物中的垂直位置、相互之间的关系、标高及尺寸。在剖面图上可以看出风机、风管及部件、风帽的安装高度。

(5) 系统轴测图　系统轴测图又叫透视图。通风、空调系统管路纵横交错，在平面图和剖面图上难以表达管线的空间走向，采用轴测投影绘制出管路系统单线条的立体图，可以完整而形象地将风管、部件及附属设备之间的相对位置的空间关系表示出来。系统轴测图上还注明风管、部件及附属设备的标高，各段风管的断面尺寸，送风口、回（排）风口的形式和风量值等。

(6) 详图　详图又称大样图，包括制作加工详图和安装详图。如果是国家通用标准图，则只标明图号，不再将图画出，需要时直接查标准图即可。如果没有标准图，必须画出大样图，以便加工、制作和安装。

通风空调详图表明风管、部件及设备制作和安装的具体形式、方法和详细构造及加工尺寸。对于一般性的通风空调工程，通常都使用国家标准图册，而对于一些有特殊要求的工程，则由设计部门根据工程的特殊情况设计施工详图。

2. 通风空调工程施工图识读方法

识读通风空调安装工程图，要从平面图开始，将平面图、剖面图、系统透视图结合起来对照阅读，一般情况下可以顺着气流的流动方向逐段阅读。对于排风系统，可以从吸风口看起，沿着管路直到室外排风口。图 4-12 为某通风系统的平面图、剖面图和系统轴测图。

(1) 平面图的识读　通过对平面图的识读，可以了解到：该通风系统有一台空调器，空调器是用冷（热）水冷却（加热）空气的。空气从进风口进入空调机，经冷却或加热后，

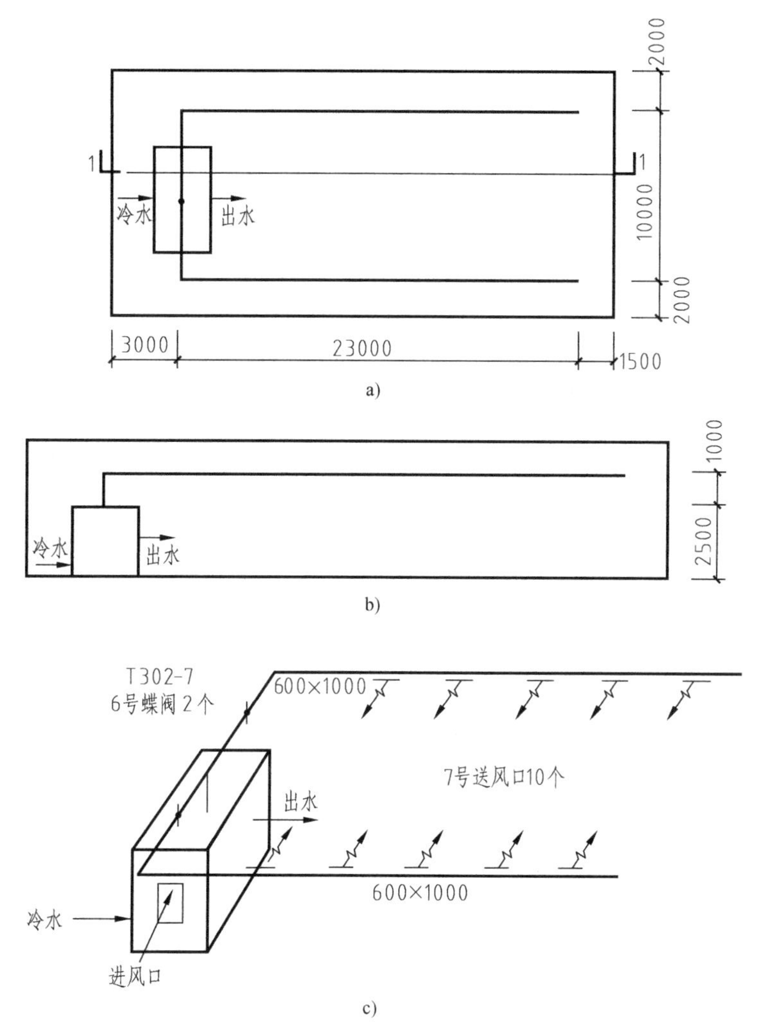

图 4-12　某通风系统施工图

a) 平面图　b) 1—1 剖面图　c) 系统轴测图

由空调器内风机从顶部送出，空气出机后分为两路送往各用风点。风管总长度约为 48m。

（2）剖面图、轴测图的识读　从剖面图和轴测图可知，风管是 600mm×1000mm 的矩形风管。风管上装 6 号蝶阀两个，图号为 T302-7。风管系统中共有 7 号送风口 10 个。从剖面图上可以知道，风管安装高度为 3.5m。

在实际工作中，在细读通风空调施工图时往往是平面图、剖面图、系统轴测图等几种图样结合起来一起识读，可以随时对照，一种图未表达清楚的地方可以立即看另一种图。这样既可以节省看图时间，又能看得深透，还能发现图样中存在的问题。

第5章 电气设备安装工程

5.1 工程量计算依据一览表

新的清单范围电气设备安装工程划分的子目包含有变压器安装、配电装置安装、母线安装、控制设备及低压电器安装、蓄电池安装、电机检查接线及调试、滑触线装置安装、零电缆安装、防雷及接地装置、10kV 以下架空配电线路、电气调整试验、配管、配线、照明灯具安装及附属工程 14 节，共 153 个项目。

电气设备工程计算依据见表 5-1~表 5-5。

表 5-1 变压器算依据

计算规则	清单规则	定额规则
油浸电力变压器	按设计图示数量计算	(1)三相变压器、单相变压器、消弧线圈安装根据设备容量及结构性能，按照设计安装数量以“台”为计量单位 (2)绝缘油过滤不分次数至油过滤合格为止。按照设备载油量以“t”为计量单位 1)变压器绝缘油过滤，按照变压器铭牌充油量计算 2)油断路器及其他充油设备绝缘油过滤，按照设备铭牌充油量计算
干式变压器		
整流变压器		
自耦变压器		
有载调压变压器		
电炉变压器		
消弧线圈		

表 5-2 配电装置安装计算依据

计算规则	清单规则	定额规则
油断路器	按设计图示数量计算	断路器、电流互感器的安装，根据设备容量或重量，按照设计安装数量以“台”或“个”为计量单位
真空断路器		
互感器		
避雷器		避雷器的安装，根据设备重量或容量，按照设计安装数量以“组”为计量单位，每三相为一组
高压成套配电柜		成套配电柜安装，根据设备功能，按照设计安装数量以“台”为计量单位

表 5-3 电缆工程计算依据

计算规则	清单规则	定额规则
电力电缆	按设计图示尺寸以长度计算	(1)电力电缆和控制电缆均按照一根电缆有两个终端头计算 (2)电力电缆中间头按照设计规定计算;设计没有规定的以单根长度400m为标准,每增加400m计算一个中间头,增加长度小于400m时计算一个中间头
电缆保护管		(1)电缆保护管铺设根据电缆敷设路径,应区别不同敷设方式、敷设位置、管材材质、规格,按照设计图示敷设数量以"m"为计量单位。计算电缆保护管长度时,设计无规定者按照以下规定增加保护管的长度 1)横穿马路时,按照路基宽度两端各增加2m 2)保护管需要出地面时,弯头管口距地面增加2m 3)穿过建(构)筑物外墙时,从基础外缘起增加1m 4)穿过沟(隧)道时,从沟(隧)道壁外缘起增加1m (2)电缆保护管地下敷设,其土石方量施工有设计图样的,按照设计图样计算;无设计图样的,沟深按照0.9m计算,沟宽按照保护管边缘每边各增加0.3m工作面计算

表 5-4 防雷及接地装置计算依据

计算规则	清单规则	定额规则
接地极	按设计图示数量计算	接地极制作与安装根据材质与土质,按照设计图示安装数量以"根"为计量单位。接地极长度按照设计长度计算,设计无规定时,每根按照2.5m计算
接地母线	按设计图示尺寸以长度计算	避雷网、接地母线敷设按照设计图示敷设数量以"m"为计量单位。计算长度时,按照设计图示水平和垂直规定长度3.9%计算附加长度(包括转弯、上下波动、避绕障碍物、搭接头等长度),当设计有规定时,按照设计规定计算
避雷引下线		避雷引下线敷设根据引下线采取的方式,按照设计图示敷设数量以"m"为计量单位
均压环		均压环敷设长度按照设计需要作为均压接地梁的中心线长度以"m"为计量单位
避雷网		避雷网、接地母线敷设按照设计图示敷设数量以"m"为计量单位。计算长度时,按照设计图示水平和垂直规定长度3.9%计算附加长度(包括转弯、上下波动、避绕障碍物、搭接头等长度),当设计有规定时,按照设计规定计算

（续）

计算规则	清单规则	定额规则
避雷针	按设计图示尺寸以数量计算	避雷针制作根据材质及针长，按照设计图示安装成品数量以“根”为计量单位 避雷针、避雷小短针安装根据安装地点及针长，按照设计图示安装成品数量以“根”为计量单位 独立避雷针安装根据安装高度，按照设计图示安装成品数量以“基”为计量单位

表 5-5　配管配线计算依据

计算规则	清单规则	定额规则
配管	按设计图示尺寸以长度计算	（1）配管敷设根据配管材质与直径，区别敷设位置、敷设方式，按照设计图示安装数量以“m”为计量单位。计算长度时，不计算安装损耗量，不扣除管路中间的接线箱、接线盒、灯头盒、开关盒、插座盒、管件等所占长度 （2）金属软管敷设根据金属管直径及每根长度，按照设计图示安装数量以“m”为计量单位。计算长度时，不计算安装损耗量 （3）线槽敷设根据线槽材质与规格，按照设计图示安装数量以“m”为计量单位。计算长度时，不计算安装损耗量，不扣除管路中间的接线箱、接线盒、灯头盒、开关盒、插座盒、管件等所占长度
线槽		
配线	按设计图示尺寸以单线长度计算	（1）管内穿线根据导线材质与断面面积，区别照明线路与动力线，按照设计图示安装数量以“10m”为计量单位；管内穿多芯软导线根据软导线芯数与单芯软导线断面面积，按照设计图示安装数量以“10m”为计量单位。管内穿线的线路分支接头线长度已综合考虑在定额中，不得另行计算 （2）绝缘子配线根据导线断面面积，区别绝缘子形式（针式、鼓形、碟式）、绝缘子配线位置（沿屋架、梁、柱、墙，跨屋架、梁、柱，木结构、顶棚内、砖、混凝土结构，沿钢支架及钢索），按照设计图示安装数量以“10m”为计量单位 （3）线槽配线根据导线断面面积，按照设计图示安装数量以“10m”为计量单位 （4）塑料护套线明敷设根据导线芯数与单芯导线断面面积，区别导线敷设位置（木结构、砖混凝土结构、沿钢索），按照设计图示安装数量以“10m”为计量单位 （5）绝缘导线明敷设根据导线断面面积，按照设计图示安装数量以“10m”为计量单位 （6）车间带型母线安装根据母线材质与断面面积，区别母线安装位置（沿屋架、梁、柱、墙，跨屋架、梁、柱），按照设计图示安装数量以单相 10 延长米为计量单位 （7）车间配线钢索架设区别圆钢、钢索直径，按照设计图示墙（柱）内缘距离以“10m”为计量单位，不扣除拉紧装置所占长度 （8）车间配线母线与钢索拉紧装置制作与安装，根据母线断面面积、索具螺栓直径，按照设计图示安装数量以“套”为计量单位

（续）

计算规则	清单规则	定额规则
接线箱	按设计图示数量计算	接线箱安装根据安装形式(明装、暗装)及接线箱半周长,按照设计图示安装数量以“个”为计量单位
接线盒		接线盒安装根据安装形式(明装、暗装)及接线盒类型,按照设计图示安装数量以“个”为计量单位

5.2　工程案例实战分析

5.2.1　变配电工程

变配电工程是对变、配电系统中的变配电设备进行检查、安装的施工过程。

变配电设备是变电设备和配备设备的总称，其主要作用是变换电压和分配电能，由变压器、断路器、开关、互感器、电抗器、电容器，以及高、低压配电柜等组成，如图5-1所示。

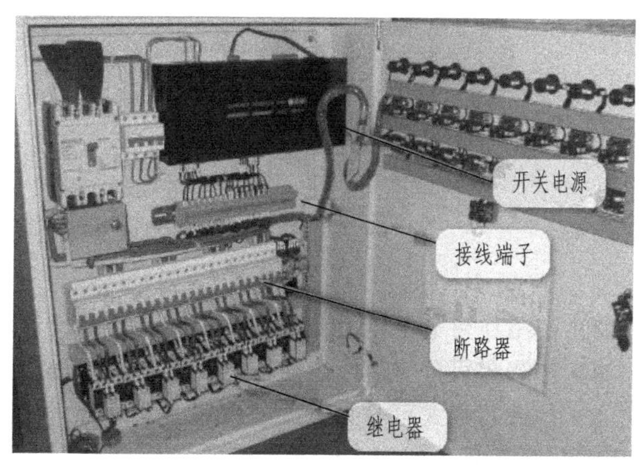

图5-1　变配电设备

变配电设备安装分室内、室外和杆上三种，一般均安装在室内（变电所或变电站）。

1. 变压器

（1）名词概念　变压器是利用电磁感应的原理来改变交流电压的装置，其主要构件是初级线圈、次级线圈和铁芯（磁芯）。

视频5-1：变压器

变压器是一种静止的电气设备，由铁芯（磁路）及2个或2个以上的绕组（电路）组成，绕组之间由铁芯中交变磁通联系（磁耦合），实现从一种电压（电流）变为另一种电压（电流）。

音频5-1：常用变压器的分类应用

简单地说，变压器的基本原理是：电磁感应原理，即“电生磁，磁生电”。其主要功能有：电压变换、电流变换、阻抗变换、隔离、稳压（磁饱和变压器）等。

图5-2　消弧线圈

消弧线圈：消弧线圈是灭弧的，是一

种带铁芯的电感线圈，如图 5-2 所示。它接于变压器（或发电机）的中性点与大地之间，构成消弧线圈接地系统。电力系统输电线路经消弧线圈接地，为小电流接地系统的一种。正常运行时，消弧线圈中无电流通过；而当电网受到雷击或发生单相电弧性接地时，中性点电位将上升到相电压，这时流经消弧线圈的电感性电流与单相接地的电容性故障电流相互抵消，使故障电流得到补偿，补偿后的残余电流变得很小，不足以维持电弧，从而自行熄灭。这样，就可使接地故障迅速消除而不致引起过电压。

（2）变压器的分类

1）按相数可分为单相变压器、三相变压器。

2）按冷却方式可分为干式变压器、油浸式变压器，如图 5-3、图 5-4 所示。

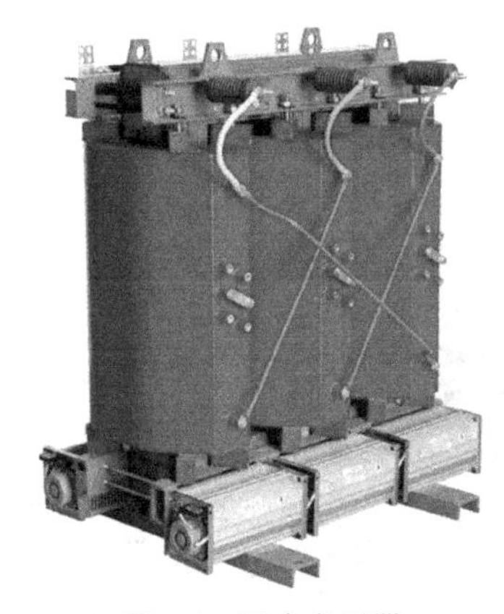

图 5-3　干式变压器

图 5-4　油浸式变压器

3）按用途可分为电力变压器、仪用变压器、试验变压器。

4）按绕组可分为双绕组变压器、三绕组变压器。

5）按铁芯形式可分为芯式变压器、非晶合金变压器、壳式变压器。

（3）变压器的使用条件及适用场合

1）使用条件。

① 海拔高度不超过 1000m。

② 环境温度：最高气温 40℃，最低气温-30℃，最高年均气温 20℃。

③ 当气温为 25℃时，相对湿度不超过 90%。

④ 安装场所无严重影响变压器绝缘的气体、蒸汽、化学性沉积、灰尘、污垢及其他爆炸性和侵蚀性介质。

⑤ 安装场所无严重振动和颠簸。

2）适用场合。

① 普通油浸式：一般正常环境的变电所。

② 干式变压器：用于防火要求较高、多尘环境的变电所。

③ 密封式变压器：用于具有化学腐蚀性气体、蒸汽或具有导电可燃粉尘、纤维，会严重影响变压器安全运行的场所。

④ 防雷式变压器：用于多雷区及土壤电阻率较高的山区。

2. 配电装置

（1）名词概念　是发电厂与变电所的重要组成部分，是发电厂与变电所电气主接线的具体体现，如图 5-5 所示。

（2）配电装置的分类

1）按照安装位置的不同，配电装置可以分为屋内式配电装置和屋外式配电装置。

2）按照安装方法的不同，配电装置可以分为装配式配电装置和成套式配电装置。

图 5-5　配电装置

视频 5-2：母线

3. 母线

（1）名词概念　是指多个设备以并列分支的形式接在其上的一条共用的通路。在计算机系统里，是指多台计算机并列接在其上的一条共享的高速通路，可以供这些计算机之间任意传输数据，但在同一时刻内，只能有一个设备发送数据。

在发电厂和变电所的各级电压配电装置中，将发动机、变压器与各种电器连接的导线称为母线，如图 5-6 所示。母线是各级电压配电装置的中间环节，它的作用是汇集、分配和传送电能。

（2）母线的设置　在进出线较多的情况下，为便于电能的汇集和分配，应设置母线，这是由于安装时，不可能将很多回进出线安装在一点上，而是将每回进出线分别在母线的不同点连接引出。一般具有四个以上间隔时，就应设置母线。

图 5-6　母线

（3）母线的分类与组成

1）母线按照结构分类。

① 软母线。

② 硬母线。硬母线又分为矩形母线和管形母线。

2）母线组成：由导线、绝缘子、架构（支杆）接地装置、金具组成。导线形式有软导线（钢芯铝导线）、硬导线（管形和矩形铝或铜导线）。

（4）案例导入与算量解析

【例 5-1】 某电力需要安装 2 台型号为 XDJ-3800/60 的消弧线圈，用于补偿电容器电流。试计算其工程量。

【解】

1）识读内容：

通过题干内容可知，安装 2 台用于补偿电容器电流的消弧线圈。

2）工程量计算。

① 清单工程量:

消弧线圈数量=2（台）。

② 定额工程量:

定额工程量同清单工程量。

【小贴士】 式中，工程量计算数据根据题示所得。

【例 5-2】 图 5-7 所示为变配电工程安装构造图，其中干式变压器的容量为 220kV・A。图 5-8 为单层单列屋内配电装置出线间隔断面图，采用高压成套配电柜、单母线柜，柜内附真空断路器柜，试计算变压器、配电装置室以及穿墙套管的工程量。

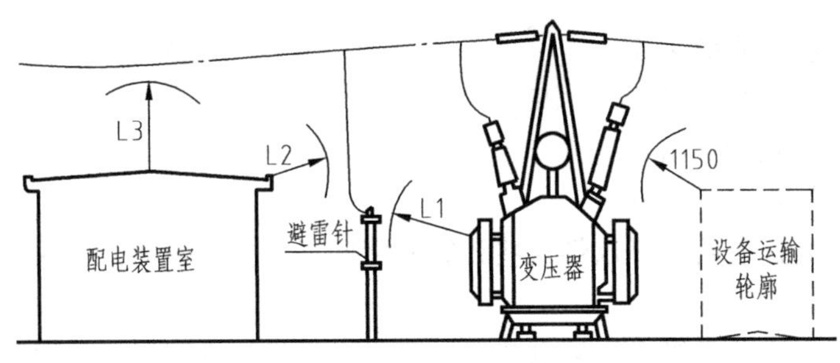

图 5-7　变配电工程安装构造图

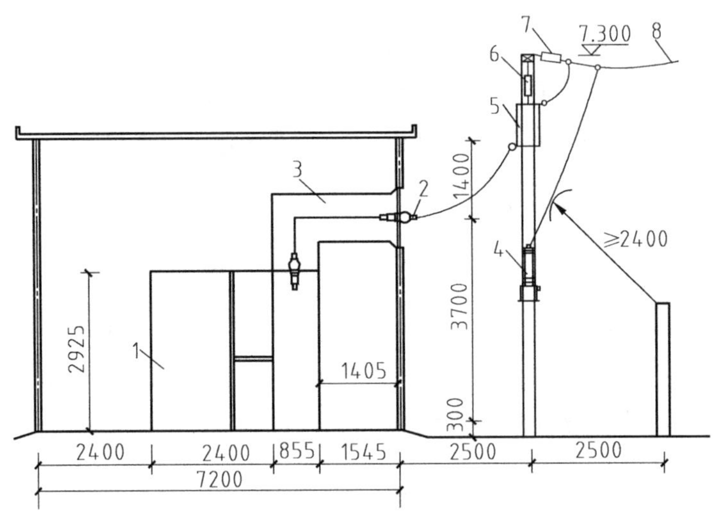

图 5-8　35kV 单层单列屋内配电装置出线间隔断面图

1—开关柜　2—穿墙套管　3—封闭母线桥　4—耦合电容器　5—阻波器
6—悬式绝缘子串　7—耐张绝缘子串　8—钢芯铝绞线

【解】

1）识图内容:

通过题干内容可知，变配电工程安装构造图采用干式变压器，其中单层单列屋内配电装置出线间隔断面图采用高压成套配电柜、单母线柜，柜内附真空断路器柜。

2）工程量计算。

① 清单工程量:

干式变压器数量=1（台）;

高压成套配电柜面数 = 1（面）；

穿墙套管数量 = 2（个）。

② 定额工程量：

定额工程量同清单工程量。

【小贴士】 式中，工程量计算数据皆根据题示及图示所得。

5.2.2　电缆安装

1. 电缆

（1）名词概念　电缆是一种特殊的导线，通常是由几根或几组导线（每组至少两根）绞合而成的类似绳索的电缆，每组导线之间相互绝缘，并常围绕着一根中心扭成，整个外面包有高度绝缘的覆盖层。电缆具有内通电、外绝缘的特征。

（2）电缆的型号

电缆的型号如图 5-9 所示。

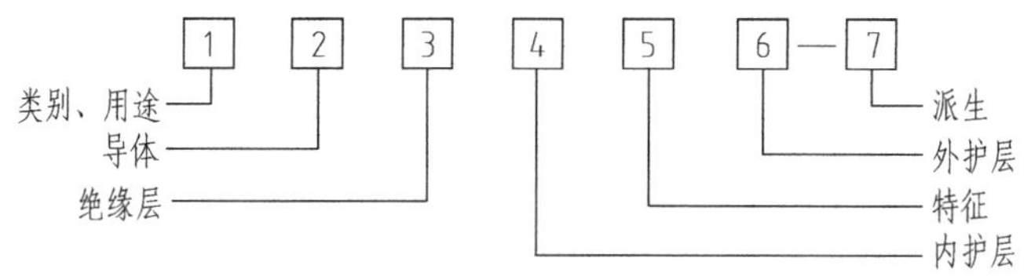

图 5-9　电缆的型号

视频 5-3：电力电缆

2. 电力电缆

（1）名词概念　是用于传输和分配电能的电缆，电力电缆常用于城市地下电网、发电站引出线路、工矿企业内部供电及过江海水下输电线。

在电力线路中，电缆所占比重正逐渐增加。电力电缆是在电力系统的主干线路中用以传输和分配大功率电能的电缆产品，包括 1～500kV 及以上各种电压等级，各种绝缘的电力电缆如图 5-10 所示。

图 5-10　电力电缆

（2）电力电缆的基本结构　电力电缆的基本结构由线芯（导体）、绝缘层、屏蔽层和保护层四部分组成。

（3）电力电缆的主要分类

1）按电压等级分：按电压等级可分为中、低压电力电缆（35kV 及以下）、高压电缆（110kV 以上）、超高压电缆（275～800kV）以及特高压电缆（1000kV 及以上）。此外，还可按电流制分为交流电缆和直流电缆。

2）按绝缘材料分为以下几类。

① 油浸纸绝缘电力电缆是以油浸纸作绝缘的电力电缆，其优点是应用历史最长，安全可靠，使用寿命长，价格低廉；主要缺点是敷设受落差限制。自从开发出不滴流浸纸绝缘后，解决了落差限制问题，使油浸纸绝缘电缆得以继续广泛应用。

② 塑料绝缘电力电缆绝缘层为挤压塑料的电力电缆。常用的塑料有聚氯乙烯、聚乙烯、交联聚乙烯。塑料电缆结构简单、制造加工方便、重量轻、敷设安装方便、不受敷设落差限

制，因此广泛应用于中低压电缆，并有取代粘性浸渍油纸电缆的趋势。其最大缺点是存在树枝化击穿现象，这限制了它在更高电压中的使用。

③ 橡皮绝缘电力电缆绝缘层为橡胶加上各种配合剂，经过充分混炼后挤包在导电线芯上，经过加温硫化而成。它柔软，富有弹性，适合于移动频繁、敷设弯曲半径小的场合。

常用作绝缘的胶料有天然胶、丁苯胶混合物、乙丙胶、丁基胶等。

3）按电压等级分为以下几类。

① 低压电缆：适用于固定敷设在交流 50Hz、额定电压 3kV 及以下的输配电线路上作输送电能用。

② 中低压电缆（一般指 35kV 及以下）：聚氯乙烯绝缘电缆，聚乙烯绝缘电缆，交联聚乙烯绝缘电缆等。

③ 高压电缆（一般为 110kV 及以上）：聚乙烯电缆和交联聚乙烯绝缘电缆等。

④ 超高压电缆：(275~800kV)。

⑤ 特高压电缆：(1000kV 及以上)。

3. 电缆保护管

（1）名词概念　是指为了防止电缆受到损伤，敷设在电缆外层，具有一定机械强度的金属保护管。电缆保护管主要安装在通信电缆与电力线交叉的地段，防止电力线发生断线造成短路事故，引起通信电缆和钢丝绳带电，以保护电缆、交换机、机芯板以至整机不被烧坏，对电力线磁场干扰也起到一定的隔离作用，如图 5-11 所示。

图 5-11　电缆保护管

（2）案例导入与算量解析

【例 5-3】　某电缆敷设工程如图 5-12 所示，采用电缆沟铺砂盖砖直埋并列敷设 8 根 VV-29（3×45+1×15）电力电缆，其中电缆断面为 $120mm^2$，变电所配电柜至室内部分电缆穿 $\phi40$ 钢管保护，共 8m 长，室外电缆敷设共 120m 长，在配电间有 13m 穿 $\phi40$ 钢管保护，试计算其工程量。

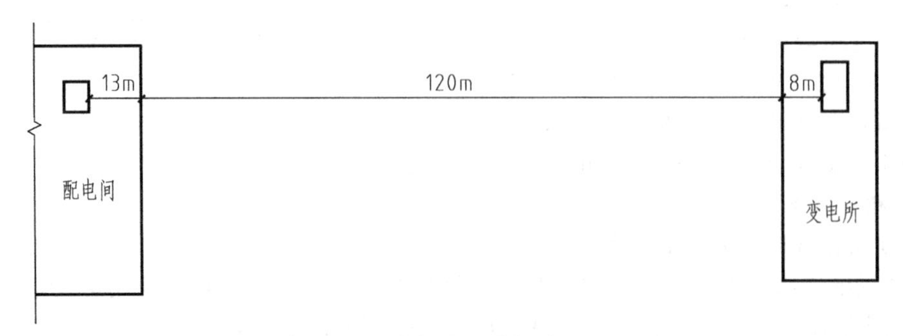

图 5-12　案例中电缆敷设工程

【解】

1）识图内容：

通过题干内容可知，变电所配电柜至室内部分电缆穿 ϕ40 钢管保护，共 8m 长，室外电缆敷设共 120m 长，在配电间有 13m 穿 ϕ40 钢管保护，共有 8 根电力电缆，又根据计算规则可知，电缆保护管清单工程量按设计图示长度计算（含预留长度及附加长度），即电缆工程量为［(8+120+13)×8］m，电缆保护管工程量为（8+13）m。

2）工程量计算。

① 清单工程量：

电缆保护管工程量计算规则为按设计图示尺寸以长度计算。

电缆敷设长度=(8+120+13)×8=1128（m）；

电缆保护管长度=8+13=21（m）。

② 定额工程量：

定额工程量同清单工程量。

【小贴士】 式中，工程量计算数据皆根据题示及图示数量计算。

5.2.3　防雷及接地装置

防雷接地装置由接地极、接地母线、接地跨接线、避雷针、避雷引下线、避雷网组成。如图 5-13 所示。

1. 名词概念

（1）接地极　由钢管、角钢、圆钢、铜板或钢板制作而成，一般长度为 2.5m，每组 3~6 根不等，直接打入地下，与室外接地母线连接。

（2）接地母线　接地母线敷设分为户内和户外。户内接地母线一般沿墙用卡子固定敷设；户外接地母线一般埋设在地下，沟的挖填土方按上口宽 0.5m，下底宽 0.4m，深 0.75m，每米沟长 0.34m^3 土方量。

接地母线多采用扁钢或圆钢作为接地材料，如图 5-14 所示。

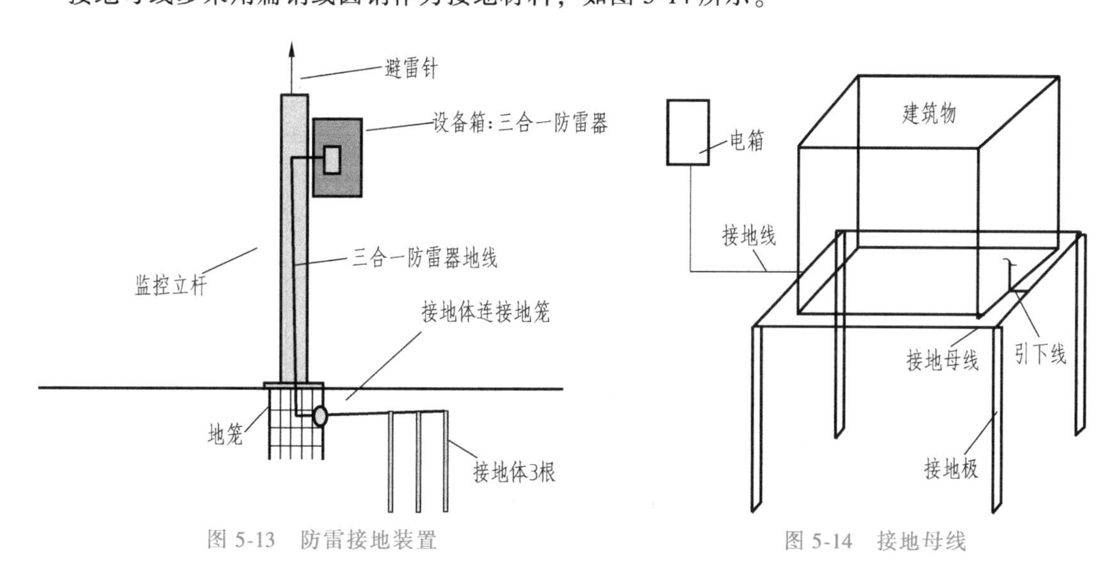

图 5-13　防雷接地装置　　图 5-14　接地母线

（3）避雷引下线　避雷引下线是从避雷针或屋顶避雷网向下沿建筑物、构筑物和金属构件引下的导线。一般采用扁钢或圆钢作为引下线。

目前大多数建筑物引下线设计利用构造柱内两根主筋作为引下线，与基础钢筋网焊接形成一个大的接地网。

接地跨接线是指接地母线遇有障碍物（如建筑物伸缩缝、沉降缝）需跨越时的连接线，或是利用金属构件作接地线时需要焊接的连接线。

高层建筑多采用铝合金窗，为防止侧面雷击，损坏建筑物或伤人，按照规范要求，需要安装接地线与墙或柱主筋连接。

（4）均压环　均压环是改善绝缘子串电压分布的环状金具，如图5-15所示。均压环适用于交流的电压形式，可将高压均匀分布在物体周围，保证在环形各部位之间没有电位差，从而达到均压的效果。根据规范要求，高层建筑中每隔3层设置均压环，可利用圈梁钢筋或另设一根扁钢或圆钢于圈梁内作均压环，主要防止侧向雷电对建筑造成破坏。在《建筑物防雷设计规范》（GB 50057—2010）中已把“均压环”更名为“等电位连接环”。

图5-15　避雷器均压环

（5）避雷网　避雷网设置于建筑物顶部，一般采用圆钢作避雷网，一些建筑用不锈钢作避雷网，造价较高。

（6）避雷针　避雷针是接收雷电的装置，安装在建筑物和构筑物的最高点，一些重要场所如变电站等则安装独立避雷针，避雷针由钢管和圆钢制成。

2. 案例导入与算量解析

【例5-4】 某施工图如图5-16所示，安装2根针长为10m的钢管避雷针，另外避雷网沿女儿墙敷设，试计算其工程量。

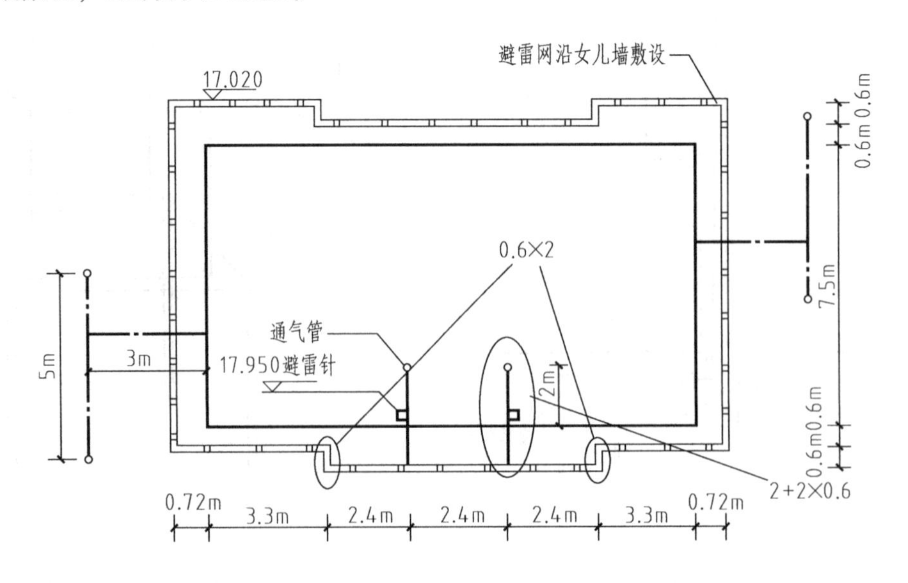

图5-16　案例中避雷网平面示意图

【解】

(1) 识图内容

通过题干内容可知安装 2 根针长为 10m 的钢管避雷针，另外避雷网沿女儿墙敷设。

(2) 工程量计算

1) 清单工程量：

避雷针的数量 = 2 (套)。

2) 定额工程量。

定额工程量计算规则：

① 避雷针制作根据材质及针长，按照设计图示安装成品数量以“根”为计量单位。

② 避雷网、接地母线敷设按照设计图示敷设数量以“m”为计量单位。

避雷针的数量 = 2 (根)

避雷网的长度 = (0.72+3.3+2.4×3+3.3+0.72)×2+(0.6×4+7.5)×2 = 50.28 (m)

【小贴士】 式中，2 是图中及题目中避雷针的根数；(0.72+3.3+2.4×3+3.3+0.72) 是平面图中避雷网的一侧长度；(0.6×4+7.5) 是平面图中避雷网的一侧宽度；乘以 2 是一共有 2 侧相同的长度和宽度。

5.2.4 配管配线与照明灯具安装

1. 配管配线

(1) 名词概念　指由配电屏 (箱) 接到各用电器具的供电和控制线路的安装，一般有明配管和暗配管两种方式。

(2) 明配管与暗配管　明配管是用固定卡子将管子固定在墙、柱、梁、顶板和钢结构上。暗配管是需要配合土建施工，将管子预敷设在墙、顶板、梁、柱内。暗配管具有不影响外表美观、使用寿命长等优点。目前常用的电气配管的管材有焊接钢管、电线管和 PVC 塑料管三种。

电气暗配管宜沿最近线路敷设，并应减少弯曲。埋于地下的管道不能对接焊接，宜穿套管焊接。明配管不允许焊接，只能采用丝接。

2. 照明灯具安装

视频 5-4：灯具

音频 5-2：照明灯具的选择

(1) 名词概念　灯具，是指能透光、分配和改变光源光分布的器具，包括除光源以外所有用于固定和保护光源所需的全部零部件，以及与电源连接所必需的线路附件。

(2) 照明灯具的分类

1) 普通灯具包括：圆球吸顶灯、半圆球吸顶灯、方形吸顶灯、软线吊灯、座灯头、吊链灯、防水吊灯、壁灯等。

2) 工厂灯包括：工厂罩灯、防水灯、防尘灯、碘钨灯、投光灯、泛光灯、混光灯、密闭灯等。

3) 高度标志 (障碍) 灯包括：烟囱标志灯、高塔标志灯、高层建筑屋顶障碍指示灯等。

4) 装饰灯包括：吊式艺术装饰灯、吸顶式艺术装饰灯、荧光艺术装饰灯、几何型组合艺术装饰灯、标志灯、诱导装饰灯、水下 (上) 艺术装饰灯、点光源艺术灯、歌舞厅灯具、草坪灯具等。

5）医疗专用灯包括：病房指示灯、病房暗脚灯、紫外线杀菌灯、无影灯等。

6）中杆灯是指安装在高度≤19m 的灯杆上的照明器具。

7）高杆灯是指安装在高度>19m 的灯杆上的照明器具。

（3）案例导入与算量解析

【例 5-5】 层高 3m，配电箱（图 5-17 中 M_x 处为配电箱）的规格为 300mm×200mm×120mm，底边距地 1.8m，如图 5-17 所示，试计算配管配线的工程量。

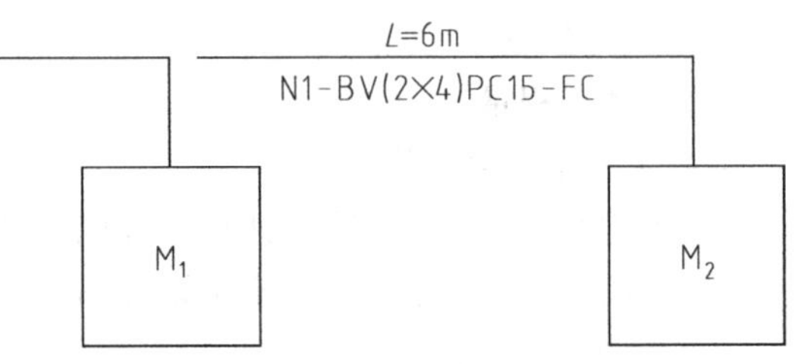

图 5-17 案例中电气照明平面图

【解】

1）识图内容：

通过题干可知，配电箱的规格为 300mm×200mm×120mm，底边距地 1.8m，层高 3m。

管线 N1-BV（2×4）PC15-FC，说明回路编号为 N1，导线型号为 BV，2 根断面积为 $4mm^2$ 的导线，穿过管径为 15mm 的硬塑料管暗敷设在地面内。

垂直部分共 3 根管。

2）工程量计算。

① 清单工程量：

配管总长度=6+(3−1.8)×3=9.6（m）；

配线总长度=9.6×2=19.2（m）。

② 定额工程量：

定额工程量同清单工程量。

【小贴士】 式中，6 为配管水平长度；(3−1.8)×3 为配管垂直长度；乘以 2 为配管中导线根数。

5.3 关系识图与疑难分析

5.3.1 关系识图

1. 母线与绝缘子

（1）母线 在电流较大的场所采用，分为硬母线和软母线两种。硬母线又称为汇流排，软母线又包括组合母线。

母线按照使用材料可分为铜母线、铝母线、铝合金母线、钢母线四种。

母线按断面形状可分为矩形断面母线、圆形断面母线、槽形断面母线、管形断面母线以及绞线圆形软母线几种，如图 5-18 所示。

（2）绝缘子 主要作用是绝缘和固定母线和导线。可以分为户内和户外两种，以及悬串式绝缘子。户内绝缘子有 1~4 孔，户外绝缘子为 1 孔、2 孔和 4 孔。

绝缘子一般安装在高、低压开关柜上，母线桥上，墙或支架上，如图 5-19 所示。

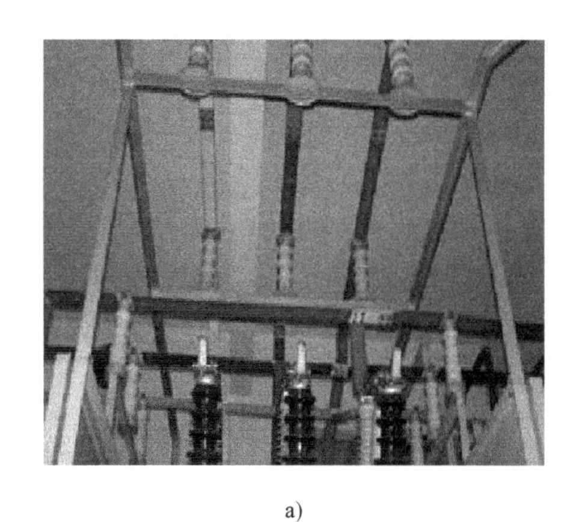
a)

b)

图 5-18　母线

a）矩形断面母线　b）圆形断面母线

图 5-19　绝缘子安装位置

1）低压针式绝缘子：在 500V 以下架空线路作绝缘和固定导线用。

2）低压蝶式瓷绝缘子：用于 500V 以下架空线路的终端杆、耐张杆、转角杆，作为绝缘和固定导线。

3）接线端子（线鼻子）：有铜质和铝质两种。

2. 高度标志（障碍）灯

指设置在机场及其附近地区的各建筑物、结构物（桥梁、架空线、塔架等）及自然地形制高点处的标志及灯光。

如图 5-20 所示为高度标志（障碍）灯实物图。

5.3.2　疑难分析

音频 5-3：电缆敷设

1. 电缆敷设

按照功能和用途，电缆可分为电力电缆、控制电缆、通信电缆等。按电压可分为 500V、1000V、6000V、10000V，以及更高电压的电力电缆。

电力电缆是用来输送和分配大功率电能用的。控制电缆是在配电装置中传递操作电流、连接电气仪表、继电保护和控制自动回路用的。

电缆敷设方法有以下几种：

（1）埋地敷设　将电缆直接埋设在地下的敷设方法称为埋地敷设。埋地敷设的电缆必须使用铠装及防腐层保护的电缆，裸装电缆不允许埋地敷设。一般电缆沟深度不超过 0.9m，埋地敷设还需要铺砂及在上面盖砖或保护板。

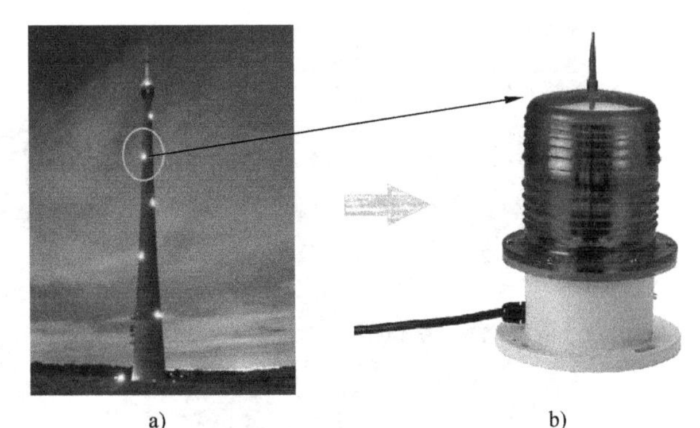

图 5-20　高度标志（障碍）灯实物图

a）航空障碍灯　b）单个障碍灯实物图

（2）电缆沿支架敷设　电缆沿支架敷设一般在车间、厂房和电缆沟内，在安装的支架上用卡子将电缆固定。电力电缆支架之间的水平距离为 1m，控制电缆为 0.8m。电力电缆和控制电缆一般可以同沟敷设，电缆垂直敷设一般为卡设，电力电缆卡距为 1.5m，控制电缆为 1.8m。

（3）电缆穿保护管敷设　将保护管预先敷设好，再将电缆穿入管内，管道内径不应小于电缆外径的 1.5 倍。一般用钢管作为保护管。单芯电缆不允许穿钢管敷设。

（4）电缆桥架上敷设　电缆桥架是架设电缆的一种构架，通过电缆桥架把电缆从配电室或控制室送到用电设备。

2. 配管与配线

1）配管、线槽安装不扣除管路中间的接线箱（盒）、灯头盒、开关盒所占长度。

2）配管名称指：电线管、钢管、防爆管、塑料管、软管、波纹管等。

3）配管配置形式指：明配、暗配、吊顶内、钢结构支架、钢索配管、埋地敷设、水下敷设、砌筑沟内敷设等。

4）配线名称指：管内穿线、瓷夹板配线、塑料夹板配线、绝缘子配线、槽板配线、塑料护套配线、线槽配线、车间带形母线等。

5）配线形式指：照明线路、动力线路，顶棚内，木结构、砖结构、混凝土结构，沿支架、钢索、屋架、梁、柱、墙，跨屋架、梁、柱。

6）配线保护管遇到下列情况之一时，应增设管路接线盒和拉线盒：①管长度每超过 30m，无弯曲；②管长度每超过 20m，有 1 个弯曲；③管长度每超过 15m，有 2 个弯曲；④管长度每超过 8m，有 3 个弯曲。

垂直敷设的电线保护管遇到下列情况之一时，应增设固定导线用的拉线盒：①管内导线断面为 $50mm^2$ 及以下，长度每超过 30m；②管内导线断面为 $70\sim95mm^2$，长度每超过 20m；③管内导线断面为 $120\sim240mm^2$，长度每超过 18m。在配管清单项目计量时，设计无要求时上述规定可以作为计量接线盒、拉线盒的依据。

7）配管安装中不包括凿槽、刨沟的工作内容，应按《房屋建筑与装饰工程工程量计算规范》（GB 50854—2013）附录 D.14 相关项目编码列项。

第6章 给水排水、采暖、燃气安装工程

6.1 工程量计算依据

给水排水、采暖、燃气安装工程新的清单范围划分的子目包含给水排水、采暖、燃气管道，支架及其他，管道附件，卫生器具，供暖器具，采暖、给水排水设备，燃气器具及其他，医疗气体设备及附件，采暖、空调水工程系统调试9节，共103个项目。

给水排水、采暖、燃气管道计算依据见表6-1。

表6-1 给水排水、采暖、燃气管道计算依据

计算规则	清单规则	定额规则
镀锌钢管	按设计图示管道中心线以长度计算	各类管道安装工程量均按设计管道中心线长度，以“10m”为计量单位，不扣除阀门、管件、附件（包括器具组成）及井类所占长度
钢管	按设计图示管道中心线以长度计算	各类管道安装工程量均按设计管道中心线长度，以“10m”为计量单位，不扣除阀门、管件、附件（包括器具组成）及井类所占长度
不锈钢管	按设计图示管道中心线以长度计算	各类管道安装工程量均按设计管道中心线长度，以“10m”为计量单位，不扣除阀门、管件、附件（包括器具组成）及井类所占长度
铜管	按设计图示管道中心线以长度计算	各类管道安装工程量均按设计管道中心线长度，以“10m”为计量单位，不扣除阀门、管件、附件（包括器具组成）及井类所占长度
铸铁管	按设计图示管道中心线以长度计算	各类管道安装工程量均按设计管道中心线长度，以“10m”为计量单位，不扣除阀门、管件、附件（包括器具组成）及井类所占长度
塑料管	按设计图示管道中心线以长度计算	各类管道安装工程量均按设计管道中心线长度，以“10m”为计量单位，不扣除阀门、管件、附件（包括器具组成）及井类所占长度
复合管	按设计图示管道中心线以长度计算	各类管道安装工程量均按设计管道中心线长度，以“10m”为计量单位，不扣除阀门、管件、附件（包括器具组成）及井类所占长度
直埋式预制保温管	按设计图示管道中心线以长度计算	各类管道安装工程量均按设计管道中心线长度，以“10m”为计量单位，不扣除阀门、管件、附件（包括器具组成）及井类所占长度

（续）

计算规则	清单规则	定额规则
承插缸瓦管	按设计图示管道中心线以长度计算	各类管道安装工程量均按设计管道中心线长度，以“10m”为计量单位，不扣除阀门、管件、附件（包括器具组成）及井类所占长度
室外管道碰头	按设计图示以处计算	与原有采暖热源钢管碰头，区分带介质、不带介质两种情况，按新接支管公称列项，以“处”为计量单位。每处含有供、回水两条管道碰头连接

支架及其他计算依据见表6-2。

表6-2　支架及其他计算依据

计算规则	清单规则	定额规则
管道支吊架	(1)以公斤计量，按设计图示质量计算 (2)以套计量，按设计图示数量计算	管道、设备支架制作安装按设计图示单件重量，以“100kg”为计量单位
设备支吊架	(1)以公斤计量，按设计图示质量计算 (2)以套计量，按设计图示数量计算	管道、设备支架制作安装按设计图示单件重量，以“100kg”为计量单位
套管	按设计图示数量计算	一般穿墙套管、柔性和刚性套管、按介质管道的公称直径执行定额子目

管道附件计算依据见表6-3。

表6-3　管道附件计算依据

计算规则	清单规则	定额规则
螺纹阀门	按设计图示数量计算	各种阀门、补偿器、软接头、普通水表、IC卡水表、水锤消除器、塑料排水管消声器安装，均按照不同连接方式、公称直径，以“个”为计量单位
螺纹法兰阀门	按设计图示数量计算	各种阀门、补偿器、软接头、普通水表、IC卡水表、水锤消除器、塑料排水管消声器安装，均按照不同连接方式、公称直径，以“个”为计量单位
焊接法兰阀门	按设计图示数量计算	各种阀门、补偿器、软接头、普通水表、IC卡水表、水锤消除器、塑料排水管消声器安装，均按照不同连接方式、公称直径，以“个”为计量单位
带短管甲乙阀门	按设计图示数量计算	各种阀门、补偿器、软接头、普通水表、IC卡水表、水锤消除器、塑料排水管消声器安装，均按照不同连接方式、公称直径，以“个”为计量单位
减压器	按设计图示数量计算	减压器、疏水器、水表、倒流防止器、热量表组成安装，按照不同组成结构、连接方式、公称直径，以“组”为计量单位。减压器安装按高压侧的直径计算
疏水器	按设计图示数量计算	减压器、疏水器、水表、倒流防止器、热量表组成安装，按照不同组成结构、连接方式、公称直径，以“组”为计量单位。减压器安装按高压侧的直径计算
补偿器	按设计图示数量计算	各种阀门、补偿器、软接头、普通水表、IC卡水表、水锤消除器、塑料排水管消声器安装，均按照不同连接方式、公称直径，以“个”为计量单位

（续）

计算规则	清单规则	定额规则
软接头	按设计图示数量计算	各种阀门、补偿器、软接头、普通水表、IC卡水表、水锤消除器、塑料排水管消声器安装，均按照不同连接方式、公称直径，以“个”为计量单位
法兰	按设计图示数量计算	法兰均区分不同公称直径，以“副”为计量单位。承插盘法兰短管按照不同连接方式、公称直径，以“副”为计量单位
水表	按设计图示数量计算	减压器、疏水器、水表、倒流防止器、热量表组成安装，按照不同组成结构、连接方式、公称直径，以“组”为计量单位。减压器安装按高压侧的直径计算
倒流防止器	按设计图示数量计算	减压器、疏水器、水表、倒流防止器、热量表组成安装，按照不同组成结构、连接方式、公称直径，以“组”为计量单位。减压器安装按高压侧的直径计算
热量表	按设计图示数量计算	减压器、疏水器、水表、倒流防止器、热量表组成安装，按照不同组成结构、连接方式、公称直径，以“组”为计量单位。减压器安装按高压侧的直径计算
塑料排水管消声器	按设计图示数量计算	各种阀门、补偿器、软接头、普通水表、IC卡水表、水锤消除器、塑料排水管消声器安装，均按照不同连接方式、公称直径，以“个”为计量单位
浮标液面计	按设计图示数量计算	浮标液面计、浮漂水位标尺区分不同的型号，以“组”为计量单位
浮漂水位标尺	按设计图示数量计算	浮标液面计、浮漂水位标尺区分不同的型号，以“组”为计量单位

卫生器具计算依据见表6-4。

表6-4　卫生器具计算依据

计算规则	清单规则	定额规则
浴缸	按设计图示数量计算	各种卫生器具均按设计图示数量计算，以“10组”或“10套”为计量单位
净身盆	按设计图示数量计算	各种卫生器具均按设计图示数量计算，以“10组”或“10套”为计量单位
洗脸盆	按设计图示数量计算	各种卫生器具均按设计图示数量计算，以“10组”或“10套”为计量单位
洗涤盆	按设计图示数量计算	各种卫生器具均按设计图示数量计算，以“10组”或“10套”为计量单位
化验盆	按设计图示数量计算	各种卫生器具均按设计图示数量计算，以“10组”或“10套”为计量单位
大便器	按设计图示数量计算	各种卫生器具均按设计图示数量计算，以“10组”或“10套”为计量单位
小便器	按设计图示数量计算	各种卫生器具均按设计图示数量计算，以“10组”或“10套”为计量单位
其他成品卫生器具	按设计图示数量计算	各种卫生器具均按设计图示数量计算，以“10组”或“10套”为计量单位

（续）

计算规则	清单规则	定额规则
大、小便槽自动冲洗水箱制作安装	按设计图示数量计算	大便槽、小便槽自动冲洗水箱安装分容积按设计图示数量，以“10套”为计量单位。大、小便槽自动冲洗水箱制作不分规格，以“100kg”为计量单位
小便槽冲洗管制作安装	按设计图示长度计算	小便槽冲洗管制作与安装按设计图示长度以“10m”为计量单位，不扣除阀门的长度
隔油器	按设计图示数量计算	隔油器区分安装方式和进水管径，以“套”为计量单位

供暖器具计算依据见表6-5。

表6-5 供暖器具计算依据

计算规则	清单规则	定额规则
铸铁散热器	按设计图示数量计算	铸铁散热器安装分落地安装、挂式安装。铸铁散热器组对安装以“10片”为计量单位；成组铸铁散热器安装按每组片数以“组”为计量单位
钢制散热器	按设计图示数量计算	钢制柱式散热器安装按每组片数，以“组”为计量单位；闭式散热器安装以“片”为计量单位；其他成品散热器安装以“组”为计量单位
光排管散热器制作安装	按设计图示排管长度计算	光排管散热器制作分A型、B型，区分排管公称直径，按图示散热器长度计算排管长度以“10m”为计量单位，其中联管、支撑管不计入排管工程量；光排管散热器安装不分A型、B型，区分排管公称直径，按光排管散热器长度以“组”为计量单位
暖风机	按设计图示数量计算	暖风机安装按设备重量，以“台”为计量单位
地板辐射采暖	（1）以m^2计量，按设计图示采暖房间净面积计算 （2）以m计量，按设计图示管道长度计算	地板辐射采暖管道区分管道外径，按设计图示中心线长度计算，以“10m”为计量单位。保护层（铝箔）、隔热板、钢丝网按设计图示尺寸计算实际铺设面积，以“$10m^2$”为计量单位。边界保温带按设计图示长度以“10m”为计量单位
热媒集配装置制作、安装	按设计图示数量计算	热媒集配装置安装区分带箱、不带箱，按分支管环路数以“组”为计量单位

采暖、给水排水设备计算依据见表6-6。

表6-6 采暖、给水排水设备计算依据

计算规则	清单规则	定额规则
变频调速给水设备	按设计图示数量计算	各种设备安装项目除另有说明外，按设计图示规格、型号、重量，均以“台”为计量单位 给水设备按同一底座重量计算，不分泵组出口管道公称直径，按设备重量列项，以“套”为计量单位
稳压给水设备	按设计图示数量计算	各种设备安装项目除另有说明外，按设计图示规格、型号、重量，均以“台”为计量单位 给水设备按同一底座重量计算，不分泵组出口管道公称直径，按设备重量列项，以“套”为计量单位

（续）

计算规则	清单规则	定额规则
无负压给水设备	按设计图示数量计算	各种设备安装项目除另有说明外，按设计图示规格、型号、重量，均以“台”为计量单位 给水设备按同一底座重量计算，不分泵组出口管道公称直径，按设备重量列项，以“套”为计量单位
气压罐	按设计图示数量计算	各种设备安装项目除另有说明外，按设计图示规格、型号、重量，均以“台”为计量单位 给水设备按同一底座重量计算，不分泵组出口管道公称直径，按设备重量列项，以“套”为计量单位
太阳能集热装置	按设计图示数量计算	太阳能集热装置区分平板、玻璃真空管型式，以“m^2”为计量单位
地热（水源、气源）热泵机组	按设计图示数量计算	地源热泵机组按设备重量列项，以“组”为计量单位

燃气器具及其他计算依据见表6-7。

表6-7 燃气器具及其他计算依据

计算规则	清单规则	定额规则
燃气开水炉	按设计图示数量计算	燃气开水炉、采暖炉、沸水器、消毒器、热水器以“台”为计量单位
燃气采暖炉	按设计图示数量计算	燃气开水炉、采暖炉、沸水器、消毒器、热水器以“台”为计量单位
燃气沸水器、消毒器	按设计图示数量计算	燃气开水炉、采暖炉、沸水器、消毒器、热水器以“台”为计量单位
燃气热水器	按设计图示数量计算	燃气开水炉、采暖炉、沸水器、消毒器、热水器以“台”为计量单位
燃气表	按设计图示数量计算	膜式燃气表安装按不同规格型号，以“块”为计量单位；燃气流量计安装区分不同管径，以“台”为计量单位；流量计控制器区分不同管径，以“个”为计量单位
燃气灶具	按设计图示数量计算	燃气灶具区分民用灶具和公用灶具，以“台”为计量单位
气嘴、点火棒	按设计图示数量计算	气嘴安装以“个”为计量单位
调压器	按设计图示数量计算	调压器、调压箱（柜）区分不同进口管径，以“台”为计量单位
燃气管道调长器	按设计图示数量计算	燃气管道调长器区分不同管径，以“个”为计量单位

医疗气体设备及附件计算依据见表6-8。

表6-8 医疗气体设备及附件计算依据

计算规则	清单规则	定额规则
制氧主机	按设计图示数量计算	制氧机按氧产量、储氧罐按储液氧量，以“台”为计量单位
气体汇流排	按设计图示数量计算	气体汇流排按左右两侧钢瓶数量，以“套”为计量单位
刷手池	按设计图示数量计算	刷手池按水嘴数量，以“组”为计量单位

（续）

计算规则	清单规则	定额规则
医用真空罐	按设计图示数量计算	集污罐、医用真空罐、气水分离器、储气罐均按罐体直径，以“台”为计量单位
二级稳压箱	按设计图示数量计算	集水器、二级稳压箱、干燥器以“台”为计量单位
气体终端	按设计图示数量计算	气体终端、空气过滤器以“个”为计量单位

6.2 工程案例实战分析

6.2.1 给水排水、采暖、燃气管道

1. 镀锌钢管

（1）名词概念 镀锌钢管是一种焊接钢管，俗称白铁管，采用镀锌工艺在焊接钢管外壁镀锌。镀锌钢管比普通焊接钢管重 3%～6%。镀锌钢管按镀锌方式的不同可分为电镀锌和热浸锌两种，热浸锌焊接钢管曾经广泛用于生活、消防给水管道和煤气管道，故又称为水煤气管，在排水系统中用作卫生器具排水支管及生产设备的非腐蚀性排水支管上管径小于或等于 50mm 的管道。镀锌钢管强度高、抗震性能好，如图 6-1 所示。

音频 6-1：镀锌钢管的安装要求

（2）案例导入与算量解析

【例 6-1】 某房间给水系统部分管道如图 6-2 所示，采用镀锌钢管，螺纹连接，试计算镀锌钢管的工程量。

图 6-1 镀锌钢管

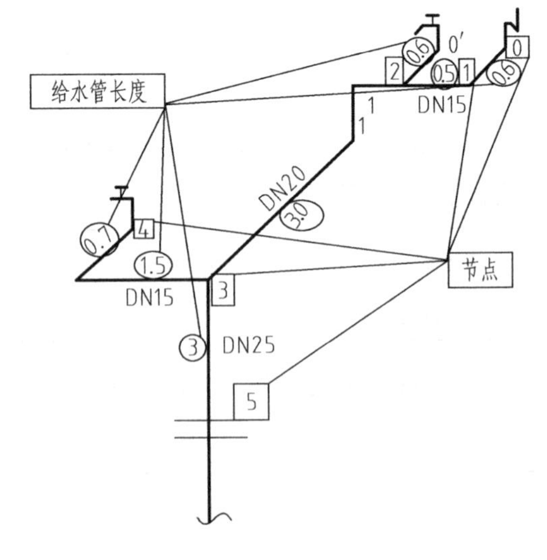

图 6-2 案例中房间给水系统图

【解】

1）识图内容：通过图示内容可知，DN25 镀锌钢管长度是 3m（节点 3 到节点 5），

DN20 镀锌钢管长度是（3+1+1）m（节点 3 到节点 2），DN15 镀锌钢管长度是（1.5+0.7）m（节点 3 到节点 4）+(0.5+0.6+0.6）m（节点 2 到节点 0，节点 2 到 1 再到节点 0）。

2）工程量计算。

① 清单工程量。

DN25 镀锌钢管：3（m）。

DN20 镀锌钢管：3+1+1=5（m）。

DN15 镀锌钢管：1.5+0.7+0.5+0.6+0.6=3.9（m）。

② 定额工程量。

DN25 镀锌钢管：3/10=0.3（10m）。

DN20 镀锌钢管：(3+1+1)/10=0.5（10m）。

DN15 镀锌钢管：(1.5+0.7+0.5+0.6+0.6)/10=0.39（10m）。

【小贴士】 式中，数据皆根据图示和题示所得。

【例 6-2】 某浴室给水平面图如图 6-3 所示，给水系统图如图 6-4 所示，室内给水管材采用热浸镀锌钢管，钢管连接方式为螺纹连接，明装管道外刷面漆两道，设淋浴喷头 7 个，洗手水龙头 2 个，DN25（立管部分）镀锌钢管长度是 1m（套管至分支管处），DN20（立管部分）镀锌钢管长度是 0.5m（立管分支处到与水平管交点处），DN15（洗手盆水龙头）镀锌钢管长度是 0.5m，DN15（淋浴器）镀锌钢管淋浴器竖直分支管与喷头之间的连接管段长为 0.3m。试计算给水系统镀锌钢管的工程量。

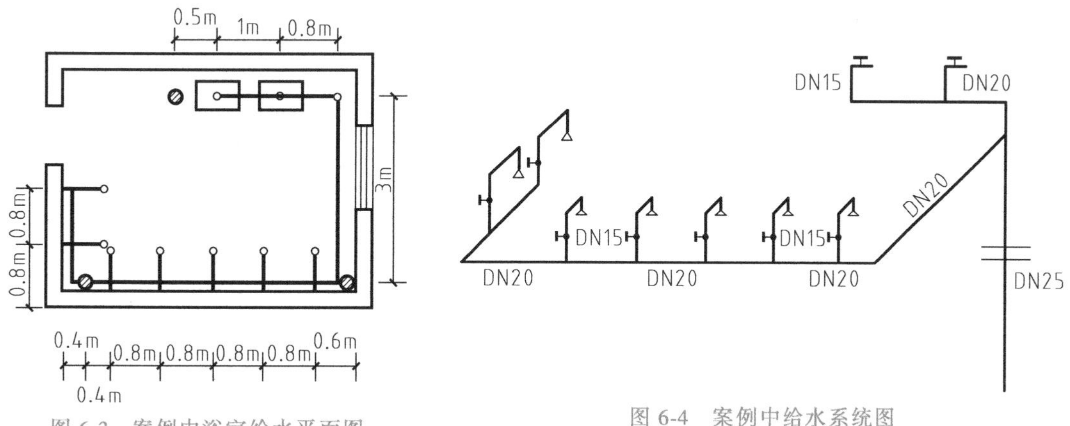

图 6-3　案例中浴室给水平面图

图 6-4　案例中给水系统图

【解】

1）识图内容：通过题干可知，DN25（立管部分）镀锌钢管长度是 1m（套管至分支管处），DN20（立管部分）镀锌钢管是长度 0.5m（立管分支处到与水平管交点处），DN20（水平部分）镀锌钢管长度是 1.0m（洗手水龙头部分）+3.0m（立管与淋浴器支管连接管之间）+0.6m+0.8m×8（两个淋浴器之间间距为 0.8m，共 8 段），DN15（洗手盆水龙头）镀锌钢管长度是 0.5m×2=1m（两个洗手盆水龙头，每个长度为 0.5m），DN15（淋浴器）镀锌钢管长度是 0.8m×7（每个淋浴器分支管与水平管的距离为 0.8m）+0.3m×7（淋浴器竖直分支管与喷头之间的连接管段长为 0.3m）。

2）工程量计算。

① 清单工程量。

DN25（立管部分）镀锌钢管：1（m）。

DN20（立管部分）镀锌钢管：0.5（m）。

DN20（水平部分）镀锌钢管：1.0+3+0.6+0.8×8=11（m）。

DN15（洗手盆水龙头）镀锌钢管：0.5×2=1.0（m）。

DN15（淋浴器）镀锌钢管：0.8×7+0.3×7=7.7（m）。

② 定额工程量。

DN25（立管部分）镀锌钢管：1/10=0.1（10m）。

DN20（立管部分）镀锌钢管：0.5/10=0.05（10m）。

DN20（水平部分）镀锌钢管：(1.0+3+0.6+0.8×8)/10=1.1（10m）。

DN15（洗手盆水龙头）镀锌钢管：(0.5×2)/10=0.1（10m）。

DN15（淋浴器）镀锌钢管：(0.8×7+0.3×7)/10=0.77（10m）。

【小贴士】 式中，数据皆根据题示和图示所得。

2. 钢管

视频 6-1：钢管

（1）名词概念 具有空心断面，其长度远大于直径或周长的钢材。按断面形状分为圆形、方形、矩形和异形钢管；按材质分为碳素结构钢钢管、低合金结构钢钢管、合金钢钢管和复合钢管；按用途分为输送管道用、工程结构用、热工设备用、石油化工工业用、机械制造用、地质钻探用、高压设备用钢管等；按生产工艺分为无缝钢管和焊接钢管，其中无缝钢管又分热轧和冷轧（拔）两种，焊接钢管又分直缝焊接钢管和螺旋缝焊接钢管，如图 6-5 所示。

（2）案例导入与算量解析

【例 6-3】 某教学楼采暖系统采用方管形式，如图 6-6 所示，方管采用的是 DN25 焊接钢管，单管顺流式连接，试计算钢管工程量。

图 6-5 钢管

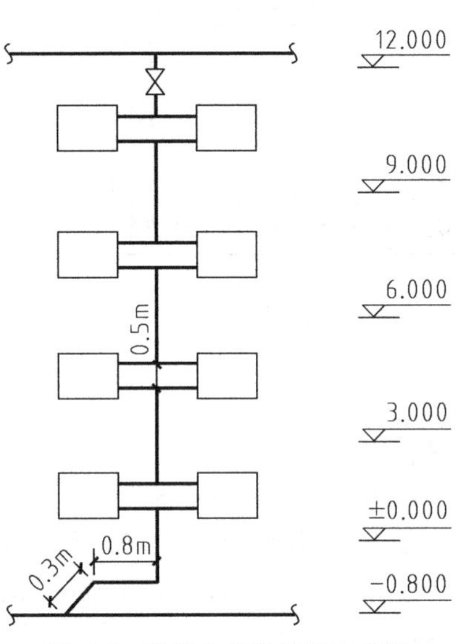

图 6-6 案例中采暖系统示意图

【解】

1）识图内容：

通过图示内容可知，室内外标高差为-0.8m，竖直埋管长度为 0.3m，水平埋管长度为 0.8m，散热器进出水管中心距为 0.5m，共 4 层。

2）工程量计算。

① 清单工程量：

方管长度 $L=12-(-0.8)+0.3+0.8-0.5\times4=11.9$（m）。

② 定额工程量：

方管长度 $L=11.9/10=1.19$（10m）。

【小贴士】 式中，12 为教学楼高度；-0.8 为室内外标高差；0.3 为竖直埋管长度；0.8 为水平埋管长度；0.5 为散热器进出水管中心距；4 为层数。

3. 铸铁管

视频 6-2：铸铁管

（1）名词概念　铸铁管是用铸铁浇铸成型的管道。铸铁管用于给水、排水和煤气输送管线，它包括铸铁直管和管件。铸铁管具有直径大、管壁厚、耐腐蚀性强、使用寿命长等特点。铸铁管的连接常采用承插式或法兰盘式接口，铸铁管的接口按功能不同，又可分为柔性接口和刚性接口两种，柔性接口用橡胶圈密封，允许有一定限度的转角和位移，因而具有良好的抗震性和密封性，比刚性接口安装简便快速；刚性接口的铸铁管一般承口较大，直管插入承口后，用水泥密封，如图 6-7 所示。

（2）案例导入与算量解析

【例 6-4】 已知某住宅排水系统中排水干管的一部分如图 6-8 所示，采用承插式铸铁管 DN50。试计算铸铁管工程量。

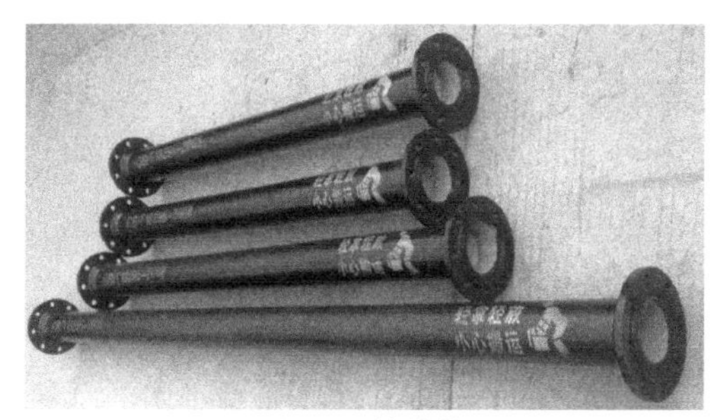

图 6-7　铸铁管

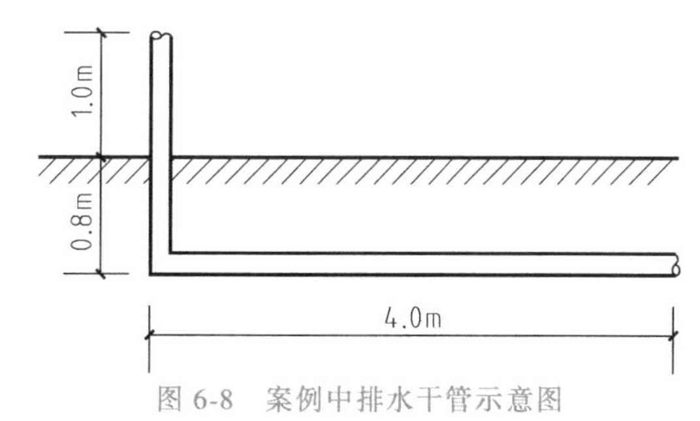

图 6-8　案例中排水干管示意图

【解】

1）识图内容：

通过图示内容可知，排水立管地上部分为 1m，排水立管埋地部分为 0.8m，排水横管埋地部分为 4m。

2）工程量计算。

① 清单工程量。

承插铸铁排水管 DN50：$1+0.8+4=5.8$（m）。

② 定额工程量。

承插铸铁排水管 DN50：$(1+0.8+4)/10=0.58$（10m）。

【小贴士】 式中，1 为排水立管地上部分长度；0.8 为排水立管埋地部分长度；4 为排水横管埋地部分长度。

6.2.2　支架及其他

管道支吊架

（1）名词概念　管道支吊架是管道系统的重要组成部分，它包括用以承

视频 6-3：管道支吊架

受管道荷载、限制管道位移、控制管道振动，并将荷载传递至承载结构上的各类组件或装置。支吊架包括从下面支撑管道的“支架”，其构件主要受压；从上方悬吊管道的“吊架”，其构件主要受拉。如图 6-9 所示。

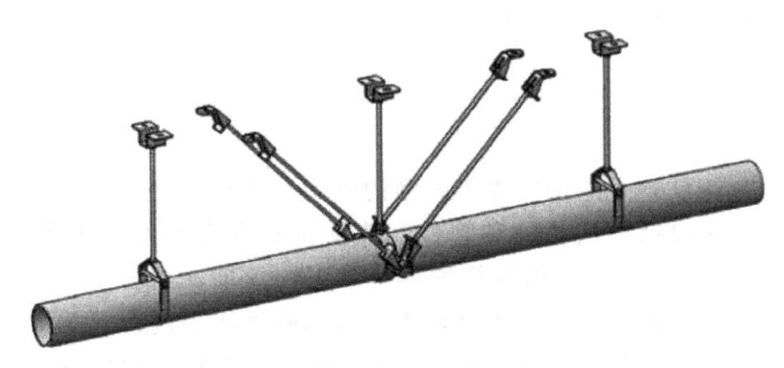

图 6-9　管道支吊架示意图

（2）案例导入与算量解析

【例 6-5】 沿墙安装 DN100 单管托架，平面如图 6-10 所示，立面如图 6-11 所示。采用型钢共计 10 付，试计算管道支架工程量。

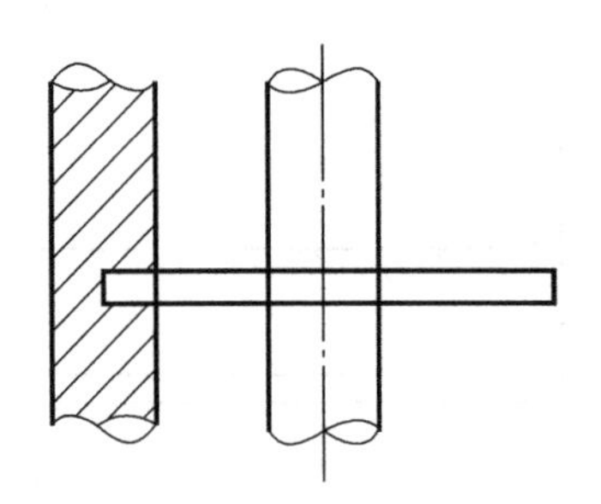

图 6-10　案例中单管托架平面图

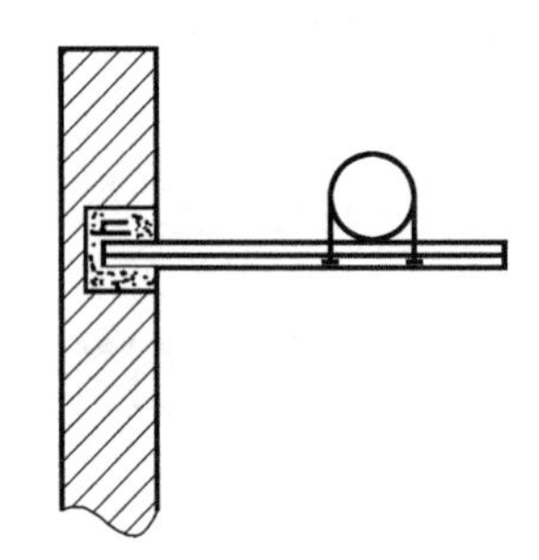

图 6-11　案例中单管托架立面图

【解】

1）识图内容：

通过题干内容可知，DN100 单管托架 10 付，查标准图集可知该规格支架单位重量 9. 2kg。

2）工程量计算。

① 清单工程量：

支架总重量 = 9. 2×10 = 92（kg）。

② 定额工程量：

支架总重量 =（9. 2×10）/100 = 0. 92（100kg）。

【小贴士】 式中，9. 2 为支架单位重量；10 为支架数量。

6. 2. 3　管道附件

视频 6-4：螺纹阀门

1. 螺纹阀门

（1）名词概念　螺纹阀门又称丝口阀门、丝扣阀门、内牙阀门，是给水、消防、采暖等工程常用的管道控制附件，通常是指阀门阀体上带有内螺纹或外螺纹，与管道螺纹连接的阀门。

常见的螺纹阀门有螺纹闸阀、螺纹球阀、螺纹截止阀、螺纹止回阀、螺纹过滤器、螺纹阻火器、螺纹减压阀、螺纹安全阀、螺纹电磁阀、螺纹角座阀、螺纹调节阀、螺纹底阀、螺纹针型阀、螺纹排气阀、螺纹保温阀门、螺纹波纹管阀门、螺纹气动阀门等，如图6-12所示。

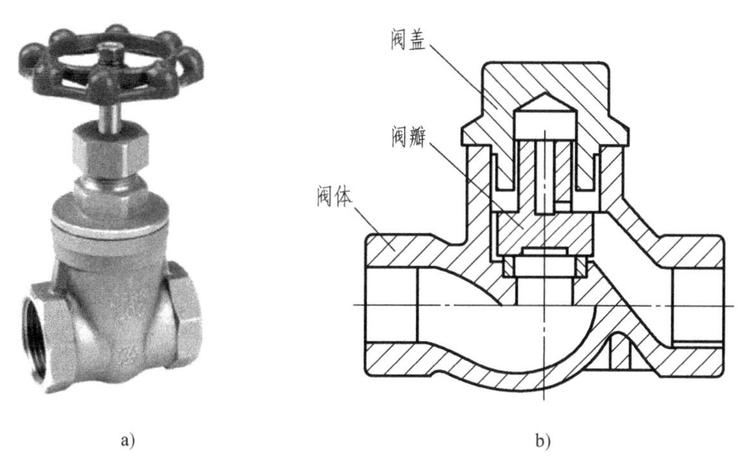

图6-12 螺纹阀门

a）实物图 b）构造图

（2）案例导入与算量解析

【例6-6】 已知某厨房给水系统如图6-13所示，给水管道采用焊接钢管，供水方式为上供式，试计算螺纹阀门工程量。

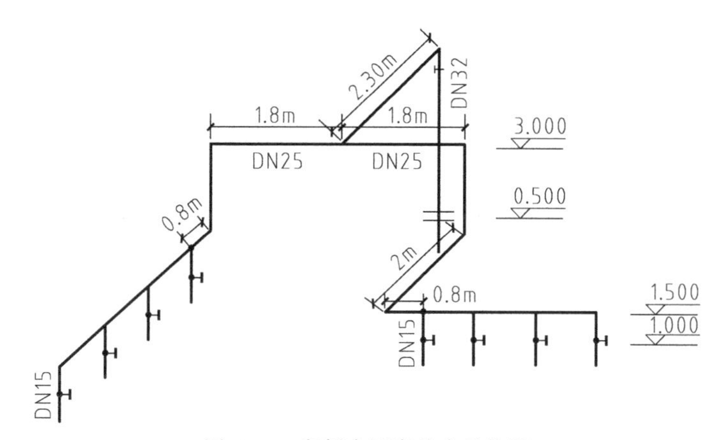

图6-13 案例中厨房给水系统图

【解】

1）识图内容：

通过图示内容可知，螺纹阀门DN32有1个，螺纹阀门DN15有8个。

2）工程量计算。

① 清单工程量。

螺纹阀门DN32：1个。

螺纹阀门 DN15：8 个。

② 定额工程量：

定额工程量同清单工程量。

【小贴士】 式中，1 为螺纹阀门 DN32 个数；8 为螺纹阀门 DN15 个数。

2. 减压器

视频 6-5：减压器

（1）名词概念　减压器是将高压气体降为低压气体，并保持输出气体的压力和流量稳定不变的调节装置。在供热管网中，减压器靠启闭阀孔对蒸汽进行节流达到减压的目的。减压器应能自动地将阀后压力维持在一定范围内，工作时无振动，完全关闭后不漏气，如图 6-14 所示。

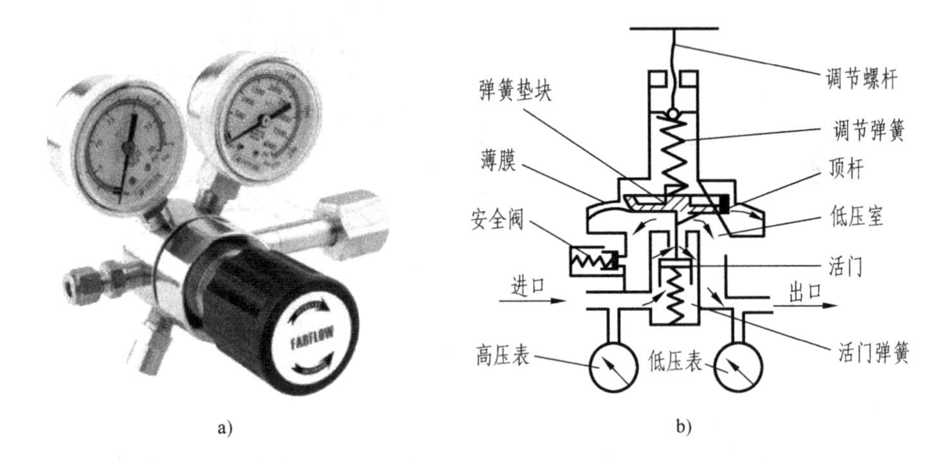

图 6-14　减压器

a）实物图　b）构造图

（2）案例导入与算量解析

【例 6-7】 如图 6-15 所示为某一减压阀安装，试计算减压阀工程量。

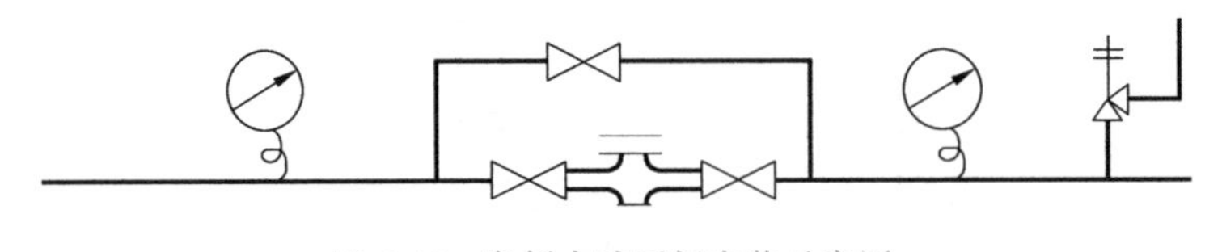

图 6-15　案例中减压阀安装示意图

【解】

1）识图内容：

通过图示内容可知减压器有 1 组。

2）工程量计算。

① 清单工程量。

减压器：1 组。

② 定额工程量：

定额工程量同清单工程量。

【小贴士】 式中，1 为减压器数量。

3. 疏水器

（1）名词概念　疏水器被称为疏水阀，也叫自动排水器或凝结水排放器，分为蒸汽系统使用和气体系统使用。疏水器装在用蒸汽加热的管路终端，其作用是把蒸汽加热的管道中的冷凝水不断排放到管道外。大多疏水器可以自动识别汽、水（不包括热静力式），从而达到自动阻汽排水的目的，如图6-16所示。

音频6-2：疏水器的优点　视频6-6：疏水器

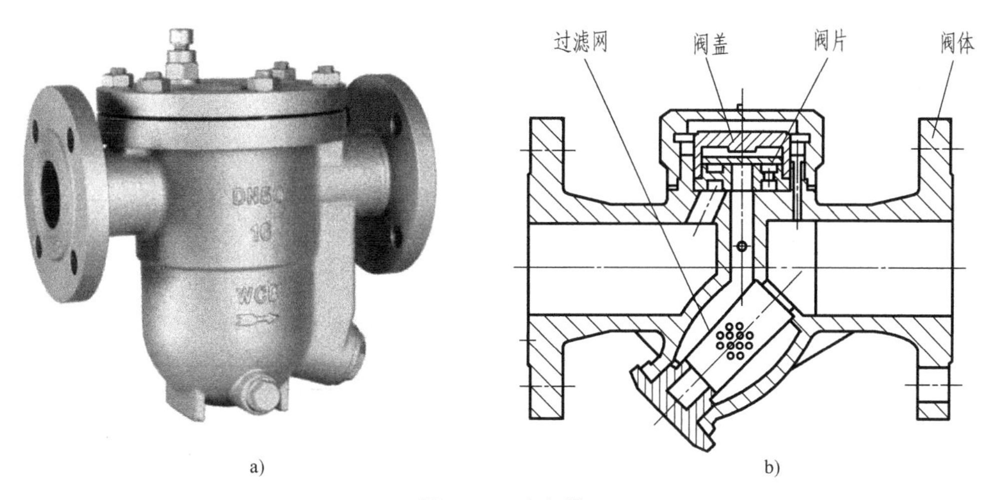

图6-16　疏水器
a）实物图　b）构造图

（2）案例导入与算量解析

【例6-8】　如图6-17所示为某一疏水器安装，试计算疏水器工程量。

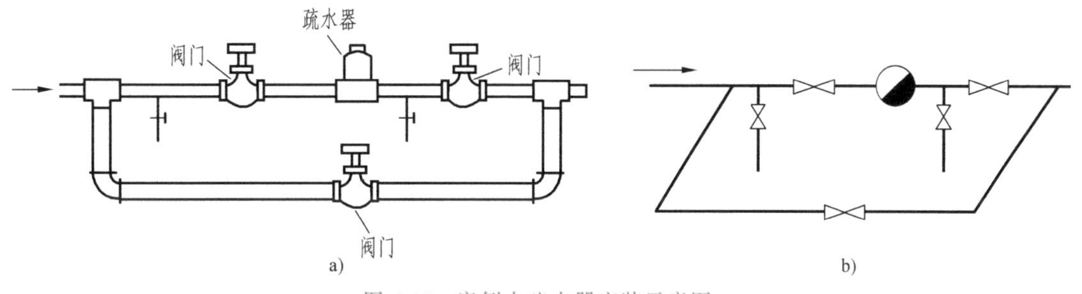

图6-17　案例中疏水器安装示意图
a）平面图　b）剖面图

【解】

1）识图内容：

通过图示内容可知疏水器有1组。

2）工程量计算。

① 清单工程量。

疏水器：1组。

② 定额工程量：

定额工程量同清单工程量。

【小贴士】 式中，1 为疏水器数量。

6.2.4 卫生器具

1. 浴缸

(1) 名词概念　浴缸是卫生间的主要设备之一，浴缸有陶瓷、玻璃钢、搪瓷和塑料等多种制品，配水分为冷水、冷热水及冷热水带混合水喷头等几种形式，安装在旅馆及较高档次的卫生间内，如图 6-18 所示。

图 6-18　浴缸

视频 6-7：浴缸

(2) 案例导入与算量解析

【例 6-9】 某卫生间有一个陶瓷浴缸，平面如图 6-19 所示，侧面如图 6-20 所示，试计算其工程量。

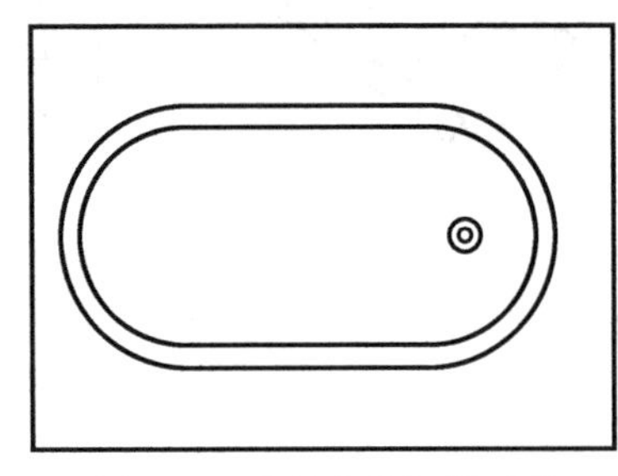

图 6-19　案例中浴缸平面图

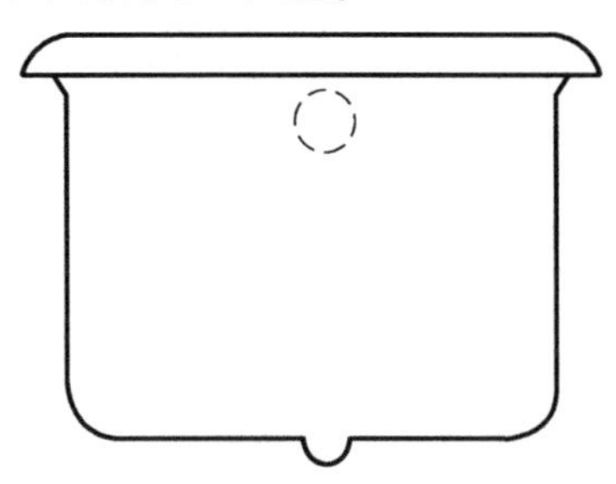

图 6-20　案例中浴缸侧面图

【解】

1) 识图内容：

通过题干内容可知陶瓷浴缸一个。

2) 工程量计算。

① 清单工程量。

陶瓷浴缸：1（组）。

② 定额工程量。陶瓷浴缸：0.1（10 组）。

【小贴士】 式中，1 为陶瓷浴缸数量。

2. 净身盆

(1) 名词概念　净身盆是专门为女性而设计的洁具产品。净身盆有冷热水选择，有直喷式和下喷式两大类，在妇女卫生盆后装有冷、热水龙头，冷、热水连通管上装有转换开关，使混合水流经盆底的喷嘴向上喷出，如图 6-21 所示。

图 6-21　净身盆

视频 6-8：净身盆

（2）案例导入与算量解析

【例 6-10】 某卫生间有一净身盆，平面如图 6-22 所示，立面如图 6-23 所示，试计算其工程量。

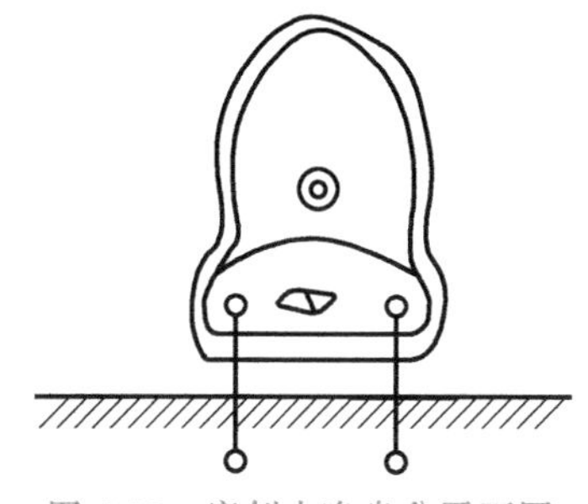

图 6-22　案例中净身盆平面图

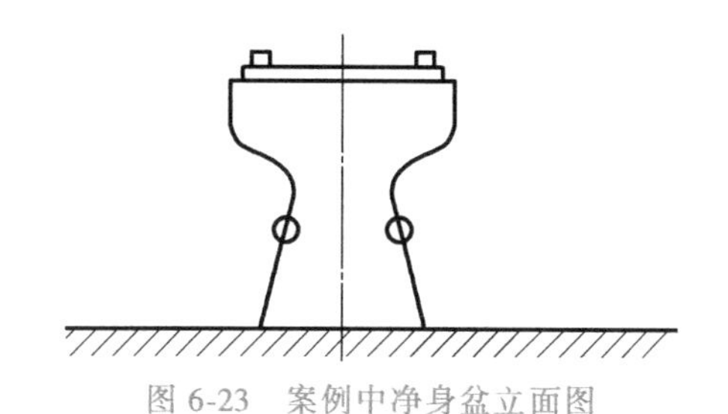

图 6-23　案例中净身盆立面图

【解】

1）识图内容：

通过题干内容可知净身盆一个。

2）工程量计算。

① 清单工程量。

净身盆：1（组）。

② 定额工程量。

净身盆：0.1（10 组）。

视频 6-9：洗涤盆

【小贴士】 式中，1 为净身盆数量。

3. 洗涤盆

（1）名词概念　洗涤盆又称洗菜盆，主要装于住宅或食堂的厨房内，洗涤各种餐具等使用。洗涤盆的上方接有各式水嘴。洗涤盆多为陶瓷或不锈钢制品，如图 6-24 所示。

图 6-24　洗涤盆

（2）案例导入与算量解析

【例 6-11】 某厨房有一洗涤盆，平面如图 6-25 所示，侧面如图 6-26 所示，试计算其工程量。

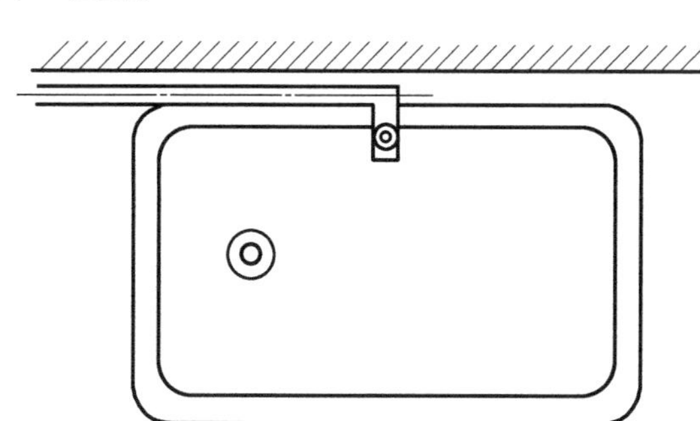

图 6-25　案例中洗涤盆平面图

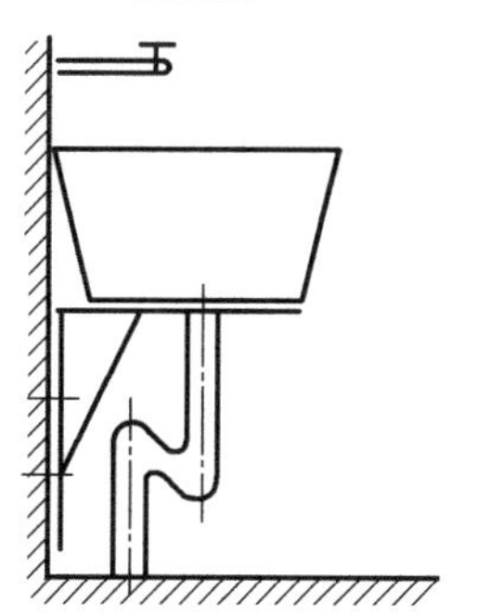

图 6-26　案例中洗涤盆侧面图

【解】

1）识图内容：

通过题干内容可知洗涤盆一个。

2）工程量计算。

① 清单工程量。

洗涤盆：1（组）。

② 定额工程量。

洗涤盆：0.1（10组）。

【小贴士】 式中，1为洗涤盆数量。

视频6-10：铸铁散热器

6.2.5 供暖器具

1. 铸铁散热器

（1）名词概念　铸铁散热器是由铸铁浇铸而成，结构简单，具有耐腐蚀、使用寿命长、价格便宜、热稳定性好等优点，但其金属耗量大、笨重。铸铁散热器被广泛应用于工业和民用建筑，是用量最大的散热器之一，工程中常用的铸铁散热器有翼型和柱型两种，如图6-27所示。

a)

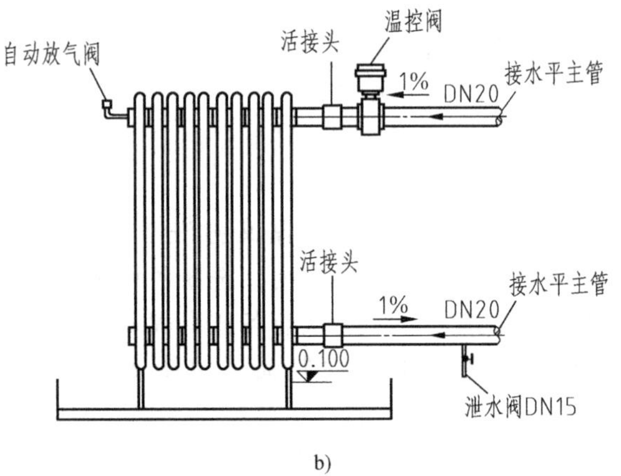

b)

图6-27　铸铁散热器

a）实物图　b）构造图

（2）案例导入与算量解析

【例6-12】 某室内热水采暖系统如图6-28所示，管材为镀锌钢管，钢管刷两道红丹防锈漆和两道银粉漆，除散热器支管外，其余管道均为DN25，散热器支管为DN20，试计算散热器安装工程量。

【解】

1）识图内容：

通过图示内容可知散热器安装共8组。

2）工程量计算。

① 清单工程量。

散热器：3×8=24（片）。

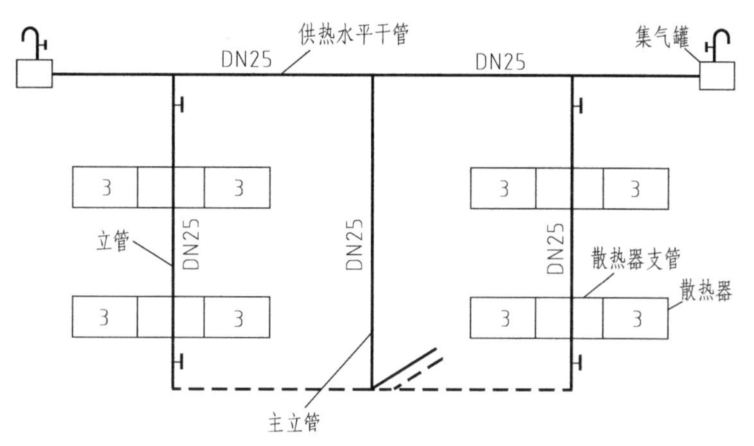

图 6-28　案例中室内热水采暖系统图

② 定额工程量。

散热器：3×8=24（片）。

【小贴士】 式中，24 为散热器数量。

2. 暖风机

（1）名词概念　暖风机是由通风机、电动机及空气加热器组合而成的联合机组。在风机的作用下，空气由吸风口进入机组，经空气加热器加热后，从送风口送至室内，以维持室内要求的温度。暖风机分为轴流式和离心式两种，常称为小型暖风机和大型暖风机。根据其结构特点及适用的热媒不同，又可分为蒸汽暖风机，热水暖风机，蒸汽、热水两用暖风机以及冷热水两用暖风机等，如图 6-29 所示。

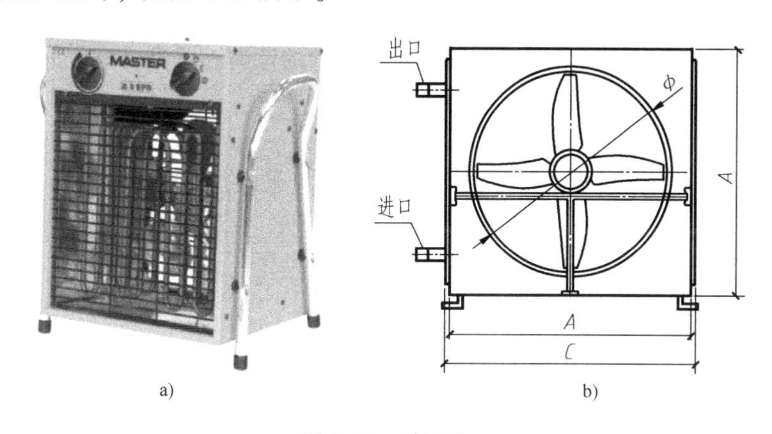

图 6-29　暖风机
a）实物图　b）构造图

（2）案例导入与算量解析

【例 6-13】 某 NC 型轴流式暖风机如图 6-30 所示，试计算暖风机安装工程量。

【解】

1）识图内容：

通过图示内容可知暖风机 1 台。

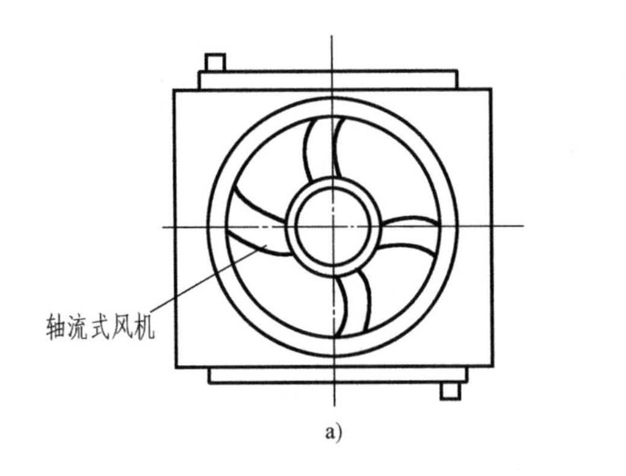

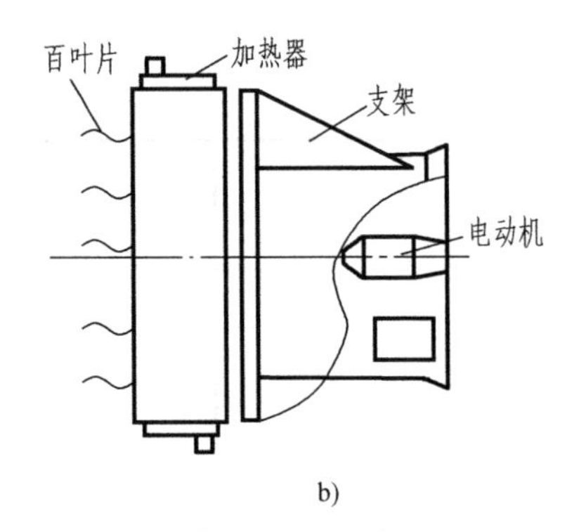

图 6-30 案例中暖风机示意图
a）平面图 b）立面图

2）工程量计算。

① 清单工程量。

暖风机：1（台）。

② 定额工程量：

定额工程量同清单工程量。

【小贴士】 式中，1 为暖风机数量。

视频 6-11：燃气采暖炉

6.2.6 燃气器具及其他

燃气采暖炉

（1）名词概念 燃气采暖炉也称燃气取暖锅炉、燃气供暖锅炉等，是指利用燃气燃烧把炉水加热从而满足人们采暖的锅炉，属于生活锅炉的范畴。常见的燃气采暖炉有燃气室外采暖器、燃气壁挂式采暖炉等，如图 6-31 所示。

（2）案例导入与算量解析

【例 6-14】 某燃气采暖炉如图 6-32 所示，试计算采暖炉工程量。

图 6-31 燃气采暖炉

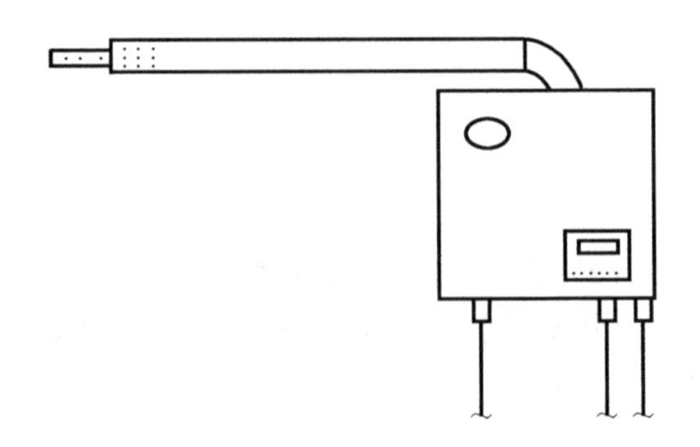

图 6-32 案例中燃气采暖炉示意图

【解】

1）识图内容：

通过图示内容可知燃气采暖炉 1 台。

2）工程量计算。

① 清单工程量。

燃气采暖炉：1（台）。

② 定额工程量：

定额工程量同清单工程量。

【小贴士】　式中，1 为燃气采暖炉数量。

6.3　关系识图与疑难分析

6.3.1　关系识图

给水和排水管道连接

管道连接是指管与管的连接，管道连接的方法有螺纹连接、焊接连接、法兰连接、热熔连接、电熔连接等。

（1）螺纹连接　又称丝扣连接，是通过管端加工的外螺纹和管件内螺纹，将管子与管子、管子与管件、管子与阀门等紧密连接。适用于直径不大于 100mm 的镀锌钢管及较小管径、较低压力的焊管的连接及带螺纹的阀门和设备接管的连接，如图 6-33 所示。

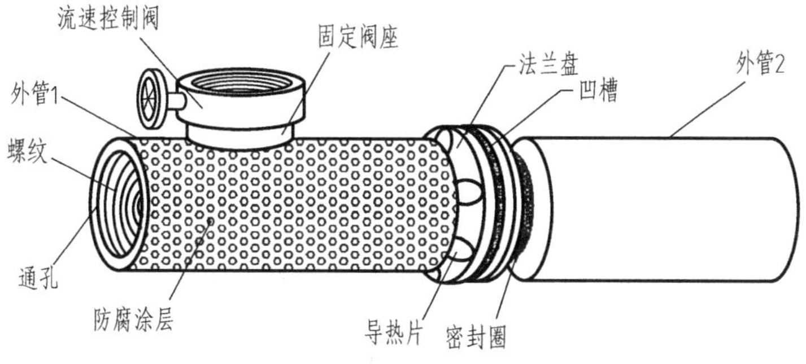

图 6-33　螺纹连接管道示意图

（2）焊接连接　是管道安装工程中应用最广泛的一种连接方法。常用于直径大于 32mm 的焊接钢管、无缝钢管、铜管的连接，如图 6-34 所示。

（3）法兰连接　是管道通过连接法兰及紧固件螺栓、螺母的紧固，压紧两法兰中间的垫片而使管道连接的方法。常用于直径不小于 100mm 的镀锌钢管、无缝钢管、给水铸铁管、PVC-U 管和钢塑复合管的连接，如图 6-35 所示。

（4）热熔连接　是将两根热熔管道的配合面紧贴在加热工具上加热其平整的端面，直至熔融，移走加热工具后，将两个熔融的端面紧靠在一起，在压力的作用下保持到接头冷却，使之成为一个整体的连接方式。适用于 PP-R、PB、PE 等塑料管的连接，如图 6-36 所示。

图 6-34　焊接连接

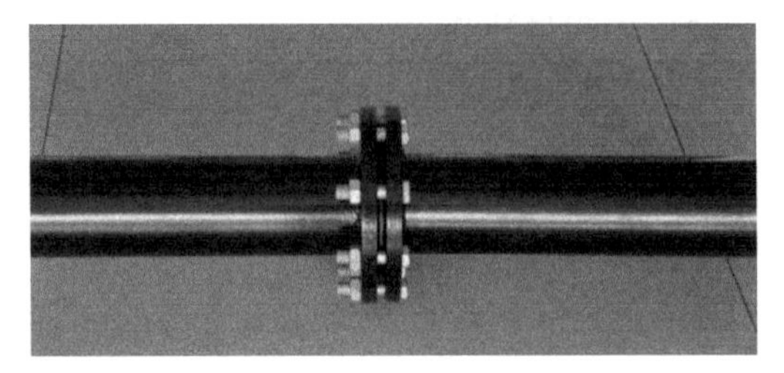

图 6-35　法兰连接

（5）电熔连接　包括电熔承插连接和电熔鞍形连接。是将 PE 管材完全插入电熔管件内，将专用电熔机两导线分别接通电熔管件正负两极，接通电源加热电热丝使内部接触处熔融，冷却完毕成为一个整体的连接方式。电熔连接主要应用在直径较小的燃气管道系统，如图 6-37 所示。

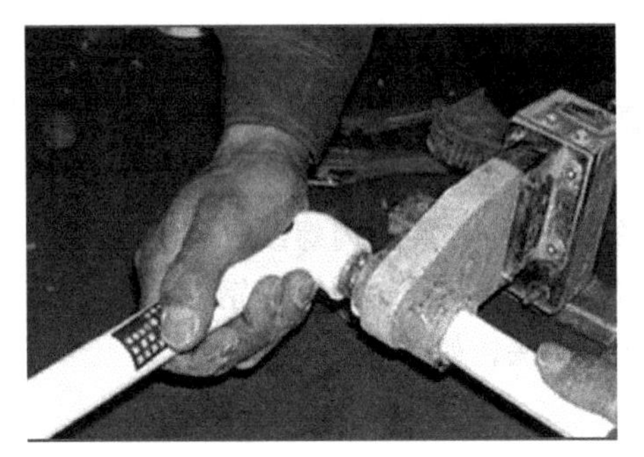

图 6-36　热熔连接

图 6-37　电熔连接

6.3.2　疑难分析

1. 给水排水、采暖、燃气管道

1）管道工程量计算不扣除阀门、管件（包括减压器、疏水器、水表、伸缩器等组成安装）及附属构筑物所占长度；方形补偿器以其所占长度列入管道安装工程量。

2）压力试验按设计要求描述试验方法，如水压试验、气压试验、泄漏性试验、闭水试验、通球试验、真空试验等。

3）吹、洗按设计要求描述吹扫、冲洗方法，如水冲洗、消毒冲洗、空气吹扫等。

2. 支架及其他

1）单件支架质量 100kg 以上的管道支吊架执行设备支吊架制作安装。

2）成品支吊架安装执行相应管道支吊架或设备支吊架项目，不再计取制作费，支吊架本身价值含在综合单价中。

3）套管制作安装适用于穿基础、墙、楼板等部位的防水套管、填料套管、无填料套管及防火套管等，应分别列项。

4）减震装置制作、安装，项目特征要描述减震器型号、规格及数量。

3. 管道附件

1）法兰阀门安装包括法兰安装，不得另计。阀门安装如仅为一侧法兰连接时，应在项目特征中描述。

2）塑料阀门连接形式需注明热熔连接、粘接、热风焊接等方式。

3）减压器规格按高压侧管道规格描述。

4）减压器、疏水器、除污器（过滤器）项目包括组成与安装，项目特征应描述所配阀门、压力表、温度计等附件的规格和数量。

5）水表安装项目，项目特征应描述所配阀门等附件的规格和数量。

6）所有阀门、仪表安装中均不包括电气接线及测试，发生时按《通用安装工程工程量计算规范》（GB 50856—2013）附录D电气设备安装工程相关项目编码列项。

4. 卫生器具

1）浴缸支座和浴缸周边的砌砖、瓷砖粘贴，应按《房屋建筑与装饰工程工程量计算规范》（GB 50854—2013）相关项目编码列项；功能性浴缸不含电机接线和调试，应按《通用安装工程工程量计算规范》（GB 50856—2013）附录D电气设备安装工程相关项目编码列项。

2）器具安装中若采用混凝土或砖基础，应按《房屋建筑与装饰工程工程量计算规范》（GB 50854—2013）相关项目编码列项。

5. 供暖器具

钢制散热器结构形式包括钢制闭式、板式、壁板式、扁管式及柱式散热器等，应分别列项计算。

6. 采暖、给水排水设备

1）变频调速给水设备、稳压给水设备、无负压给水设备安装注意以下几点。

① 压力容器包括气压罐、稳压罐、无负压罐。

② 水泵包括主泵及备用泵，应注明数量。

③ 附件包括给水装置中配备的阀门、仪表、软接头，应注明数量，含设备、附件之间管路连接。

④ 泵组底座安装不包括基础砌（浇）筑，应按《房屋建筑与装饰工程工程量计算规范》（GB 50854—2013）相关项目编码列项。

⑤ 变频控制柜安装及电气接线、调试应按《通用安装工程工程量计算规范》（GB 50856—2013）附录D电气设备安装工程相关项目编码列项。

2）地源热泵机组、接管以及接管上的阀门、软接头、减震装置和基础另行计算，应按相关项目编码列项。

7. 燃气器具及其他

点火棒，综合单价中包括软管安装。

8. 其他相关问题

1）管道界限的划分有以下几种。

① 给水管道室内外界限划分：以建筑物外墙皮1.5m为界，入口处设阀门者以阀门为界。与市政给水管道的界限应以水表井为界；无水表井的，应以与市政给水管道碰头点为界。

② 排水管道室内外界限划分：应以出户第一个排水检查井为界。室外排水管道与市政排水界限应以与市政管道碰头井为界。

③ 采暖热源管道室内外界限划分：应以建筑物外墙皮 1.5m 为界，入口处设阀门者应以阀门为界；与工业管道界限的应以锅炉房或泵站外墙皮 1.5m 为界。

④ 燃气管道室内外界限划分：地下引入室内的管道应以室内第一个阀门为界，地上引入室内的管道应以墙外三通为界；室外燃气管道与市政燃气管道应以两者的碰头点为界。

2）凡涉及管沟及井类的土石方开挖、垫层、基础、砌筑、抹灰、井盖板预制安装、回填、运输，路面开挖及修复、管道支墩等，应按《房屋建筑与装饰工程工程量计算规范》（GB 50854—2013）、《市政工程工程量计算规范》（GB 50857—2013）相关项目编码列项。

3）凡涉及管道热处理、无损探伤的工作内容，均应按《通用安装工程工程量计算规范》（GB 50856—2013）附录 H 工业管道工程相关项目编码列项。

4）医疗气体管道及附件，应按《通用安装工程工程量计算规范》（GB 50856—2013）附录 H 工业管道工程相关项目编码列项。

5）凡涉及管道、设备及支架除锈、刷油、保温的工作内容除注明者外，均应按《通用安装工程工程量计算规范》（GB 50856—2013）附录 M 刷油、防腐蚀、绝热工程相关项目编码列项。

6）凿槽（沟）、打洞项目，应按《通用安装工程工程量计算规范》（GB 50856—2013）附录 D 电气设备安装工程相关项目编码列项。

第7章 通风空调安装工程

7.1 工程量计算依据

通风空调工程新的清单范围划分的子目包含通风空调设备及部件制作安装、通风管道制作安装、通风管道部件制作安装、通风工程检测和调试4节，共47个项目。

通风空调设备及部件制作安装计算依据见表7-1。

表7-1 通风空调设备及部件制作安装计算依据

计算规则	清单规则	定额规则
空气加热器(冷却器)	按设计图示数量计算	空气加热器(冷却器)安装按设计图示数量计算,以“台”为计量单位
除尘设备	按设计图示数量计算	除尘设备安装按设计图示数量计算,以“台”为计量单位
空调器	按设计图示数量计算	整体式空调机组、空调器安装(一拖一分体空调以室内机、室外机之和)按设计图示数量计算,以“台”为计量单位 分段组装式空调器安装按设计图示质量计算,以“kg”为计量单位
风机盘管	按设计图示数量计算	风机盘管安装按设计图示数量计算,以“台”为计量单位
密闭门	按设计图示数量计算	钢板密闭门安装按设计图示数量计算,以“个”为计量单位
挡水板	按设计图示数量计算	挡水板制作和安装按设计图示尺寸以空调器断面面积计算,以“m^2”为计量单位
滤水器、溢水盘	按设计图示数量计算	滤水器、溢水盘、电加热器外壳、金属空调器壳体制作安装按设计图示尺寸以质量计算,以“kg”为计量单位,非标准部件制作安装按成品质量计算
过滤器	(1)按设计图示数量计算 (2)按设计图示尺寸以过滤面积计算	高、中、低效过滤器安装,净化工作台、风淋室安装按设计图示数量计算,以“台”为计量单位
净化工作台	按设计图示数量计算	高、中、低效过滤器安装,净化工作台、风淋室安装按设计图示数量计算,以“台”为计量单位
风淋室	按设计图示数量计算	高、中、低效过滤器安装,净化工作台、风淋室安装按设计图示数量计算,以“台”为计量单位

通风管道制作安装计算依据见表7-2。

表 7-2 通风管道制作安装计算依据

计算规则	清单规则	定额规则
净化通风管	按设计图示尺寸以展开面积计算	薄钢板风管、净化风管、不锈钢风管、铝板风管、塑料风管、玻璃钢风管、复合型风管按设计图示规格以展开面积计算，以“m^2”为计量单位。不扣除检查孔、测定孔、送风口、吸风口等所占面积。风管展开面积不计算风管、管口重叠部分面积。其中玻璃钢风管、复合型风管计算按设计图示外径尺寸以展开面积计算 薄钢板风管、净化风管、不锈钢风管、铝板风管、塑料风管、玻璃钢风管、复合型风管长度计算时均以设计图示中心线长度(主管与支管以其中心线交点划分)，包括弯头、变径管、天圆地方等管件的长度，不包括部件所占长度
不锈钢板通风管道	按设计图示尺寸以展开面积计算	薄钢板风管、净化风管、不锈钢风管、铝板风管、塑料风管、玻璃钢风管、复合型风管按设计图示规格以展开面积计算，以“m^2”为计量单位。不扣除检查孔、测定孔、送风口、吸风口等所占面积。风管展开面积不计算风管、管口重叠部分面积。其中玻璃钢风管、复合型风管计算按设计图示外径尺寸以展开面积计算 薄钢板风管、净化风管、不锈钢风管、铝板风管、塑料风管、玻璃钢风管、复合型风管长度计算时均以设计图示中心线长度(主管与支管以其中心线交点划分)，包括弯头、变径管、天圆地方等管件的长度，不包括部件所占长度
铝板通风管道	按设计图示尺寸以展开面积计算	薄钢板风管、净化风管、不锈钢风管、铝板风管、塑料风管、玻璃钢风管、复合型风管按设计图示规格以展开面积计算，以“m^2”为计量单位。不扣除检查孔、测定孔、送风口、吸风口等所占面积。风管展开面积不计算风管、管口重叠部分面积。其中玻璃钢风管、复合型风管计算按设计图示外径尺寸以展开面积计算 薄钢板风管、净化风管、不锈钢风管、铝板风管、塑料风管、玻璃钢风管、复合型风管长度计算时均以设计图示中心线长度(主管与支管以其中心线交点划分)，包括弯头、变径管、天圆地方等管件的长度，不包括部件所占长度
玻璃钢通风管道	按图示外径尺寸以展开面积计算	薄钢板风管、净化风管、不锈钢风管、铝板风管、塑料风管、玻璃钢风管、复合型风管按设计图示规格以展开面积计算，以“m^2”为计量单位。不扣除检查孔、测定孔、送风口、吸风口等所占面积。风管展开面积不计算风管、管口重叠部分面积。其中玻璃钢风管、复合型风管计算按设计图示外径尺寸以展开面积计算 薄钢板风管、净化风管、不锈钢风管、铝板风管、塑料风管、玻璃钢风管、复合型风管长度计算时均以设计图示中心线长度(主管与支管以其中心线交点划分)，包括弯头、变径管、天圆地方等管件的长度，不包括部件所占长度
塑料通风管道	按图示外径尺寸以展开面积计算	薄钢板风管、净化风管、不锈钢风管、铝板风管、塑料风管、玻璃钢风管、复合型风管按设计图示规格以展开面积计算，以“m^2”为计量单位。不扣除检查孔、测定孔、送风口、吸风口等所占面积。风管展开面积不计算风管、管口重叠部分面积。其中玻璃钢风管、复合型风管计算按设计图示外径尺寸以展开面积计算 薄钢板风管、净化风管、不锈钢风管、铝板风管、塑料风管、玻璃钢风管、复合型风管长度计算时均以设计图示中心线长度(主管与支管以其中心线交点划分)，包括弯头、变径管、天圆地方等管件的长度，不包括部件所占长度

（续）

计算规则	清单规则	定额规则
复合型风管	按图示外径尺寸以展开面积计算	薄钢板风管、净化风管、不锈钢风管、铝板风管、塑料风管、玻璃钢风管、复合型风管按设计图示规格以展开面积计算，以“m^2”为计量单位。不扣除检查孔、测定孔、送风口、吸风口等所占面积。风管展开面积不计算风管、管口重叠部分面积。其中玻璃钢风管、复合型风管计算按设计图示外径尺寸以展开面积计算 薄钢板风管、净化风管、不锈钢风管、铝板风管、塑料风管、玻璃钢风管、复合型风管长度计算时均以设计图示中心线长度（主管与支管以其中心线交点划分），包括弯头、变径管、天圆地方等管件的长度，不包括部件所占长度
柔性软风管	按设计图示中心线以长度计算	柔性软风管安装按设计图示中心线长度计算，以“m”为计量单位；柔性软风管阀门安装按设计图示数量计算，以“个”为计量单位
弯头导流叶片	（1）按设计图示以展开面积计算 （2）按设计图示以组计算	弯头导流叶片制作安装按设计图示中心线长度计算，以“m”为计量单位
风管检查孔	（1）按风管检查孔质量以公斤计算 （2）按设计图示数量以个计算	风管检查孔制作安装按设计图示尺寸质量计算，以“kg”为计量单位
温度、风量测定孔	按设计图示数量以个计算	温度、风量测定孔制作安装依据其型号，按设计图示数量计算，以“个”为计量单位

通风管道部件制作安装计算依据见表7-3。

表7-3　通风管道部件制作安装计算依据

计算规则	清单规则	定额规则
碳钢阀门	按设计图示数量计算	碳钢调节阀安装依据其类型、直径（圆形）或周长（方形），按设计图示数量计算，以“个”为计量单位
柔性软风管阀门	按设计图示数量计算	柔性软风管阀门安装按设计图示数量计算，以“个”为计量单位
碳钢风口、散流器、百叶窗	按设计图示数量计算	碳钢各种风口、散热器的安装依据类型、规格尺寸按设计图示数量计算，以“个”为计量单位 钢百叶窗及活动金属百叶风口安装依据规格尺寸按设计图示数量计算，以“个”为计量单位
塑料风口、散流器、百叶窗	按设计图示数量计算	塑料通风管道分布器、散流器的安装按其成品质量，以“kg”为计量单位
碳钢风帽	按设计图示数量计算	碳钢风帽的制作安装均按其质量以“kg”为计量单位。风帽为成品安装时制作不再计算 碳钢风帽筝绳制作安装按设计图示规格长度以质量计算，以“kg”为计量单位 碳钢风帽泛水制作安装按设计图示尺寸以展开面积计算，以“m^2”为计量单位 碳钢风帽滴水盘制作安装按设计图示尺寸以质量计算，以“kg”为计量单位

（续）

计算规则	清单规则	定额规则
玻璃钢风帽	按设计图示数量计算	玻璃钢风帽安装依据成品质量按设计图示数量计算，以“kg”为计量单位
碳钢罩类	按设计图示数量计算	罩类的制作安装均按其质量以“kg”为计量单位；非标准罩类制作安装按成品质量以“kg”为计量单位。罩类为成品安装时制作不再计算
消声器	按设计图示数量计算	微穿孔板消声器、管式消声器、阻抗式消声器成品安装按设计图示数量计算，以“节”为计量单位
静压箱	(1)按设计图示数量计算 (2)按设计图示尺寸以展开面积计算	消声静压箱安装按设计图示数量计算，以“个”为计量单位 静压箱制作安装按设计图示尺寸以展开面积计算，以“m^2”为计量单位

7.2 工程案例实战分析

7.2.1 通风空调设备及部件制作安装

视频 7-1：空气加热器

音频 7-1：空气加热器的特点

1. 空气加热器

（1）名词概念　是主要对气体流进行加热的电加热设备。空气加热器的发热元件为不锈钢电加热管，加热器内腔设有多个折流板（导流板），引导气体流向，延长气体在内腔的滞留时间，从而使气体充分加热且加热均匀，提高热交换效率。空气加热器的加热元件不锈钢加热管，是在无缝钢管内装入电热丝，空隙部分填满有良好导热性和绝缘性的氧化镁粉后缩管而成的，如图 7-1 所示。

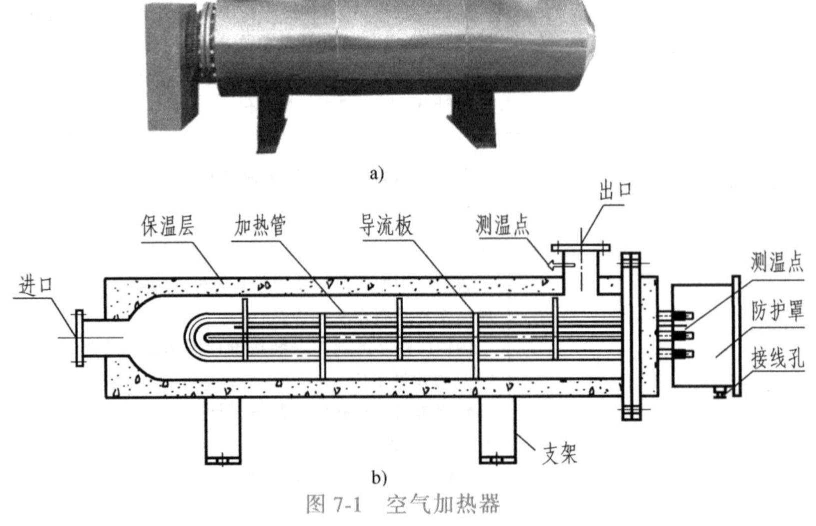

图 7-1　空气加热器

a）实物图　b）构造图

(2) 案例导入与算量解析

【例 7-1】　已知某空气加热器如图 7-2 所示，是由铜管、绕铜管的散热管组成。有两台，试计算该空气加热器工程量。

图 7-2　案例中空气加热器

【解】

1) 识图内容：

通过题干内容可知空气加热器 2 台。

2) 工程量计算。

① 清单工程量。

空气加热器：2 台。

② 定额工程量：

定额工程量同清单工程量。

【小贴士】　式中，2 为空气加热器数量。

2. 风机盘管

视频 7-2：风机盘管

(1) 名词概念　是中央空调理想的末端产品，广泛应用于宾馆、办公楼、医院、商住、科研机构等建筑物。风机将室内空气或室外混合空气通过表冷器进行冷却或加热后送入室内，使室内气温降低或升高，以满足人们的舒适性要求，如图 7-3 所示。

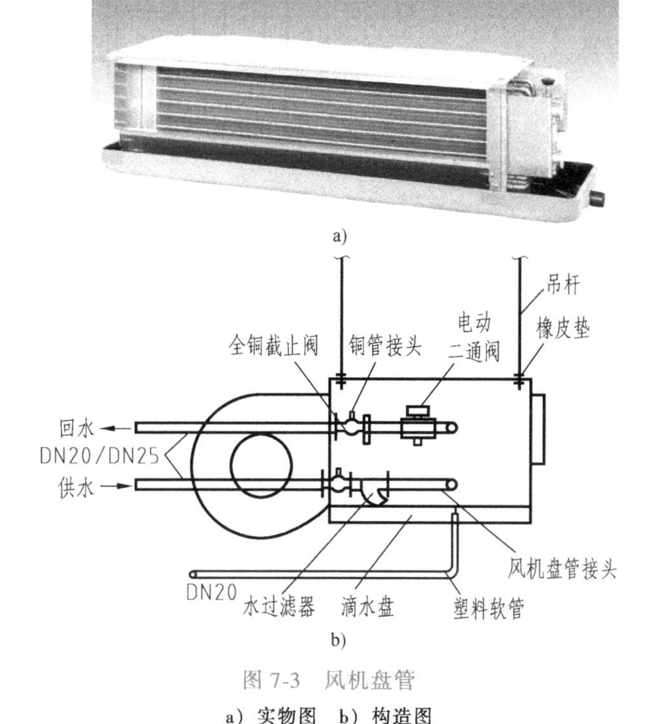

图 7-3　风机盘管

a) 实物图　b) 构造图

(2) 案例导入与算量解析

【例 7-2】　已知某明装壁挂风机盘管平面如图 7-4 所示，立面如图 7-5 所示，其型号为 FP5，有 1 台，试计算该风机盘管工程量。

【解】

1）识图内容：

通过题干内容可知风机盘管1台。

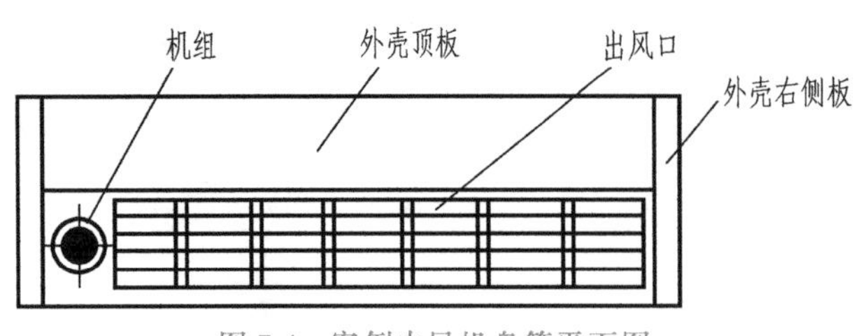

图 7-4　案例中风机盘管平面图

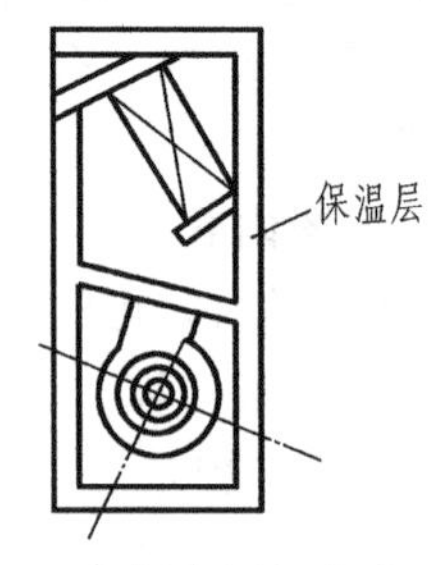

图 7-5　案例中风机盘管立面图

2）工程量计算。

① 清单工程量：

风机盘管：1台。

② 定额工程量：

定额工程量同清单工程量。

【小贴士】　式中，1为风机盘管数量。

【例 7-3】　已知某风机盘管采用卧式暗装（吊顶式）如图7-6所示，有1台，试计算该风机盘管工程量。

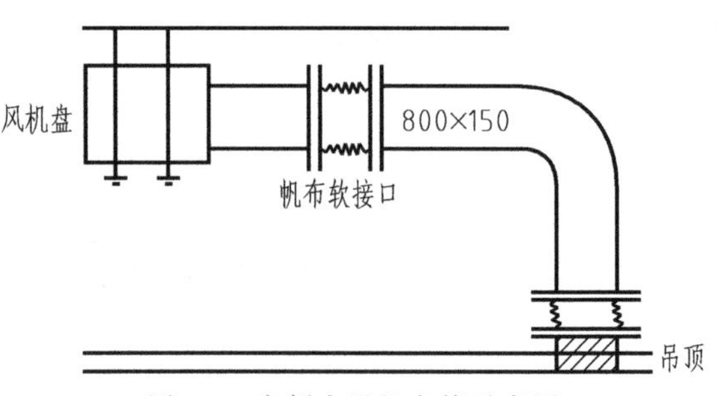

图 7-6　案例中风机盘管示意图

【解】

1）识图内容：

通过题干内容可知风机盘管1台。

2）工程量计算。

① 清单工程量。

风机盘管：1台。

② 定额工程量：

定额工程量同清单工程量。

【小贴士】　式中，1为风机盘管数量。

3. 挡水板

（1）名词概念　挡水板是中央空调末端装置的一个重要部件，它与中央空调相配套，有水汽分离功能。LMDS型挡水板是空调室的关键部件，在高低风速下均可使用。可采用玻璃钢材料或PVC材料，具有阻力小、重量轻、强度高、耐腐蚀、耐老化、水汽分离效果好、清洗方便、经久耐用等特点，如图7-7所示。

图 7-7　挡水板

（2）案例导入与算量解析

【例 7-4】　已知某挡水板为钢质，平面如图7-8所示，剖面如图7-9所示，规格为六折曲板，片距50mm，尺寸为800mm×350mm×360mm。有1个，试计算挡水板工程量。

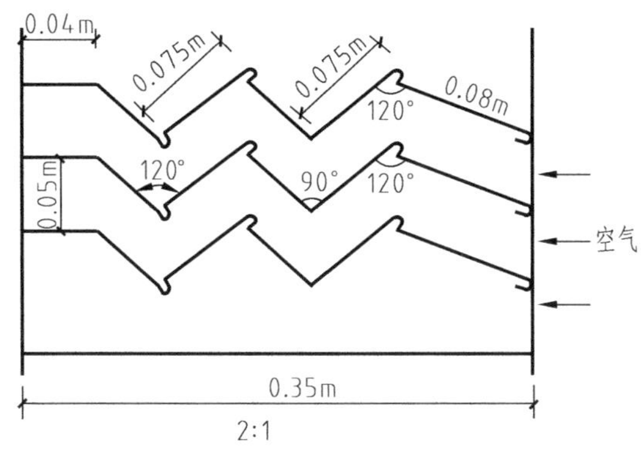

图 7-8　案例中挡水板平面图

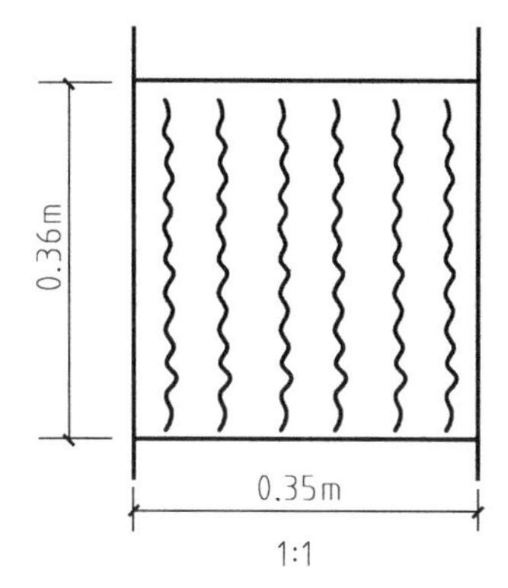

图 7-9　案例中挡水板剖面图

【解】

1）识图内容：

通过题干内容可知风机盘管 1 个，规格为六折曲板，片距 50mm，尺寸为 800mm×350mm×360mm。

2）工程量计算。

① 清单工程量。

挡水板：1 个。

② 定额工程量：

挡水板的制作安装按设计图示尺寸以空调器断面面积计算。

挡风板 $S=(0.04+0.04+0.075+0.04+0.075+0.080)\times0.8\times3=0.84(m^2)$

【小贴士】　式中，1 为挡风板工程量；(0.04+0.04+0.075+0.04+0.075+0.080)×0.8 为空调器挡水板断面积；3 为挡水板张数。

视频 7-3：通风管道

7.2.2　通风管道制作安装

1. 净化通风管

（1）名词概念　通风管是中空的、用于通风的管材，多为圆形或方形。通风管制作与安装所用板材、型材以及其他主要成品材料，应符合设计及相关产品国家现行标准的规定，并应有出厂检验合格证明，材料进场时应按国家现行有关标准进行验收。净化通风管道是工业与民用建筑中通风与空调工程用金属或非金属管道，是为了使空气流通，降低有害气体浓度的一种基础设施，如图 7-10 所示。

图 7-10　净化通风管

（2）案例导入与算量解析

【例 7-5】　已知某净化通风管道为圆形管道，该管道长度为 45m，管道半径为 250mm，壁厚 0.75mm，如图 7-11 所示，试计算净化通风管道工程量。

【解】

1）识图内容。

通过题干与图示内容可知管道半径为250mm。

2）工程量计算。

① 清单工程量。

圆形管道展开面积：

$S=\underline{45}\times\underline{(3.14\times0.25^2)}=8.83(m^2)$

② 定额工程量：

定额工程量同清单工程量。

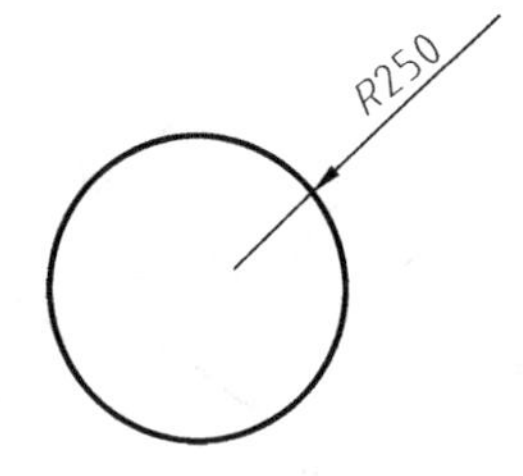

图 7-11　案例中净化通风管断面示意图

【小贴士】 式中，45为管道长度；（3.14×0.25^2）为圆形管道断面面积。

2. 不锈钢板通风管道

（1）名词概念　不锈钢板通风管道分为圆形和矩形，有外形美观、内壁光滑、阻力小、气密性好、承压强度高，能适合非常复杂的排气工程等特点，如图7-12所示。

音频7-2：不锈钢板风管的焊接形式

（2）案例导入与算量解析

【例7-6】 已知某不锈钢板通风管道为正插三通通风管道，如图7-13所示，试计算正插三通工程量。

图 7-12　不锈钢板通风管道

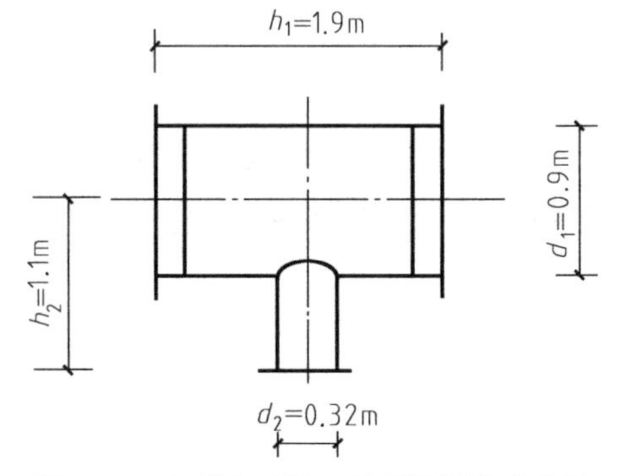

图 7-13　案例中正插三通通风管道示意图

【解】

1）识图内容：

通过图示内容可知，$h_1=1900mm$，$d_1=900mm$，$d_2=320mm$，$h_2=1100mm$。

2）工程量计算。

① 清单工程量。

正插三通展开面积：

$S=\pi d_1h_1+\pi d_2h_2=3.14\times\underline{0.9}\times\underline{1.9}+3.14\times\underline{0.32}\times\underline{1.1}=6.48\ (m^2)$

② 定额工程量：

定额工程量同清单工程量。

【小贴士】 式中，0.9、0.32分别为风管直径；1.9、1.1分别为管道长度。

3. 塑料通风管道

（1）名词概念　塑料风管主要是指硬聚氯乙烯风管，是非金属风管的一种。塑料风管的直径或边长大于500mm时，风管与法兰连接处应设加强板，且间距不得大于450mm，塑料风管的两端面应平行，无明显扭曲，外径或边长的允许偏差为 2mm，表面平整。圆弧均匀，凹凸不应大于 5mm，如图 7-14 所示。

图 7-14　塑料通风管道

（2）案例导入与算量解析

【例 7-7】 已知某通风管道为一直径为 0.8m 的塑料通风管道（$\delta=2$mm，焊接），如图 7-15 所示，试计算该管道的工程量。

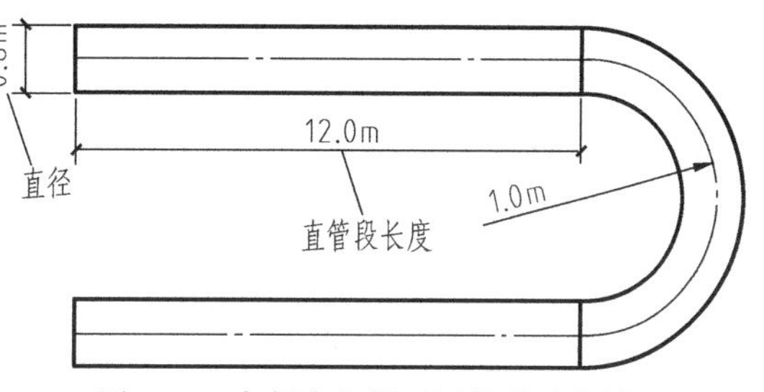

图 7-15　案例中塑料通风管道示意图

【解】

1）识图内容：

通过图示内容可知管道直径为 0.8m，直管段长度为 12m，$R=1.0$m。

2）工程量计算。

① 清单工程量。

圆形风管展开面积：

$S=\pi DL=3.14\times\underline{0.8}\times(\underline{12+3.14\times1/2+12})=64.23\ (\text{m}^2)$

② 定额工程量：

定额工程量同清单工程量。

【小贴士】 式中，0.8 为风管直径；（12+3.14×1/2+12）为管道长度。

视频 7-4：柔性软风管

4. 柔性软风管

（1）名词概念　用于不宜设置刚性风管位置的挠性风管，属于通风管道系统，采用镀锌卡子连接，吊托支架固定，一般是由金属、涂塑化纤织物、聚酯、聚乙烯、聚氯乙烯薄膜、铝箔等复合材料制成，整体送风均匀分布，防凝露，易清洁维护，健康环保，安装灵活，可重复使用，如图 7-16 所示。

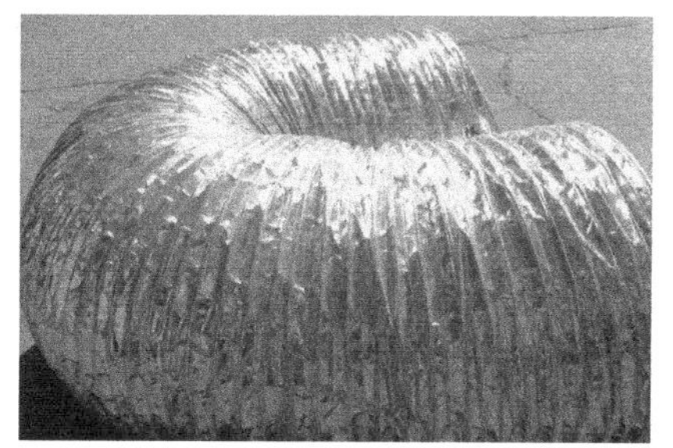

图 7-16　柔性软风管

（2）案例导入与算量解析

【例 7-8】 已知某空调送风如图 7-17 所示，试计算柔性软风管工程量。

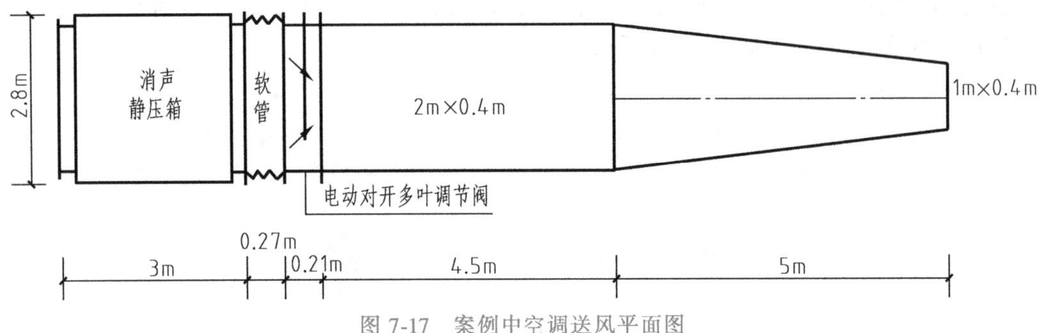

图 7-17　案例中空调送风平面图

【解】

1）识图内容：

通过图示内容可知软管长度为 0.27m。

2）工程量计算。

① 清单工程量。

软管长度为：

$L=\underline{0.27}$（m）。

② 定额工程量：

$S=(2+0.4)\times0.27=0.65$（m^2）。

【小贴士】 式中，0.27 为软管长度。

5. 风管检查孔

（1）名词概念　风管检查孔就是在装饰吊顶上面开的检查孔、检修孔，如图 7-18 所示。

图 7-18　风管检查孔

（2）案例导入与算量解析

【例 7-9】 某风管检查孔的制作安装如图 7-19 所示，风管检查孔采用矩形，尺寸为 370mm×340mm，共安装 6 个，试计算其安装工程量。

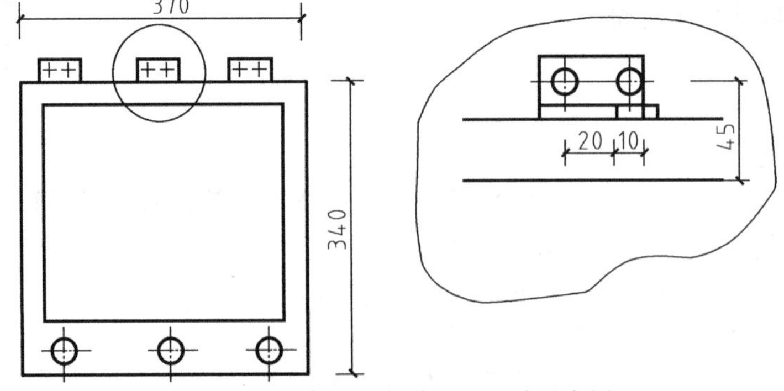

图 7-19　案例中风管检查孔尺寸示意图

【解】

1）识图内容：

通过图示内容可知，风管检查孔采用矩形，尺寸为 370mm×340mm 安装 6 个，查标准重量表可知：尺寸为370mm×340mm的风管检查孔2.89kg/个。

2）工程量计算。

① 清单工程量：

风管检查孔质量 $M=2.89\times\underline{6}=17.34$（kg）。

② 定额工程量：

定额工程量同清单工程量。

【小贴士】 式中，6为软管数量。

7.2.3 通风管道部件制作安装

视频7-5：碳钢阀门

1. 碳钢阀门

（1）名词概念　碳钢阀门是闸阀系统中的一种，因其材质是碳钢的，较传统阀门重量减轻20%～30%，安装维修方便；不易造成杂物淤积，使流体畅通无阻，密封面受介质的冲刷和侵蚀减少；开闭较省力；介质流向不受限制；形体简单，结构长度短，制造工艺性好，适用范围广。缺点是密封面之间易引起冲蚀和擦伤，维修比较困难；外形尺寸较大，开启需要一定的空间，开闭时间长；结构较复杂。碳钢阀门如图7-20所示。

（2）案例导入与算量解析

【例7-10】 已知某工程需要3个碳钢调节阀，如图7-21所示，试计算碳钢调节阀工程量。

图7-20　碳钢阀门

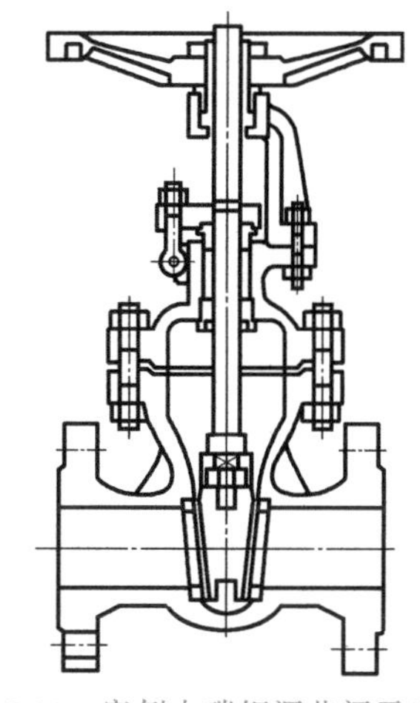

图7-21　案例中碳钢调节阀示意图

【解】

1）识图内容：

通过题干内容可知有3个碳钢调节阀。

2）工程量计算。

① 清单工程量。

碳钢调节阀：$\underline{3}$个。

② 定额工程量：

定额工程量同清单工程量。

【小贴士】 式中，3 为碳钢调节阀数量。

2. 碳钢风口、散流器、百叶窗

（1）名词概念

视频 7-6：风口　视频 7-7：百叶窗

1）风口的形式较多，根据使用对象可分为通风系统风口和空调系统风口两类。通风系统常用圆形风管插板式送风口、旋转吸风口、单面和双面送风和吸风口、矩形空气分布器、塑料插板式侧面送风口等。空调系统常用百叶送风口（分单层、双层、三层等）、圆形和方形直片式散流器、直片型送吸式散流器、流线型散流器、送风孔板及网式回风口等。碳钢风口如图 7-22 所示。

图 7-22　碳钢风口

2）散流器。散流器用于空调系统和空气洁净系统，可分为直片型散流器和流线型散流器，直片型散流器形状有圆形和方形两种，内部装有调节环和打散圈。调节环与扩散圈处于水平位置时，可产生气流垂直向下的垂直气流流型，可用于空气洁净系统，如调节环插入扩散圈内 10mm 左右时，使出口处的射流轴线与顶棚间的夹角小于 50°，形成贴附气流，可用于空调系统，如图 7-23 所示。

a)

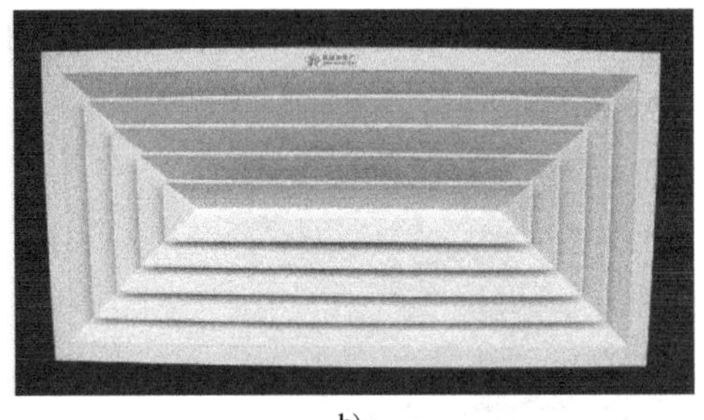
b)

图 7-23　散流器

a）圆形散流器　b）方形散流器

3）百叶窗。空调通风百叶窗由铝合金活动百叶窗和控制部分构成（电动或手动）。百叶窗的窗体及边框采用优质铝合金型材制作，所有五金配件全部采用不锈钢材质制作，具有强度高、使用寿命长、耐腐蚀性强、通风效果好等显著优点。如图 7-24 所示。

（2）案例导入与算量解析

【例 7-11】 已知某单层风口百叶制作安装如图 7-25 所示，风口规格为 600mm×300mm，两个，试计算百叶窗工程量。

【解】

1）识图内容：

通过题干内容可知，规格为 600mm×300mm 的百叶窗有 2 个。

2）工程量计算。

① 清单工程量。

百叶窗：2 个。

② 定额工程量：

a)

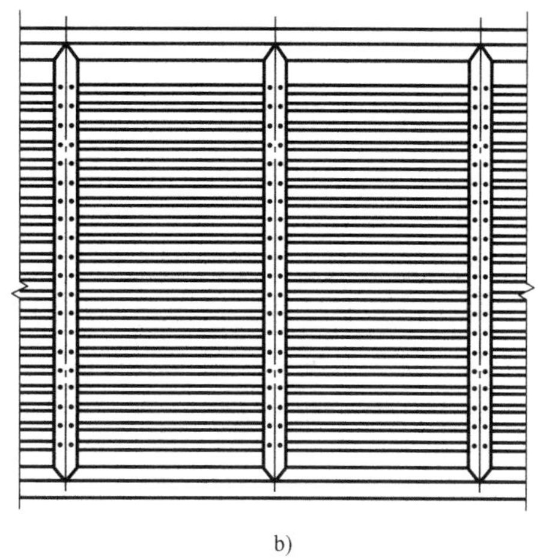
b)

图 7-24　百叶窗

a）实物图　b）构造图

定额工程量同清单工程量。

【小贴士】　式中，2 为百叶窗数量。

3. 碳钢风帽

（1）名词概念　风帽是装在排风系统的末端，利用风压的作用，加强排风能力的一种自然通风装置，同时可以防止雨雪流入风管内。在排风系统中一般使用伞形风帽、锥形风帽和筒形风帽等。碳钢风帽如图 7-26 所示。

视频 7-8：风帽

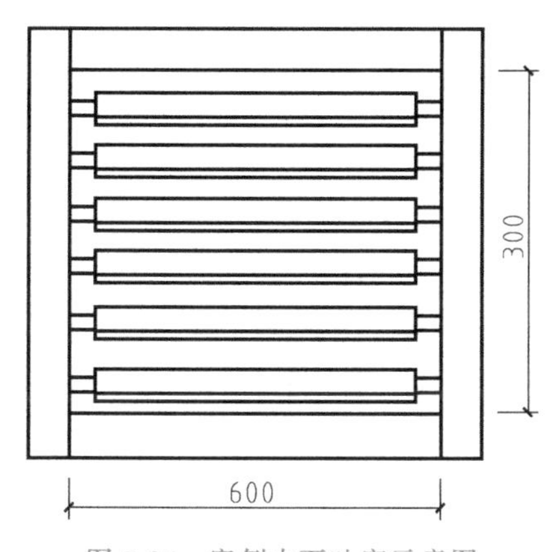

图 7-25　案例中百叶窗示意图

图 7-26　碳钢风帽

（2）案例导入与算量解析

【例 7-12】　某碳钢风帽为圆伞形，如图 7-27 所示，1 个。试计算碳钢风帽工程量。

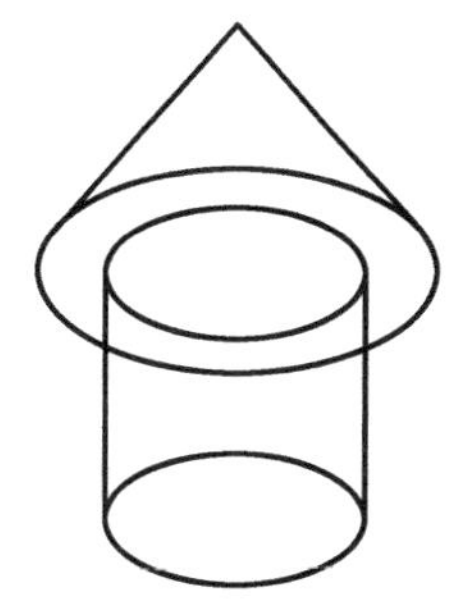
图 7-27　案例中圆伞形碳钢风帽

【解】

1）识图内容：

通过题干内容可知碳钢风帽有 1 个。

2）工程量计算。

① 清单工程量。

碳钢风帽：1个。

② 定额工程量：

定额工程量同清单工程量。

【小贴士】 式中，1为碳钢风帽数量。

4. 消声器

（1）名词概念 消声器是为阻止声音传播而开发的允许气流通过的一种器件，是消除空气动力性噪声的重要措施。消声器一般安装在空气动力设备（如鼓风机、空压机）的气流通道上或进、排气系统中。消声器能够阻挡声波的传播，允许气流通过，是控制噪声的有效工具。消声器如图7-28所示。

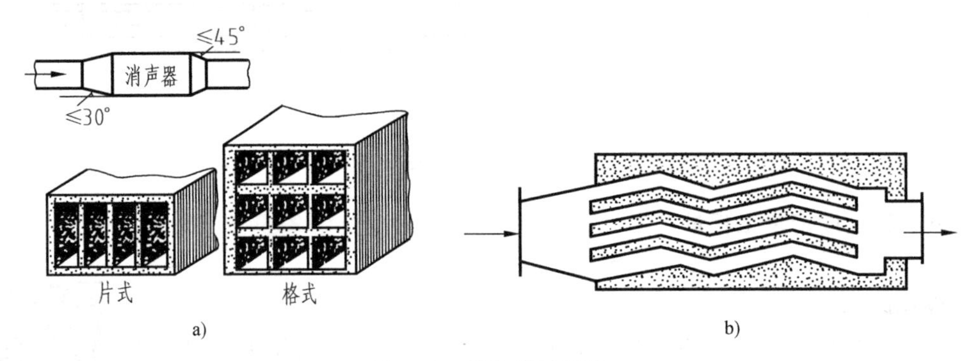

图7-28 消声器示意图

a）片式和格式消声器 b）折板式消声器

（2）案例导入与算量解析

【例7-13】 某阻抗复合式消声器规格为2000mm×1500mm，如图7-29所示，两台，试计算消声器工程量。

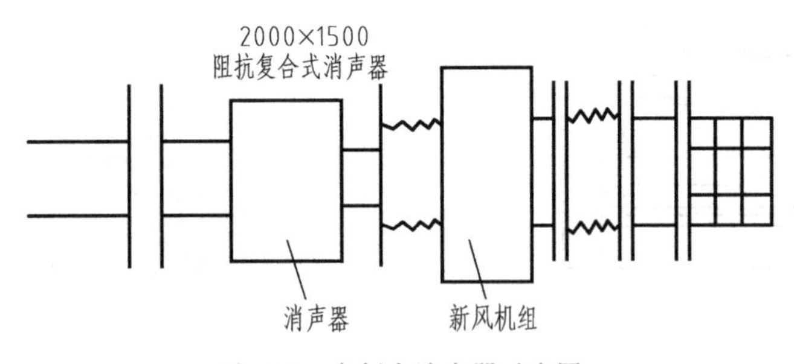

图7-29 案例中消声器示意图

【解】

1）识图内容：

通过题干内容可知，消声器规格为2000mm×1500mm，有2台。

2）工程量计算。

① 清单工程量。

消声器：2个。

② 定额工程量：

定额工程量同清单工程量。

【小贴士】 式中，2为消声器数量。

5. 静压箱

（1）名词概念 静压箱是送风系统减少动压、增加静压、稳定气流和减少气流振动的一种必要的配件，它可使送风效果更加理想。静压箱如图7-30所示。

图7-30 静压箱

视频7-9：静压箱

音频7-3：静压箱的作用

（2）案例导入与算量解析

【例7-14】 某静压箱尺寸为2m×2m×1m，如图7-31所示。落地式风机盘管型号为FC-800，风道直径为400mm，试计算静压箱工程量。

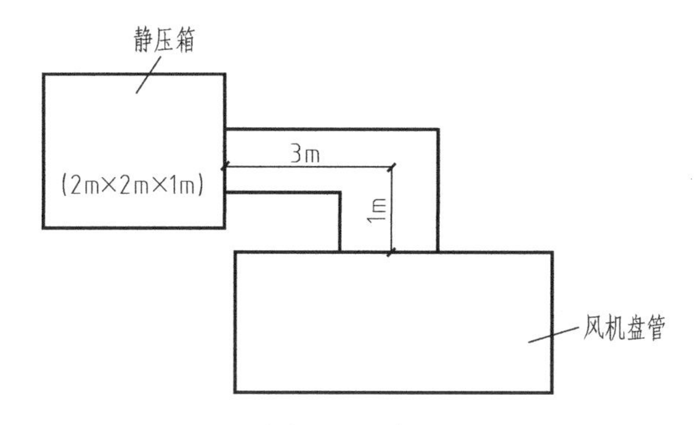

图7-31 案例中静压箱尺寸示意图

【解】

1）识图内容：

通过题干内容可知，静压箱尺寸为2m×2m×1m。

2）工程量计算。

① 清单工程量。

静压箱总面积：$S=\underline{2}\times\underline{(2\times2+2\times1+2\times1)}=16\ (\mathrm{m}^2)$。

② 定额工程量：

定额工程量同清单工程量。

【小贴士】 式中，静压箱共有6个面，（2×2+2×1+2×1）为各个面的面积；由于对立的两个面的断面面积相同，故应乘以2；2×(2×2+2×1+2×1）为六个面的总面积。

7.3 关系识图与疑难分析

7.3.1 关系识图

1. 通风

通风是将室内被污染的空气直接或经净化后排至室外，将室外新鲜空气补充进室内，并保持室内的空气环境符合卫生标准和生产工艺要求或人们的生活需要。

通风可分为自然通风和机械通风，机械通风系统又分为机械排风和机械送风两种，如图 7-32 所示。

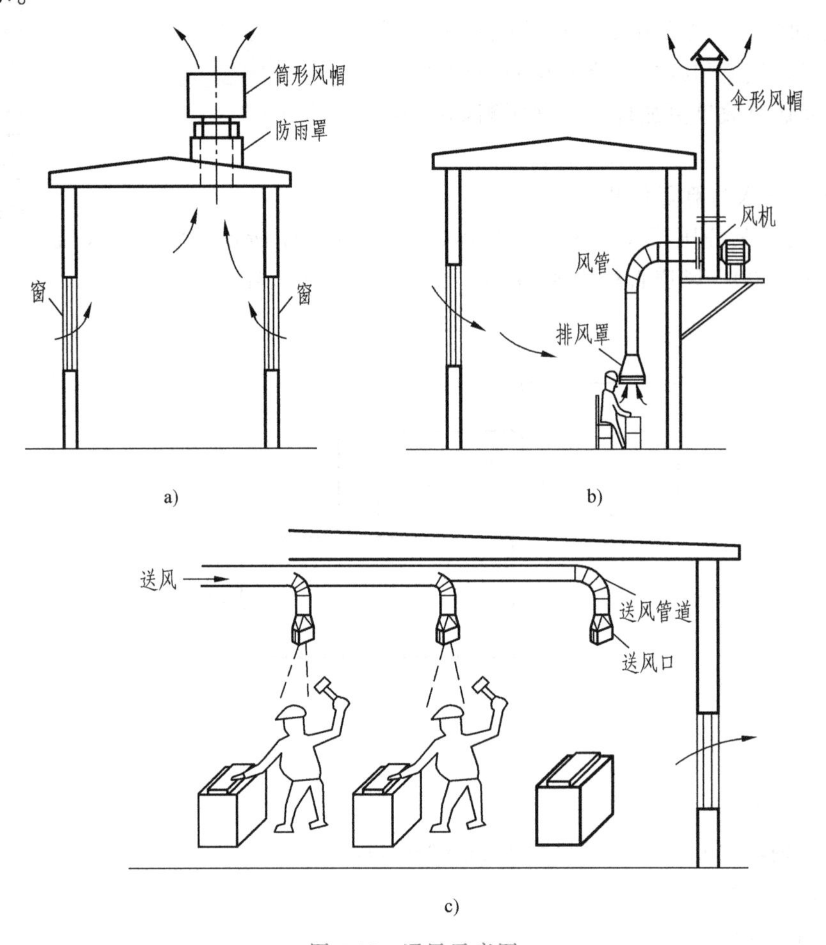

图 7-32　通风示意图

a）自然通风系统　b）局部机械排风系统　c）局部机械送风系统

2. 空调

空调是高级的通风，是对空气的温度、湿度、洁净度、空气速度、噪声、气味等进行控制并提供新鲜空气的通风。空调系统可分为集中式、半集中式和局部式三种。

集中式空调系统是将空气处理设备（如加热器与冷却器或喷水室、过滤器、风机、水泵等）集中设置在专用机房内。其系统组成一般有空气处理设备、冷冻（热）水系统（组成类同于热水采暖系统）和空气系统（组成类同于机械通风系统），如图 7-33 所示。

半集中式空调系统（图 7-34 所示）是一种空气系统与冷冻（热）水系统的有机组合，空调水系统直接进入空调房间对室内空气进行热湿处理，而空气系统主要负担新风负荷。主要由冷水机组、锅炉或热水机组、水泵及其管路系统、风机盘管、新风系统等组成。

局部式空调系统是将冷热源、空气处理、风机、自动控制等装备在一起，组成空调机组，由厂家定型生产，现场安装，只供小面积房间或少数房间局部使用，如窗式空调机、分体式空调机、柜式空调机等。

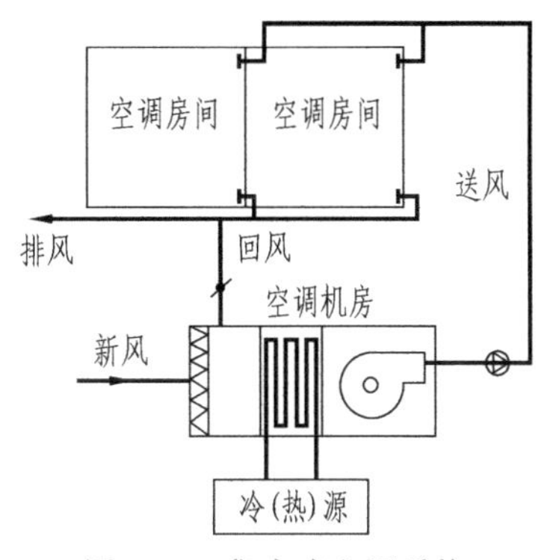

图 7-33 集中式空调系统

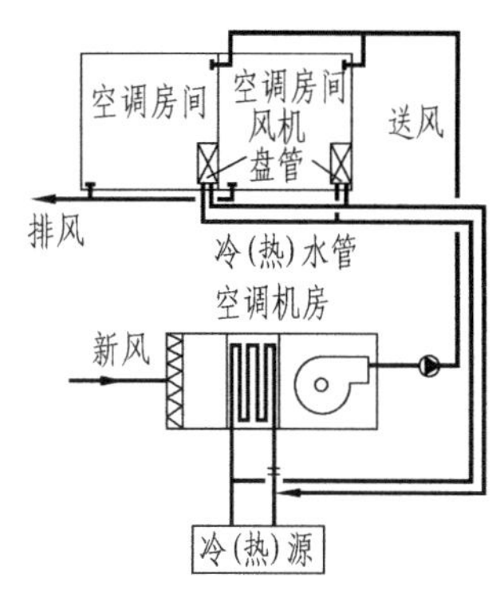

图 7-34 半集中式空调系统

7.3.2 疑难分析

1）风管展开面积，不扣除检查孔、测定孔、送风口、吸风口等所占面积；风管长度一律以设计图示中心线长度为准（主管与支管以其中心线交点划分），包括弯头、三通、变径管、天圆地方等管件的长度，但不包括部件所占的长度。风管展开面积不包括风管、管口重叠部分面积。风管渐缩管：圆形风管按平均直径，矩形风管按平均周长。

2）穿墙套管按展开面积计算，计入通风管道工程量中。

3）弯头导流叶片数量，按设计图样或规范要求计算。

4）风管检查孔、温度测定孔、风量测定孔数量，按设计图样或规范要求计算。

5）静压箱的面积计算：按设计图示尺寸以展开面积计算，不扣除开口的面积。

6）其他相关问题，应按下列规定处理：

①“通风空调工程”适用于通风（空调）设备及部件、通风管道及部件的制作安装工程。

② 冷冻机组站内的设备安装及通风机安装，应按《通用安装工程工程量计算规范》（GB 50856—2013）附录A机械设备安装工程相关项目编码列项。

③ 冷冻机组站内的管道安装，应按《通用安装工程工程量计算规范》（GB 50856—2013）附录H工业管道工程相关项目编码列项。

④ 冷冻站外墙皮以外通往通风空调设备的供热、供冷、供水等管道，应按《通用安装工程工程量计算规范》（GB 50856—2013）附录K给排水、采暖、燃气工程相关项目编码列项。

⑤ 设备和支架的除锈、刷漆、保温及保护层安装，应按《通用安装工程工程量计算规范》（GB 50856—2013）附录M刷油、防腐蚀、绝热工程相关项目编码列项。

第8章 消防工程

8.1 工程量计算依据

消防工程新的清单范围划分的子目包含水灭火系统、气体灭火系统、泡沫灭火系统、火灾自动报警系统、消防系统调试5节，共50个项目。

水灭火系统计算依据见表8-1。

表8-1 水灭火系统计算依据

计算规则	清单规则	定额规则
水喷淋钢管	按设计图示管道中心线以长度计算	(1)管道安装按设计图示管道中心线长度以“10m”为计量单位。不扣除阀门、管件及各种组件所占长度 (2)管件连接分规格以“10个”为计量单位。沟槽管件主材费包括卡箍及密封圈，以“套”为计量单位
消火栓钢管		
水喷淋(雾)喷头	按设计图示数量计算	喷头、水流指示器、减压孔板、集热板按设计图示数量计算。按安装部位、方式、分规格以“个”为计量单位
水流指示器		
减压孔板		
集热板制作安装		
温感式水幕装置		温感式水幕装置安装以“组”为计量单位
末端试水装置		末端试水装置按设计图示数量计算，分规格以“组”为计量单位
报警装置		报警装置、室内消火栓、室外消火栓、消防水泵接合器均按设计图示数量计算。报警装置、室内外消火栓、消防水泵接合器分形式，按成套产品以“组”为计量单位；成套产品包括的内容详见附表
室内消火栓		
室外消火栓		
消防水泵接合器		
灭火器		灭火器按设计图示数量计算，分形式以“具、组”为计量单位
消防水炮		消防水炮按设计图示数量计算，分规格以“台”为计量单位

气体灭火系统计算依据见表8-2。

表8-2 气体灭火系统计算依据

计算规则	清单规则	定额规则
无缝钢管	按设计图示管道中心线以长度计算	管道安装按设计图示管道中心线长度,以“10m”为计量单位。不扣除阀门、管件及各种组件所占长度
不锈钢管		
不锈钢管管件	按设计图示数量计算	钢制管件连接分规格,以“10个”为计量单位
气体驱动装置管道	按设计图示管道中心线以长度计算	气体驱动装置管道按设计图示管道中心线长度计算,以“10m”为计量单位
选择阀	按设计图示数量计算	选择阀、喷头安装按设计图示数量计算,分规格、连接方式以“个”为计量单位
气体喷头		
贮存装置	按设计图示数量计算	贮存装置、承重检漏装置、无管网气体灭火装置安装按设计图示数量计算,以“套”为计量单位
承重检漏装置		
无管网气体灭火装置		

泡沫灭火系统计算依据见表8-3。

表8-3 泡沫灭火系统计算依据

计算规则	清单规则	定额规则
碳钢管	按设计图示管道中心线以长度计算	管道安装按设计图示管道中心线长度,以“10m”为计量单位。不扣除阀门、管件及各种组件所占长度
不锈钢管		
铜管		
不锈钢管、铜管管件	按设计图示数量计算	管件连接分规格,以“10个”为计量单位
泡沫发生器		泡沫发生器、泡沫比例混合器安装按设计图示数量计算,均按不同型号以“台”为计量单位,法兰根据设计图样要求另行计算材料费
泡沫比例混合器		
泡沫液贮罐		按设计图示数量计算

火灾自动报警系统计算依据见表8-4。

表8-4 火灾自动报警系统计算依据

计算规则	清单规则	定额规则
点型探测器	按设计图示数量计算	(1)火灾报警系统按设计图示数量计算 (2)点型探测器按设计图示数量计算,不分规格、型号、安装方式与位置,以“个”“对”为计量单位
线型探测器		线型探测器依据探测长度、信号转换装置数量、报警终端电阻数量按设计图示数量计算,分别以“m”“台”“个”为计量单位

（续）

<table>
<tr><th>计算规则</th><th>清单规则</th><th>定额规则</th></tr>
<tr><td>按钮</td><td rowspan="15">按设计图示数量计算</td><td rowspan="15">区域报警控制箱、联动控制箱、火灾报警系统控制主机、联动控制主机、报警联动一体机按设计图示数量计算，区分不同点数、安装方式，以“台”为计量单位</td></tr>
<tr><td>消防警铃</td></tr>
<tr><td>声光报警器</td></tr>
<tr><td>消防报警电话插孔（电话）</td></tr>
<tr><td>消防广播（扬声器）</td></tr>
<tr><td>模块（模块箱）</td></tr>
<tr><td>区域报警控制箱</td></tr>
<tr><td>联动控制箱</td></tr>
<tr><td>远程控制箱（柜）</td></tr>
<tr><td>火灾报警系统控制主机</td></tr>
<tr><td>联动控制主机</td></tr>
<tr><td>消防广播及对讲电话主机（柜）</td></tr>
<tr><td>火灾报警控制微机（CRT）</td></tr>
<tr><td>备用电源及电池主机（柜）</td></tr>
</table>

消防系统调试计算依据见表 8-5。

表 8-5　消防系统调试计算依据

<table>
<tr><th>计算规则</th><th>清单规则</th><th>定额规则</th></tr>
<tr><td>自动报警系统装置调试</td><td>按设计图示数量计算</td><td rowspan="5">（1）自动报警系统调试区分不同点数根据集中报警器台数按系统计算。自动报警系统包括各种探测器、报警器、报警按钮、报警控制器组成的报警系统，其点数按具有地址编码的器件数量计算。火灾事故广播、消防通信系统调试按消防广播喇叭及音箱、电话插孔和消防通信的电话分机的数量分别以“10只”或“部”为计量单位
（2）自动喷水灭火系统调试按水流指示器数量以“点（支路）”为计量单位；消火栓灭火栓系统按消火栓泵按钮数量以“点”为计量单位；消防水炮控制装置系统调试按水炮数量以“点”为计量单位
（3）防火控制装置联动调试按设计图示数量计算
（4）气体灭火系统装置调试、检验和验收所消耗的试验容量总数计算，以“点”为计量单位。气体灭火系统调试，是由七氟丙烷、IG541、二氧化碳等组成的灭火系统；按气体灭火系统装置的瓶头阀以点计算
（5）电气火灾监控系统调试按模块点数执行自动报警系统调试相应子目</td></tr>
<tr><td>自动喷水水灭火系统控制装置调试</td><td rowspan="4">按调试、检验和验收所消耗的试验容器总数计算</td></tr>
<tr><td>防火控制装置联动调试</td></tr>
<tr><td>气体灭火系统装置调试</td></tr>
<tr><td>电气火灾监控系统调试</td></tr>
</table>

8.2　工程案例实战分析

8.2.1　水灭火系统

水是生活中最常用的灭火剂，水灭火系统也是应用最广泛的灭火系统，用水灭火，不仅器材简单、价格便宜，而且灭火效果好。

视频8-1：喷淋管

1. 消防喷淋管

（1）名词概念　消防喷淋防火系统的末端排水管是喷淋管，是消防喷淋防火系统的重要组成部分之一，通常与喷淋头及主干管道联合在一起使用，如图8-1所示。

图8-1　消防喷淋管

（2）案例导入与算量解析

【例8-1】 如图8-2所示为某卫生间的洗脸池的一段管路，采用的是镀锌钢管给水，试进行工程量计算。

【解】

1）识图内容：

通过题干内容可知，卫生间的洗脸池采用的是镀锌钢管，DN25的管长为（1.0+1.8）m，DN32的管长为（0.52+6.0）m。

2）工程量计算。

① 清单工程量。

镀锌钢管DN25：$\underline{1.0}+\underline{1.8}=2.8$（m）。

镀锌钢管DN32：$\underline{0.52}+\underline{6.0}=6.52$（m）。

② 定额工程量：

定额工程量同清单工程量。

【小贴士】　式中，1.0、1.8为镀锌钢管DN25的长度；0.52、6.0为镀锌钢管DN32的长度。

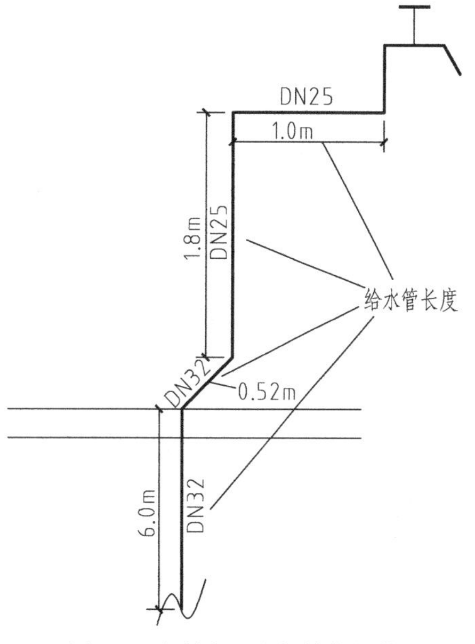

图8-2　案例中卫生间镀锌钢管给水管路示意图

2. 末端试水装置

末端试水装置：是指安装在系统管网最不利点处喷头，用来检验系统启动、报警以及联动等功能的装置，如图8-3所示。自动喷水灭火系统末端试水装置是喷洒系统的重要组成部分。

3. 消火栓灭火系统

（1）名词概念　消火栓是指与供水管路相连接，由阀、出水口等组成的消防供水装置，有室内消火栓和室外消火栓。

室内消火栓是扑救建筑室内火灾的主要设施，通常安装在消火栓箱内，与消防水带和水枪等器材配套使用，是我国使用最早和最普通的消防设施之一，在消防灭火的使用中因性能可靠、成本低廉被广泛采用，如图 8-4 所示。

视频 8-2：室内消火栓

室内消火栓包括消火栓箱、消火栓、水枪、水龙头、水龙带接扣、自救卷盘、挂架、消防按钮；落地消火栓箱包括箱内手提灭火器。

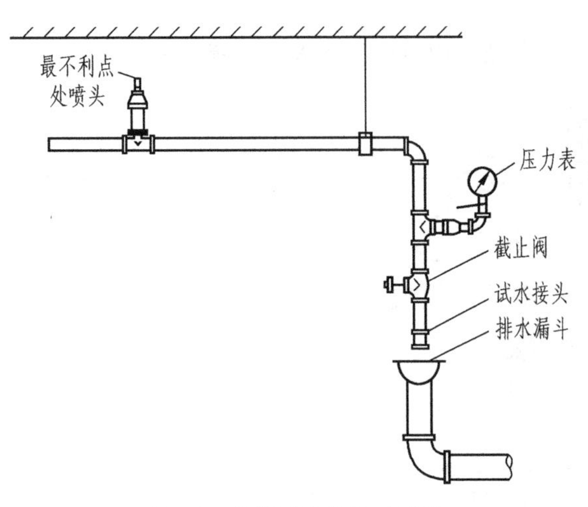

图 8-3　末端试水装置示意图

图 8-4　室内消火栓箱

当室内消防水泵发生故障或者遇到大火导致室内消防用水不足时，供消防车从室外消火栓取水，并且将水送到室内消防给水管网，供灭火使用的装置，称为消防水泵结合器，如图 8-5 所示。消防水泵接合器有墙壁式、地上式、地下式三种形式。

图 8-5　消防水泵接合器

室外消火栓：是设置在建筑物外面消防给水管网上的供水设施，主要供消防车从市政给水管网或室外消防给水管网取水实施灭火，也可以直接连接水带、水枪出水灭火。

室外消火栓安装方式分地上式消火栓、地下式消火栓；地上式消火栓安装包括地上式消火栓、法兰接管、弯管底座；地下式消火栓安装包括地下式消火栓、法兰接管、弯管底座或消火栓三通。

（2）案例导入与算量解析

【例 8-2】 已知某小区消防系统如图 8-6 所示，竖直管段及水平引入管均采用 DN100 规格的镀锌钢管，一层水平管段采用 DN80 镀锌钢管，采用的是螺纹连接。本小区楼房为 5 层，层高 3.6m，试计算消防系统工程量。

【解】

1）识图内容：

由题干可知，竖直管段及水平引入管均采用 DN100 规格的镀锌钢管，其长度为［(3.6×5×2)+(9×2)］m，一层 DN80 水平管段采用的是螺纹连接，其长度为 12m。

2）工程量计算。

① 清单工程量。

DN100 水喷淋镀锌钢管。

室内部分：3.6×5×2＝36（m）。

室外部分：9×2＝18（m）。

DN80 水喷淋镀锌钢管：12m。

② 定额工程量：

定额工程量同清单工程量。

【小贴士】 式中，3.6 为层高，5 为楼层数，2 为两个竖管系统，9 为 DN100 水平引入管的长度，2 为 2 个水平引入管，12 为一层 DN80 水平管段长度。

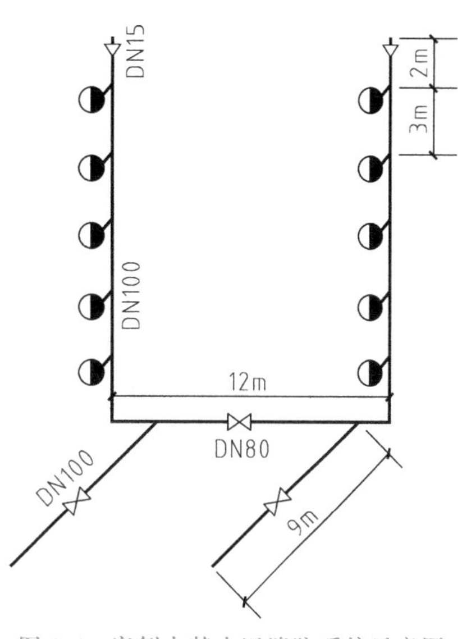

图 8-6　案例中某小区消防系统示意图

8.2.2　气体灭火系统

气体灭火系统是以一种或多种气体作为灭火介质，通过这些气体在整个防护区内或保护对象周围的局部区域建立起灭火浓度实现灭火。气体灭火系统具有灭火效率高、灭火速度快、保护对象无污损等优点。

音频 8-1：气体灭火系统工作原理和适用范围

一般来说，气体自动灭火系统由火灾报警系统、灭火控制系统和灭火系统三部分组成。而灭火系统部分又由气体灭火剂储存装置、管网及喷头几部分组成。灭火剂储存装置有两种结构形式：储瓶式和储罐式。目前，储罐式仅有低压二氧化碳灭火系统采用。

1. 选择阀

选择阀：主要用于一个二氧化碳源供给两个以上保护区域的装置上，其作用是选择释放二氧化碳的方向，以实现选定方向的快速灭火，如图 8-7 所示。选择阀应在容器阀开启之前开启或与容器阀同时开启。其结构按释放方式可分为电动式和气动式两种；按主动阀活门可分为提动式和球阀式两种。

2. 气体喷头

喷头的作用是为了保证灭火剂以特定的射流形式喷出，促使灭火剂加速汽化，并且在保护空间内达到灭火的浓度，如图 8-8 所示。

图 8-7　选择阀

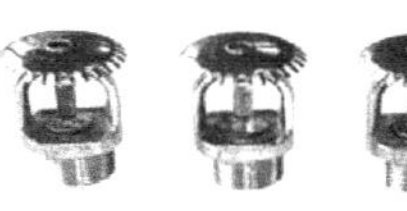

玻璃球洒水喷头(上喷)

玻璃球洒水喷头(下喷)

玻璃球洒水喷头(侧喷)

玻璃球洒水喷头(开式)

图 8-8　喷头

气体喷头：当某一地方发生火灾时，水通过喷淋头溅水盘洒出进行灭火，如图 8-9 所示。

3. 无管网气体灭火装置

（1）名词概念　无管网气体灭火系统（又称七氟丙烷灭火系统）一般是由气瓶柜（内设有气瓶、电磁阀以及喷头）、自动报警控制系统构成（包括控制器、感烟式和感温式探测器、声光报警器、手动报警器、手动控制按钮、自动报警按钮），如图 8-10 所示。

图 8-9　气体喷头

（2）案例导入与算量解析

【例 8-3】　选择阀如图 8-11 所示，选择阀公称直径为 50mm，螺纹连接，贮存装置采用的是 155L 的贮存容器，试计算其工程量。

图 8-10　柜式七氟丙烷气体灭火装置

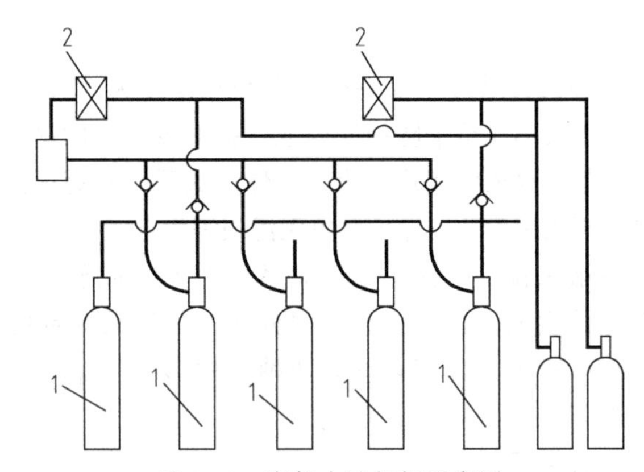

图 8-11　案例中选择阀示意图

1—灭火剂储瓶　2—选择阀

【解】

1）识图内容：

通过题干内容可知，选择阀公称直径为 50mm，螺纹连接，贮存装置采用的是 155L 的贮存容器。

2）工程量计算。

① 清单工程量：

选择阀数量 = 2（个）。

储存瓶数量 = 5（套）。

② 定额工程量：

定额工程量同清单工程量。

【小贴士】　式中，工程量计算数据皆根据题示及图示所得。

【例 8-4】　某办公楼部分喷淋施工图如图 8-12 和图 8-13 所示，喷淋系统给水管道采用镀锌钢管，管径大于 100mm 的采用沟槽连接，管径小于等于 100mm 的采用螺纹连接。试计算镀锌钢管 DN150、喷头的工程量。

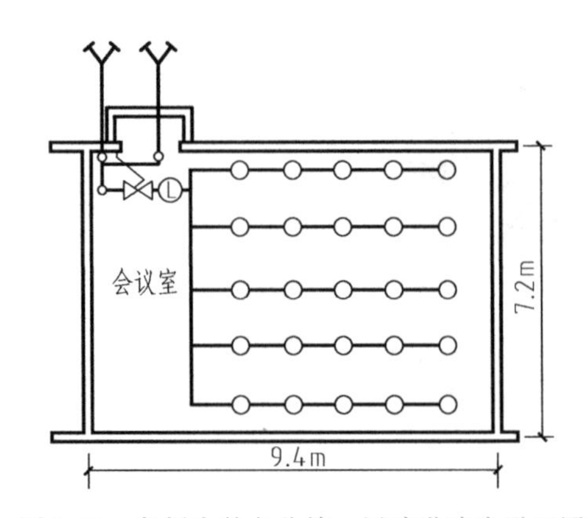

图 8-12　案例中某办公楼一层喷淋喷头平面图

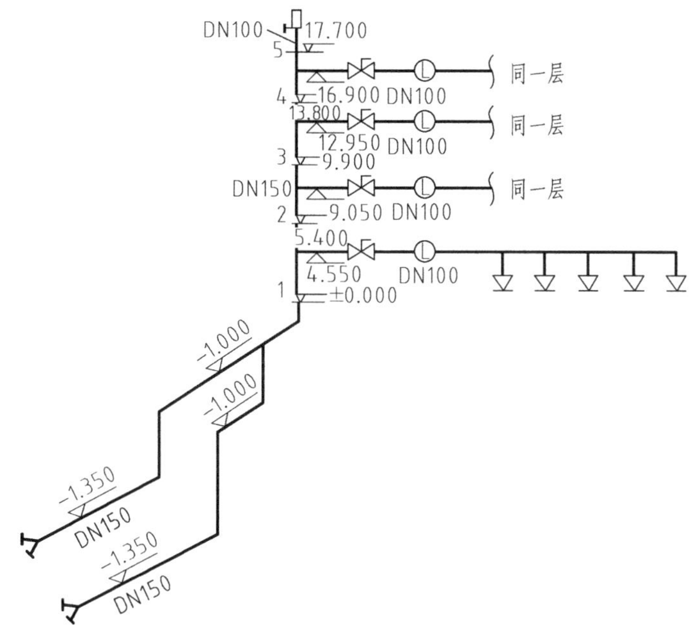

图 8-13 案例中某办公楼喷淋系统图

【解】

1）识图内容：

由题干可知，喷淋系统给水管道采用镀锌钢管，管径大于 100mm 的采用沟槽连接，管径小于等于 100mm 的采用螺纹连接。图中显示一层喷头个数为 5×5＝25（个），一共有 4 层；办公楼的层顶高度为 17.7m，埋地管标高分别为-1.000m、-1.350m。

2）工程量计算。

① 清单工程量。

镀锌钢管 DN150 长度：17.7+1.35+1.0+1.35+1.0＝22.4（m）。

喷头数量：25×4＝100（个）。

② 定额工程量：

定额工程量同清单工程量。

【小贴士】 式中，25（5×5）为一层喷头数量；4 为楼层数。

音频 8-2：泡沫灭火系统的分类

8.2.3 泡沫灭火系统

1. 泡沫发生器

(1) 名词概念 泡沫发生器是一种固定安装在油罐上，产生和喷射空气泡沫的灭火设备，如图 8-14 所示。

泡沫发生器可分为两类：一类是灭火用的泡沫发生器；另一类是用于泡沫混凝土的最简单的发泡装置。

(2) 案例导入与算量解析

【例 8-5】 如图 8-15 所示为一自动全淹没式灭火系统，需要安装水轮机式、型号为 PFS10 的泡沫发生器，

图 8-14 泡沫发生器

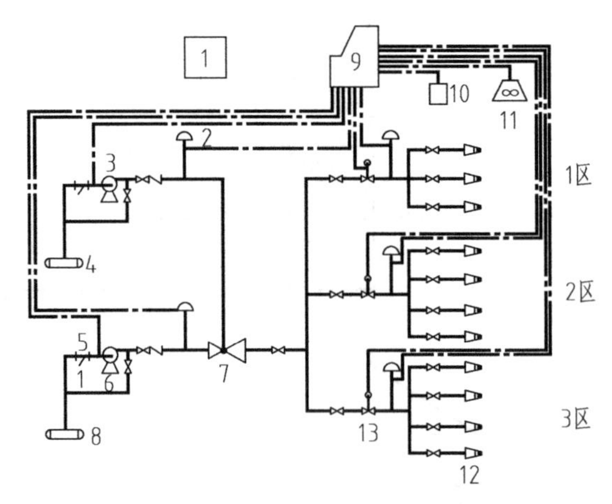

图 8-15　案例中自动全淹没式灭火系统工作原理图

1—手动控制器　2—压力开关　3—泡沫液泵　4—泡沫液罐　5—过滤器　6—水泵　7—比例混合器
8—水罐　9—自动控制箱　10—探测器　11—报警器　12—高倍数泡沫发生器　13—电磁阀

试计算泡沫发生器的工程量。

【解】

1）识图内容：

通过题干内容可知，自动全淹没式灭火系统需要安装水轮机式、型号为 PFS10 的泡沫发生器，图中显示的高倍数泡沫发生器为 11 台。

2）工程量计算。

① 清单工程量：

泡沫发生器数量=11（台）。

② 定额工程量：

定额工程量同清单工程量。

【小贴士】 式中，工程量计算数据皆根据题示及图示所得。

2. 泡沫比例混合器

泡沫灭火系统具有安全可靠、经济实用、灭火效率高等特点，尤其对扑救 B 类火灾更具有突出的优越性，是目前国内外油类火灾基本的扑救方式。

泡沫比例混合器是泡沫灭火系统的“神经中枢”，其工作性能的好坏直接关系到泡沫灭火系统扑救火灾的成败，如图 8-16 所示。泡沫比例混合器有压力式空气泡沫比例混合器、环泵式泡沫比例混合器、管线式泡沫比例混合器等类型。

3. 泡沫液贮罐

（1）名词概念　泡沫液贮罐一般为金属卧式罐，容量较小，如图 8-17 所示。泡沫液贮罐的位量常高于消防泵，便于使用时能形成高差，在压力下自流。在储存蛋白泡沫液时，要注意泡沫产生沉淀和恶臭，影响泡沫液的耐热和储存性能。泡沫液宜存放在室内，植物性蛋白泡沫液储存环境温度为 0～40℃，动物性蛋白及氟蛋白泡沫液贮存环境温度为-5～40℃。泡沫液贮罐距保护对象不得小于 20m。

泡沫液贮罐按填充泡沫液方式分为胶囊型、普通型；按罐体安装方式分为卧式、立式两种形式。泡沫液混合比一般为 3%或 6%，标准混合液流量 16～200L/s。工作压力范围在

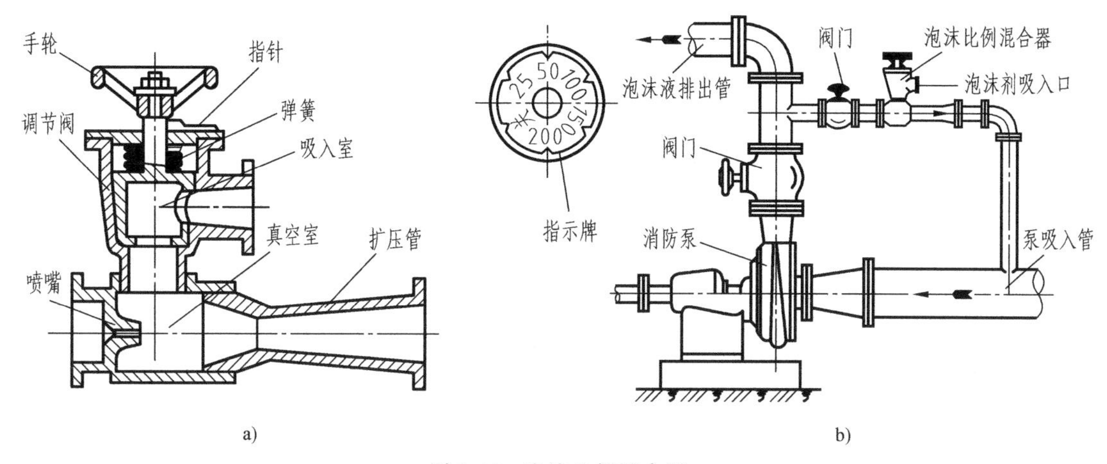

图 8-16 泡沫比例混合器

a）剖面图 b）安装图

0.6~1.5MPa。泡沫贮液罐容积为 500 ~ 15000L，不同规格，任意搭配。

图 8-17 泡沫液贮罐

（2）案例导入与算量解析

【例 8-6】 某泡沫灭火装置设计如图 8-18 所示，试计算其中的泡沫发生器（泡沫发生器电动式型号：PF20）、泡沫比例混合器（PHY48/55）以及泡沫液贮罐的工程量。

【解】

1）识图内容：

通过题干内容可知，泡沫发生器的型号为电动式型号 PF20，泡沫比例混合器为 PHY48/55。

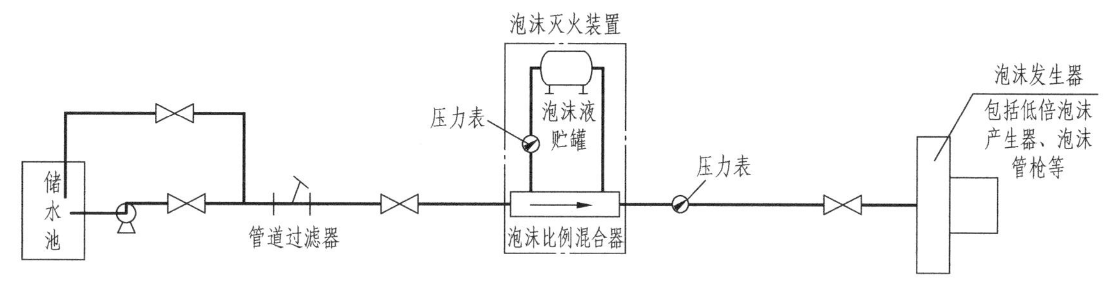

图 8-18 案例中泡沫灭火装置构造示意图

2）工程量计算。

① 清单工程量：

泡沫发生器数量 = 1（台）。

泡沫比例混合器数量 = 1（台）。

泡沫液贮罐数量 = 1（台）。

② 定额工程量：

定额工程量同清单工程量。

【小贴士】 式中，工程量计算数据根据图示所得。

8.2.4 火灾自动报警系统

火灾自动报警系统是由触发装置、火灾报警装置、联动输出装置以及具有其他辅助功能的装置组成的，它具有能在火灾初期将燃烧产生的烟雾、热量、火焰等通过火灾探测器变成电信号，传输到火灾报警控制器，并同时以声或光的形式通知人员疏散，以及向各类消防设施发出控制信号并接收设备反馈信号进而实现预定的消防功能，控制器记录火灾发生的部位、时间等，使人们能够及时发现火灾，并及时采取有效措施，扑灭初起火灾，最大限度地减少因火灾造成的生命和财产损失。其组成原理图如图 8-19 所示。

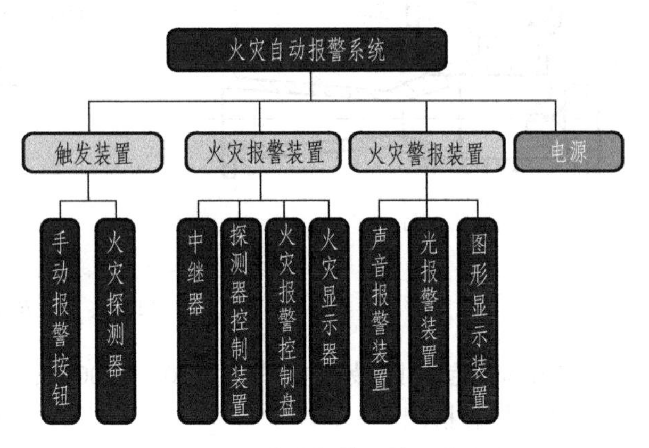

图 8-19 火灾自动报警系统组成原理图

1. 点型探测器

点型探测器是指探测元件集中在一个特定的位置上，能探测该区域位置周围火灾情况的装置，或者可以说是响应一个小型传感器附近的火灾特征参数的探测器。感烟的都是点型的。

点型探测器包括火焰、烟感、温感、红外光束、可燃气体探测器等。

2. 线型探测器

(1) 名词概念 线型探测器是一种响应某一连续路线附近监视现象的火灾参数探测器。这里所说的连续路线，既可以是“硬”线路，也可以是“软”线路。另外，在桥架里布置的是线型感温探测器，红外对射也是线型的。

(2) 案例导入与算量解析

【例 8-7】 某写字楼的二层大厅安装总线制火灾自动报警系统，如图 8-20 所示，该系统设置有 12 个感温探测器，手动火灾报警按钮 5 个，消防警铃 3 个，并且接于同一回路之上，壁挂式报警控制器 1 台，报警备用电源及电池主机(柜) 1 台，试计算其工程量。

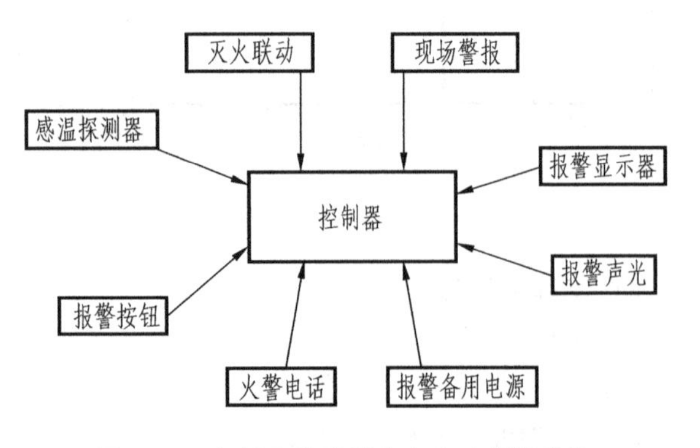

图 8-20 案例中总线制火灾自动报警系统

【解】

1) 识图内容：

通过题干内容可知，系统设置有 12 个感温探测器，手动火灾报警按钮 5 个，消防警铃 3 个，并且接于同一回路之上，壁挂式报警控制器 1 台，报警备用电源及电池主机（柜）1台。

2）工程量计算。

① 清单工程量：

感温探测器的数量=12（个）。

报警按钮的数量=5（个）。

警铃的数量=3（个）。

壁挂式报警控制器的数量=1（台）。

备用电源及电池主机（柜）数量=1（台）。

② 定额工程量：

定额工程量同清单工程量。

【小贴士】 式中，工程量计算数据根据题示所得。

8.3 关系识图与疑难分析

8.3.1 关系识图

1. 火灾探测触发装置

在火灾自动报警系统中，触发器是指自动或者手动产生火灾报警信号的器件。它主要包括火灾探测器以及手动火灾报警按钮。

（1）火灾探测器 火灾探测器是火灾自动报警控制系统最为关键的部件之一，是通过探测物质燃烧过程中产生的烟雾、热量、火焰等物理现象来探测火灾，也是整个系统自动检测的触发器件，并且一定程度上能够不间断地监视、探测被保护区域的火灾初期信号。

火灾探测器的种类有很多，分类方法也各有千秋，但是常用的分类方法有探测区域分类法和探测火灾参数分类法等。

1）探测区域分类法：按照火灾探测器的探测范围不同，可以将其分为点型火灾探测器和线型火灾探测器。

2）探测火灾参数分类法：根据火灾探测器探测火灾参数的不同，可以将其分为感烟式（图8-21）、感温式（图8-22）、感光式（图8-23）、可燃气体（图8-24）和复合式（图8-25）等主要类型。

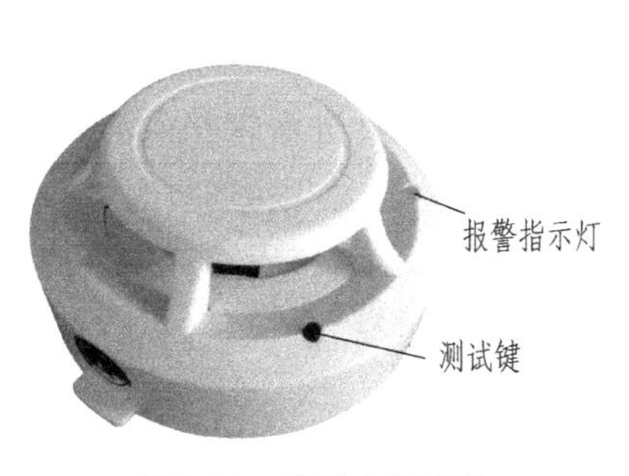

图8-21 感烟式探测器

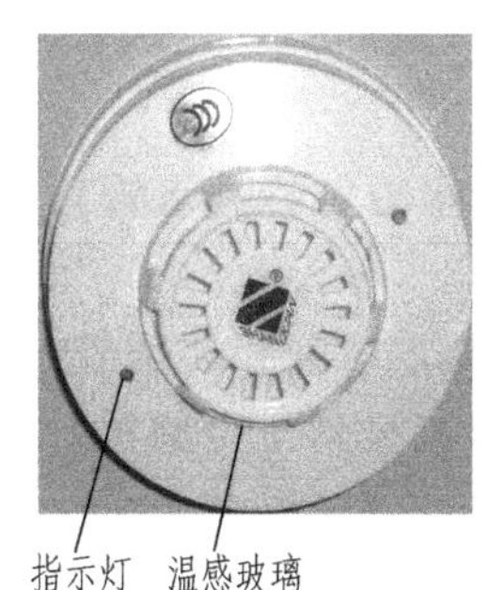

图8-22 感温式探测器

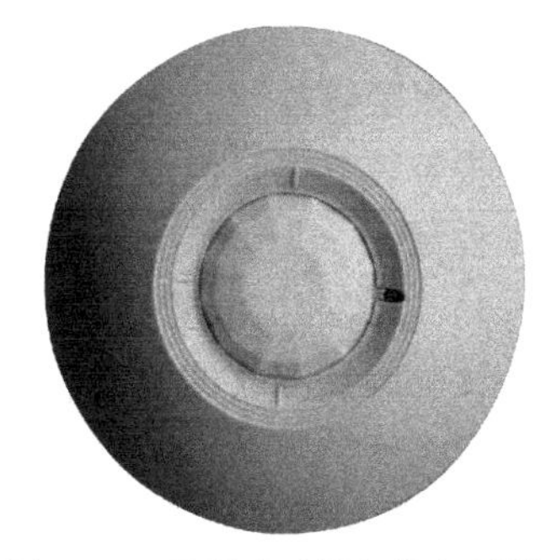

图8-23 吸顶式无线红外探测器

（2）按钮安装　火灾报警按钮、消火栓报警按钮是火灾自动报警系统中的报警元件。火灾时打碎按钮表面玻璃或者用力压下塑料面，按钮便可以动作。

（3）手动火灾报警按钮　主要安装在经常有人出入的公共场所中的明显以及便于操作的部位，如图 8-26 所示。

图 8-24　可燃气体探测器

图 8-25　智能烟温复合型探测器

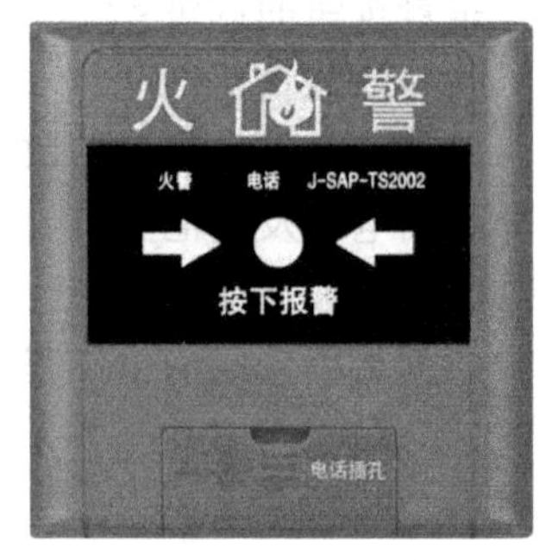

图 8-26　手动火灾报警按钮

2. 火灾报警控制器与火灾报警装置

1）火灾报警控制器是火灾自动报警系统的关键，也可称之为“心脏”，它还可以向探测器供电，如图 8-27 所示。

2）在火灾自动报警系统中，用以接收、显示和传递火灾报警信号，并能发出控制信号和具有其他辅助功能的控制指示设备称为火灾报警装置。图 8-28 所示为火灾声光警报器装置，图 8-29 所示为警铃装置。

音频 8-3：火灾报警控制器的安装方式

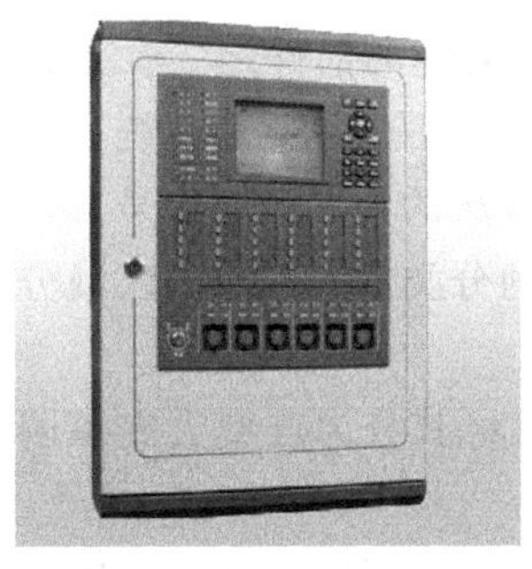
图 8-27　火灾报警控制器

图 8-28　声光警报器

图 8-29　警铃

8.3.2　疑难分析

1. 报警装置

报警装置安装包括装配管（除水力警铃进水管）的安装，水力警铃进水管并入消防管道工程量。

1）湿式报警装置包括：湿式阀、蝶阀、装配管、供水压力表、装置压力表、试验阀、泄放试验阀、泄放试验管、试验管流量计、过滤器、延时器、水力警铃、报警截止阀、漏斗、压力开关等。

2）干湿两用报警装置包括：两用阀、蝶阀、装配管、加速器、加速器压力表、供水压力表、试验阀、泄放试验阀（湿式、干式）、挠性接头、泄放试验管、试验管流量计、排气阀、截止阀、漏斗、过滤器、延时器、水力警铃、压力开关等。

3）电动雨淋报警装置包括：雨淋阀、蝶阀、装配管、压力表、泄放试验阀、流量表、截止阀、注水阀、止回阀、电磁阀、排水阀、手动应急球阀、报警试验阀、漏斗、压力开关、过滤器、水力警铃等。

4）预作用报警装置包括：报警阀、控制蝶阀、压力表、流量表、截止阀、排放阀、注水阀、止回阀、泄放阀、报警试验阀、液压切断阀、装配管、供水检验管、气压开关、试压电磁阀、空压机、应急手动试压器、漏斗、过滤器、水力警铃等。

2. 贮存装置安装

包括灭火剂存储器、驱动气瓶、支框架、集流阀、容器阀、单向阀、高压软管和安全阀等贮存装置和阀驱动装置、减压装置、压力指示仪等。

3. 火灾探测器的选择

1）感烟式：火灾初期有大量烟雾产生而热量和火焰较少的场合。

2）感光式：火灾发展迅速，并伴有强烈火焰的场合。

3）感温式：可能发生无烟火灾或有大量烟气和蒸汽的场合。

4）可燃气体式：可能散发可燃气体的场合。

音频8-4：火灾探测器的选择

另外，智能建筑应以感烟式火灾探测器为主，不宜用感烟式的场所则选用感温式火灾探测器。

4. 消防系统调试

1）自动报警系统是由各种探测器、报警按钮、报警控制器组成的报警系统；按不同点数以系统计算。

2）水灭火系统控制装置是由消火栓、自动喷水灭火等组成的灭火系统装置；按不同点数以系统计算。

3）气体灭火系统装置调试是由七氟丙烷、IG541、二氧化碳等组成的灭火系统装置；按气体灭火系统装置的瓶组计算。

4）防火控制装置联动调试是由电动防火门、防火卷帘门、正压送风阀、排烟阀、防火控制阀等组成的防火控制装置。

5. 其他相关问题

1）凡涉及管沟及井类的土石方开挖、垫层、基础、砌筑、抹灰、地井盖板预制安装、回填、运输、路面开挖及修复、管道支墩等，应按《房屋建筑与装饰工程工程量计算规范》（GB 50854—2013）、《市政工程工程量计算规范》（GB 50857—2013）相关项目编码列项。

2）消防水泵房内的管道和探伤应按《通用安装工程工程量计算规范》（GB 50856—2013）附录H工业管道工程相关项目编码列项。

3）消防管道上的阀门、管道及设备支架、套管制作安装，应按《通用安装工程工程量计算规范》（GB 50856—2013）附录K给排水、采暖、燃气工程相关项目编码列项。

4）本章管道及设备除锈、刷油、保温除注明者外，均应按《通用安装工程工程量计算规范》（GB 50856—2013）附录M刷油、防腐蚀、绝热工程相关项目编码列项。

5）消防工程措施项目应按《通用安装工程工程量计算规范》（GB 50856—2013）附录N措施项目相关项目编码列项。

第9章 建筑智能化系统设备安装工程

9.1 工程量计算依据

建筑智能化系统设备安装工程工程量计算依据见表9-1。

表9-1 建筑智能化系统设备安装工程工程量计算依据

计算规则	清单规则	定额规则
存储设备	按设计图示数量计算	按设计图示数量计算
插箱、机柜	按设计图示数量计算	按设计图示数量计算
交换机	按设计图示数量计算	按设计图示数量计算
光缆	按设计图示数量计算	按单根延长米计算
光纤盒	按设计图示数量计算	按设计图示数量计算
传感器	按设计图示数量计算	按设计图示数量计算
卫星地面站接收设备	按设计图示数量计算	按设计图示数量计算
会议专用设备	按设计图示数量计算	按设计图示数量计算
监控摄像设备	按设计图示数量计算	按设计图示数量计算
入侵报警控制器	按设计图示数量计算	按设计图示数量计算
显示设备	按设计图示数量计算	按设计图示数量计算

9.2 工程案例实战分析

1. 存储设备

视频9-1：存储设备

（1）名词解释　存储设备是用于储存信息的设备，通常是将信息数字化后再以利用电、磁或光学等方式的媒体加以存储。存储设备如图9-1所示。

常用存储设备有以下几类。

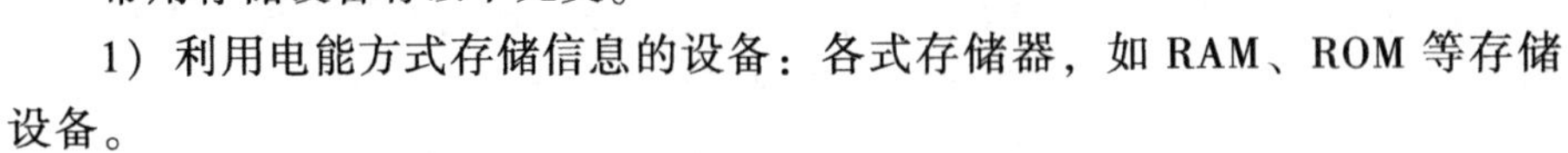

1）利用电能方式存储信息的设备：各式存储器，如RAM、ROM等存储设备。

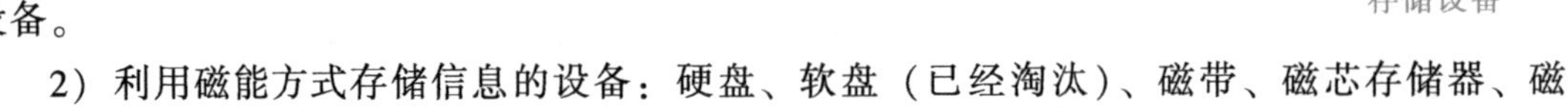

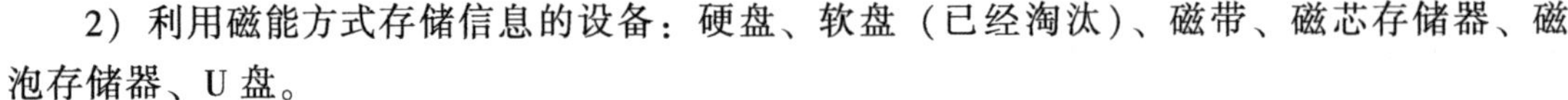

2）利用磁能方式存储信息的设备：硬盘、软盘（已经淘汰）、磁带、磁芯存储器、磁泡存储器、U盘。

3）利用光学方式存储信息的设备：CD或DVD。

4）利用磁光方式存储信息的设备：MO（磁光盘）。

5）利用其他物理物如纸卡、纸带等存储信息的设备：打孔卡、打孔带、绳结等。

6）专用存储系统：用于数据备份或容灾的专用信息系统，利用高速网络进行大数据量存储信息的设备。

（2）案例导入与算量解析

【例 9-1】 某小区物业监控室共有监控显示器 8 台，每台显示器均配备 2 个存储设备，如图 9-2 所示，试计算存储设备工程量。

图 9-1　存储设备

图 9-2　存储硬盘

【解】

1）识图内容：

通过题干可知，显示器数量和每台显示器配备的存储设备数量相乘即可得出存储设备工程量。

2）工程量计算。

① 清单工程量：

存储设备数量 = $\underline{8}\times\underline{2}$ = 16（台）。

② 定额工程量：

定额工程量同清单工程量。

【小贴士】 式中，8 为显示器数量；2 为每台显示器配备存储设备数量。

2. 插箱、机柜

（1）名词解释　插箱，也称 U 箱，标准尺寸的机箱。以宽为 482mm，高度为 44.45mm 为基本单位。1U 箱就是宽度为 482mm、高度为 44.45mm 的机箱，如图 9-3 所示。

机柜是用于容纳电气或电子设备的独立式或自支撑的机壳。机柜一般配置门、可拆或不可拆的侧板和背板。机柜是电气设备中不可或缺的组成部分，是电气控制设备的载体。一般由冷轧钢板或合金制作而成，可以对存放设备起到防水、防尘、防电磁干扰等防护作用。机柜一般分为服务器机柜、网络机柜、控制台机柜等，如图 9-4 所示。

图 9-3　插箱

图 9-4　机柜

视频 9-2：机箱

（2）案例导入与算量解析

【例 9-2】 某建筑插箱施工图如图 9-5、图 9-6 所示，试计算该插箱工程量。

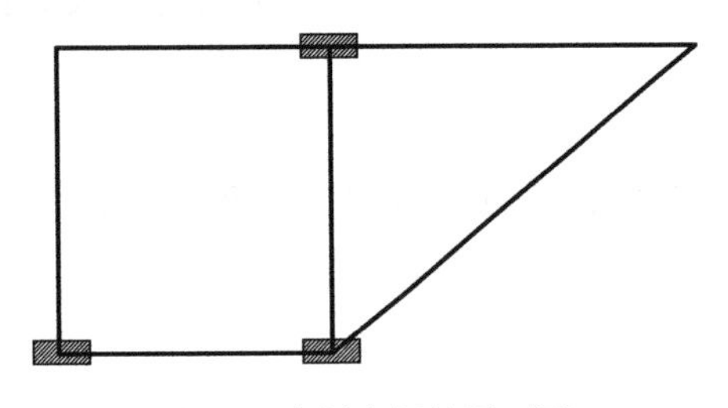

图 9-5 案例中插箱平面图

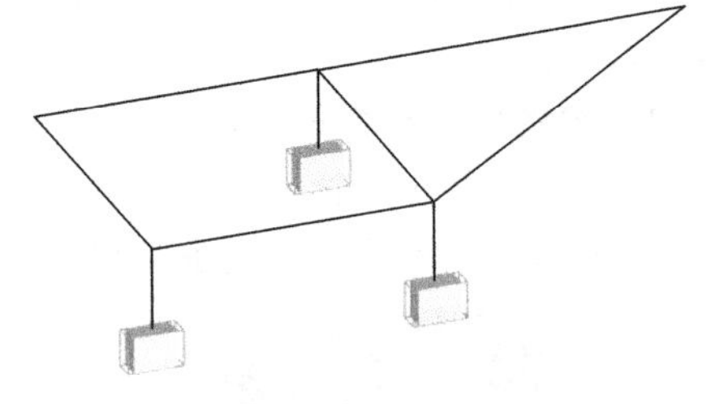

图 9-6 案例中插箱三维图

【解】

1）识图内容：

汇总图中插箱数量，即为插箱工程量。

2）工程量计算。

① 清单工程量：

插箱数量=3（台）。

② 定额工程量：

定额工程量同清单工程量。

【小贴士】 式中，3 为插箱数量。

3. 交换机

视频 9-3：交换机

（1）名词解释 是一种用于电信号转发的网络设备，以及在通信系统中完成信息交换功能的设备。它可以为接入交换机的任意两个网络节点提供独享的电信号通路。最常见的交换机是以太网交换机，其他常见的还有电话语音交换机（图 9-7）、光纤交换机（图 9-8）等。

图 9-7 语音交换机 .

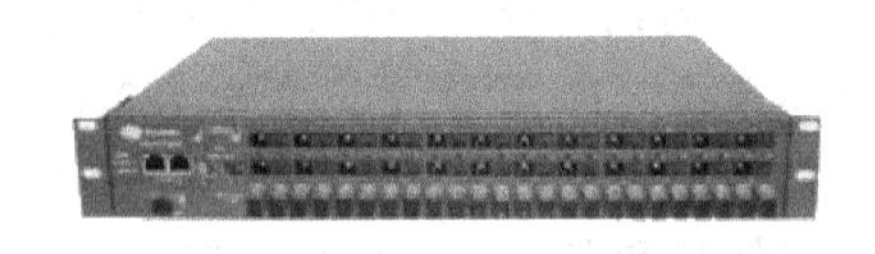

图 9-8 光纤交换机

（2）案例导入与算量解析

【例 9-3】 某计算机网络系统工程如图 9-9 所示，试计算该交换机工程量。

【解】

1）识图内容：

通过识图可知交换机数量。

2）工程量计算。

① 清单工程量：

交换机数量=1（台）。

② 定额工程量：

定额工程量同清单工程量。

【小贴士】 式中，1 为交换机数量。

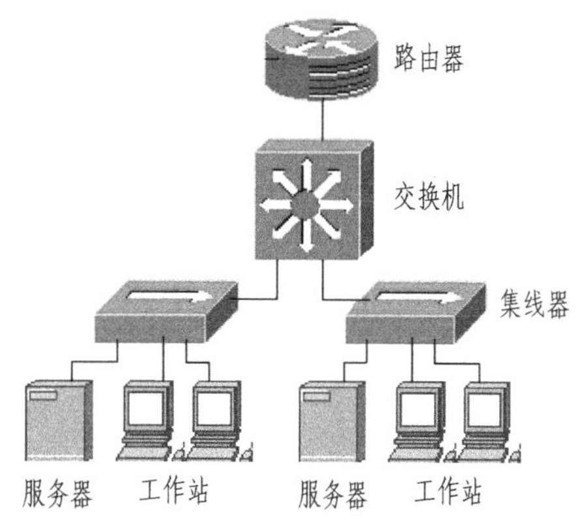

图 9-9　某计算机网络系统图

4. 光缆

（1）名词解释　光导纤维简称光纤，又称光缆，是一种使光在玻璃或塑料制成的纤维中根据全反射原理传输的光传导工具。微细的光纤封装在塑料护套中，使得它能够弯曲而不至于断裂。通常光纤的一端的发射设备使用发光二极管或一束激光将光脉冲传送至光纤，光纤的另一端的接收设备使用光敏组件检测脉冲。包含光纤的线缆称为光缆。由于光在光导纤维的传输损失比电在电线传导的损耗低得多，更因为主要生产原料是硅，蕴藏量极大，较易开采，所以价格便宜，促使光纤被用作长距离的信息传递工具，如图 9-10 所示。

音频 9-1：光纤

光纤主要分为渐变光纤和突变光纤两类。前者的折射率是渐变的，而后者的折射率是突变的。另外还分为单模光纤和多模光纤。

图 9-10　光纤

（2）案例导入与算量解析

【例 9-4】 某建筑电缆敷设施工图如图 9-11 所示，试计算该电缆工程量。

【解】

1）识图内容：

通过识图算出电缆长度，即为电缆工程量。

2）工程量计算。

① 清单工程量：

$L=\underline{(2-0.5)+0.9+0.3+3+0.9+5+2+2.5+2}=18.1$（m）。

② 定额工程量：

定额工程量同清单工程量。

【小贴士】 式中，(2−0.5)+0.9+0.3+3+0.9+5+2+2.5+2 为电缆总长度。

5. 光纤盒

（1）名词解释　也称光纤配线架，应用于利用光纤技术传输数字和类似语音、视频和数据信号。光纤盒可进行直接安装或桌面安装，特别适合进行高速的光纤传输。光纤盒也叫光纤终端盒，就是光端接续盒，用于光缆的架空、管道、地埋和人井铺设的直通与分支连接。光纤盒如图 9-12 所示。

（2）案例导入与算量解析

【例 9-5】 某小区入住前进行光纤安装，需选用光纤盒对光纤进行分离，每层需安装一个光纤盒，安装方式为挂墙式，如图 9-13 所示，该小区共有 11 栋楼，每栋共有 28 层，试计算该小区光纤盒工程量。

【解】

1）识图内容：

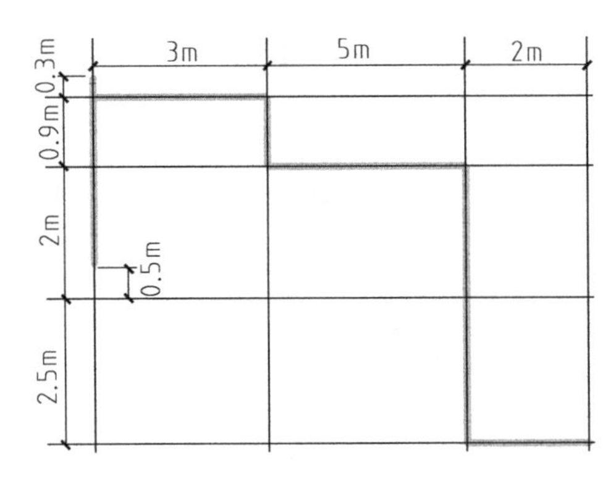

图 9-11　案例中电缆敷设施工图

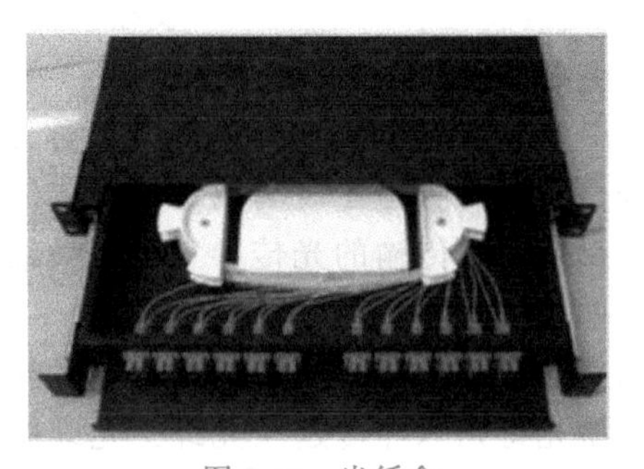

图 9-12　光纤盒

通过题干可知，每层安装光纤盒数量为 1，根据小区共有楼栋数以及每栋层数，可计算出光纤盒总数。

2）工程量计算。

① 清单工程量：

光纤盒数量 = 11×28 = 308（个）。

② 定额工程量：

定额工程量同清单工程量。

【小贴士】 式中，11 为楼的栋数，28 为每栋楼层数。

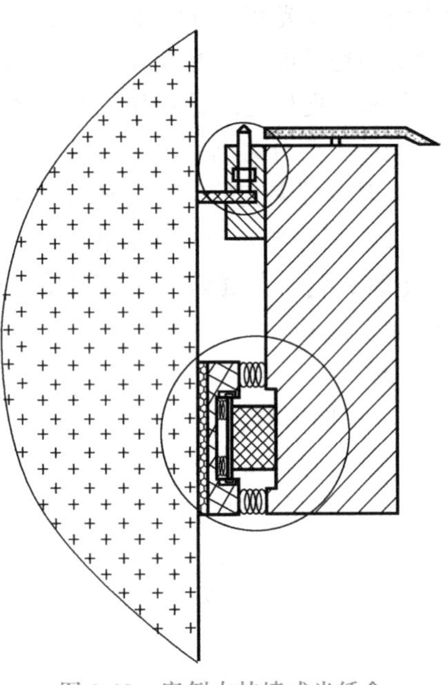

图 9-13　案例中挂墙式光纤盒

6. 传感器

（1）名词解释　是一种检测装置，能感受到被测量的信息，并能将感受到的信息，按一定规律变换成为电信号或其他所需形式的信息输出，以满足信息的传输、处理、存储、显示、记录和控制等要求。传感器如图 9-14 所示。

传感器的特点包括：微型化、数字化、智能化、多功能化、系统化、网络化。它是实现自动检测和自动控制的首要环节。传感器的存在和发展，让物体有了触觉、味觉和嗅觉等感官，让物体慢慢变得活了起来。通常根据其基本感知功能分为热敏元件、光敏元件、气敏元件、力敏元件、磁敏元件、湿敏元件、声敏元件、放射线敏感元件、色敏元件和味敏元件等十大类。

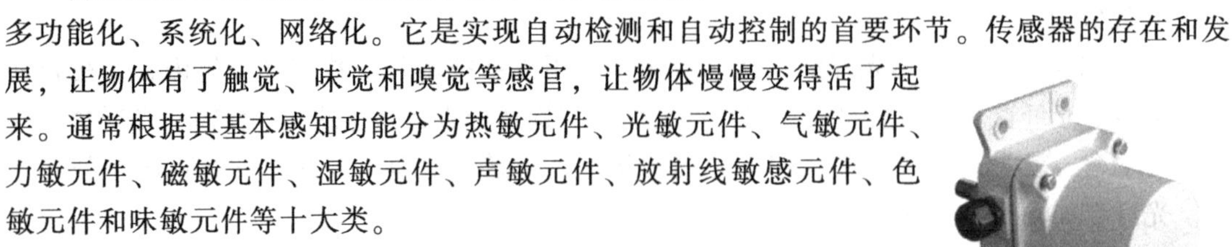

图 9-14　传感器

（2）案例导入与算量解析

【例 9-6】 某工程传感器部分施工图如图 9-15、图 9-16 所示，传感器安装标高为+1.800m，试计算传感器工程量。

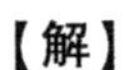

【解】

1）识图内容：

通过识图可知传感器数量。

图 9-15　案例中传感器施工平面图

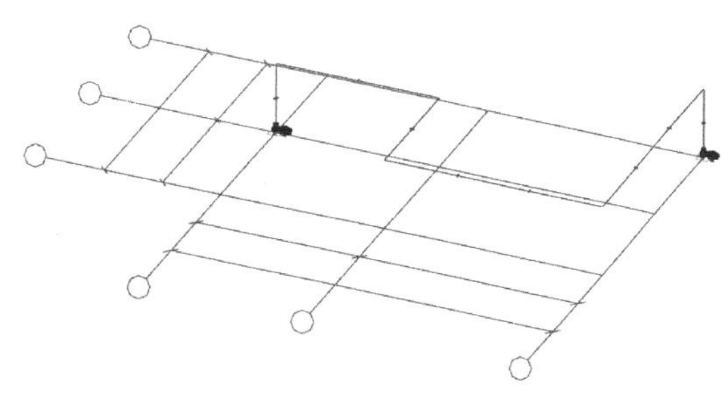
图 9-16　案例中传感器施工三维图

2）工程量计算。

① 清单工程量：

传感器数量 = 2（台）。

② 定额工程量：

定额工程量同清单工程量。

【小贴士】　式中，2 为传感器数量。

7. 卫星地面站接收设备

（1）名词解释　任何一条卫星通信线路都包括发端和收端地面站、上行和下行线路以及通信卫星转发器；可见，地面站是卫星通信系统中的一个重要组成部分。地面站的基本作用是向卫星发射信号，同时接收由其他地面站经卫星转发来的信号。各种用途的地面站略有差异，但基本设施相同。地面站接收设备就是接收其他卫星信号的，如图 9-17 所示。

（2）案例导入与算量解析

【例 9-7】　某工程改造项目需安装卫星接收器，安装位置如图 9-18 所示，离地高度 0.9m，试计算接收器工程量。

图 9-17　卫星地面站接收设备

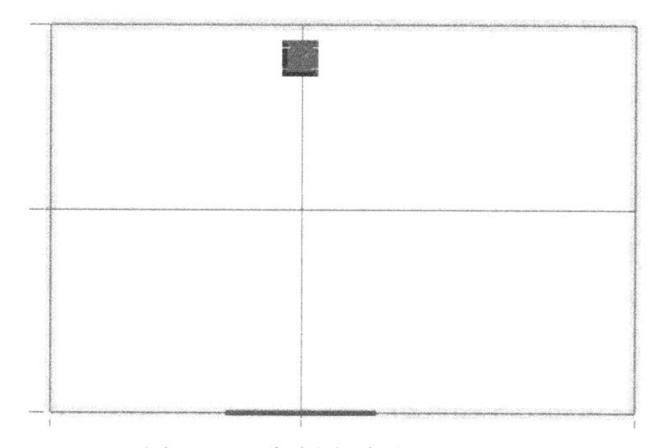
图 9-18　案例中接收器位置图

【解】

1）识图内容：

通过识图可知接收器数量。

2）工程量计算。

① 清单工程量：

接收器数量 = 1（台）。

② 定额工程量：

定额工程量同清单工程量。

【小贴士】 式中，1 为接收器数量。

8. 会议专用设备

（1）名词解释 指的是会议室安装的投影设备、音频设备等方便会议的设备，如投影仪、音响、摄像机、音频显示器等电子设备。

投影仪又称投影机，是一种可以将图像或视频投射到幕布上的设备，可以通过不同的接口与计算机、VCD、DVD、BD、游戏机、DV 等相连接播放相应的视频信号。目前广泛应用于家庭、办公室、学校和娱乐场所，根据工作方式不同，有 CRT、LCD、DLP 等不同类型。投影仪如图 9-19 所示。

摄像机种类繁多，其工作的基本原理都是一样的：把光学图像信号转变为电信号，以便于存储或者传输。摄像机如图 9-20 所示。

视频 9-4：投影仪

图 9-19 投影仪

图 9-20 摄像机

视频 9-5：摄像设备

（2）案例导入与算量解析

【例 9-8】 某公司会议室改造项目，改造效果如图 9-21 所示，需安装全新的会议专用设备，每间会议室配备投影仪一套、音响一套、摄像机 3 台，待改造会议室共 8 间，试计算该公司会议室改造所需会议设备工程量。

图 9-21 案例中某公司会议室改造项目效果图

【解】

1）识图内容：

通过题干可知会议室配备设备数量，乘以会议室间数即可得出总工程量。

2）工程量计算。

① 清单工程量。

摄像机：$\underline{8}\times3=24$（台）。

音响：$\underline{8}$（套）。

投影仪：$\underline{8}$（台）。

② 定额工程量：

定额工程量同清单工程量。

【小贴士】 式中，8 为改造会议室数量。

9. 监控摄像设备

音频 9-2：监控系统

（1）名词解释 包括摄像机、摄像头等摄像设备。监控摄像机是用在安防方面的准摄像机，它的像素和分辨率比计算机的视频头要高，比专业的数码相机或 DV 低，监控摄像机大多只是单一的视频捕捉设备，很少具备数据保存功能。监控摄像头是一种半导体成像器件，具有灵敏度高、抗强光、畸变小、体积小、寿命长、抗震动等优点。监控摄像设备如图 9-22 所示。

（2）案例导入与算量解析

【例 9-9】 某办公楼走廊部分安装有监控设施，安装位置如图 9-23 所示，试计算监控摄像设备工程量。

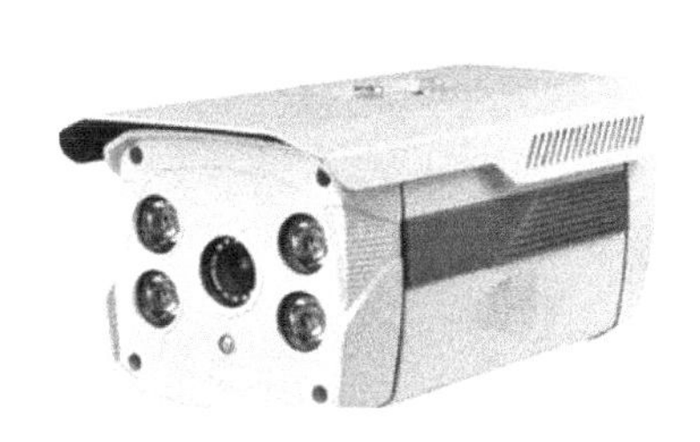

图 9-22　监控摄像设备

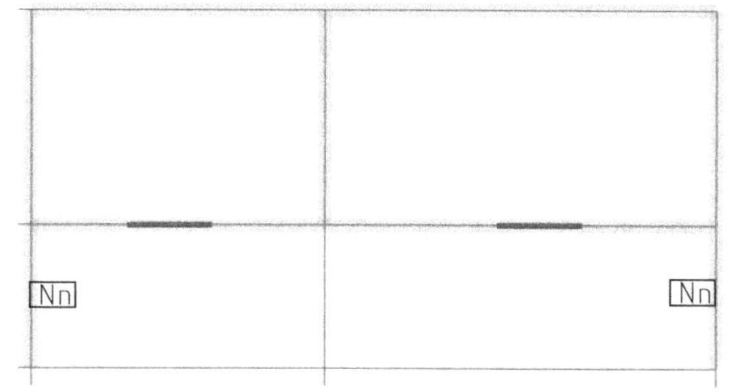

图 9-23　案例中监控设备安装位置示意

【解】

1）识图内容：

通过识图可知监控摄像设备数量。

2）工程量计算。

① 清单工程量：

监控摄像设备数量＝2（台）。

② 定额工程量：

定额工程量同清单工程量。

【小贴士】　式中，2 为监控摄像设备数量。

10. 入侵报警控制器

音频 9-3：入侵报警控制器安装工程量

（1）名词解释　入侵报警控制器是对入侵行为检测、识别、分析、报警的器材。它通过收集和分析网络行为、安全日志、审计数据、其他网络上可以获得的信息以及计算机系统中若干关键点的信息，检查网络或系统中是否存在违反安全策略的行为和被攻击的迹象。入侵报警控制器作为一种积极主动的安全防护产品，提供了对内部攻击、外部攻击和误操作的实时保护，在网络系统及周界防护系统受到危害之前拦截和响应入侵。入侵报警控制器如图 9-24 所示。

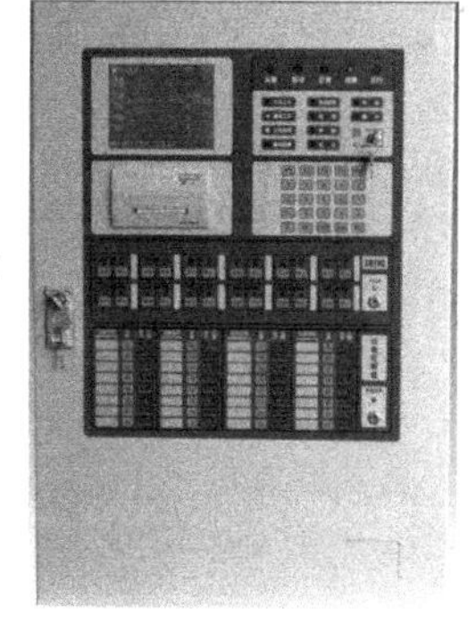

图 9-24　入侵报警控制器

（2）案例导入与算量解析

【例 9-10】 某小区门口安装入侵警报控制器，管线及安装位置如图 9-25、图 9-26 所示，试计算入侵报警控制器工程量。

【解】

1）识图内容：

通过识图可知入侵报警控制器数量。

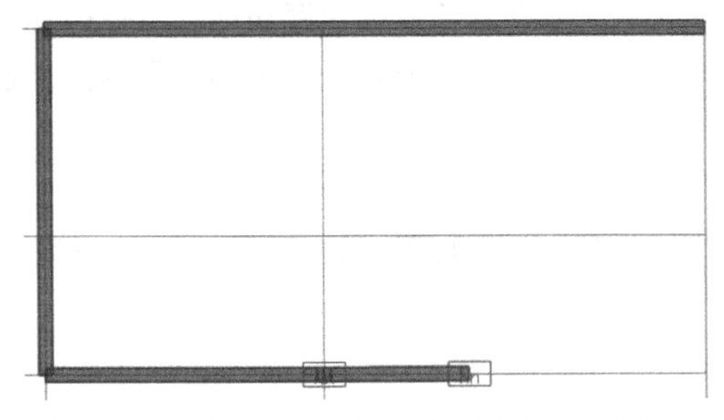

图 9-25　案例中入侵警报控制器安装平面图

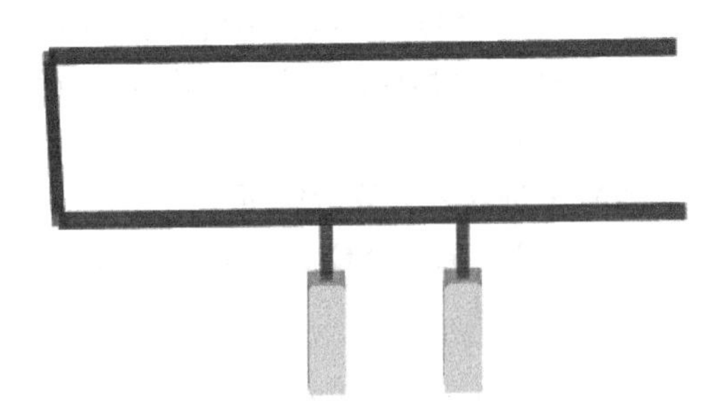

图 9-26　案例中入侵报警控制器三维图

2）工程量计算。

① 清单工程量：

入侵报警控制器数量 = 2（台）。

② 定额工程量：

定额工程量同清单工程量。

【小贴士】 式中，2 为入侵报警控制器数量。

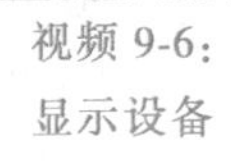

视频 9-6：显示设备

11. 显示设备

（1）名词解释　也称为显示器，或显示屏、荧幕等，是一种可输出图像或感触信息（例如为盲人设计的盲文显示器）的设备。如果输入信号为电子信号，这种显示设备就会被称为电子显示设备，相对的还有机械显示设备。常见的电子显示设备如：电视显示屏、计算机显示器。显示设备如图 9-27 所示。

（2）案例导入与算量解析

【例 9-11】 某小区安装有 54 个摄像头，计划每个显示屏上面显示 9 个监控画面，如图 9-28 所示，试计算该小区需要安装的显示器数量。

图 9-27　显示设备

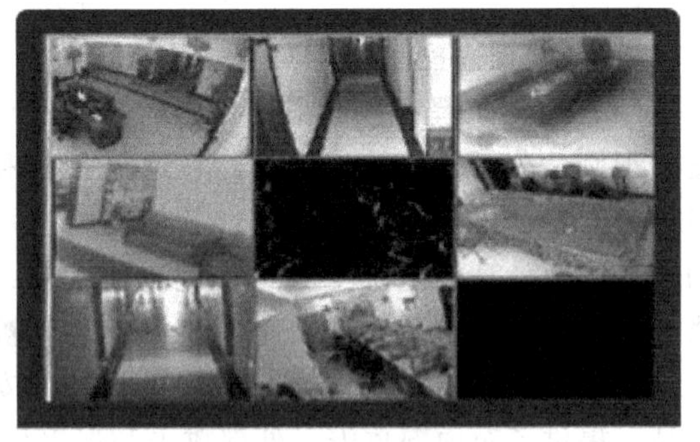

图 9-28　案例中显示器监控画面

【解】

1）识图内容：

通过题干可知摄像头数量，以及每个显示器上面显示的画面数量，可计算出显示器数量。

2）工程量计算。

① 清单工程量：

显示器数量 = 54÷9 = 6（台）。

② 定额工程量：

定额工程量同清单工程量。

【小贴士】 式中，54 为摄像头数量，9 为每个显示器的画面数量。

9.3　关系识图与疑难分析

9.3.1　关系识图

1. 电缆

电缆管线长度计算时，需注意设备安装高度，如图 9-29 所示。

2. 设备图示符号

安装软件绘图时，图示符号大多相同或相似，工程量计算时应注意区分，图示符号如图 9-30 所示。

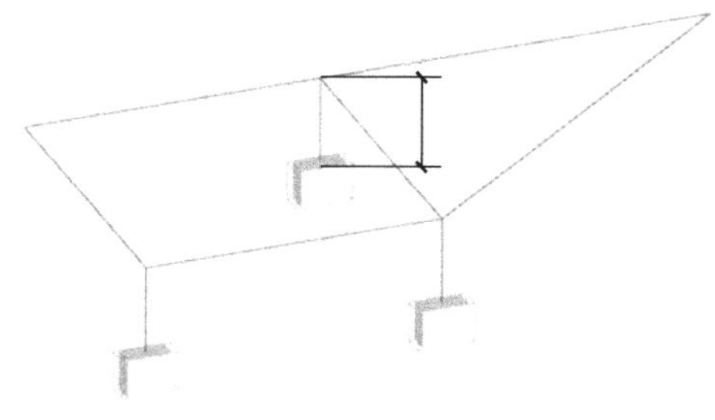

图 9-29　电缆管线设备安装高度

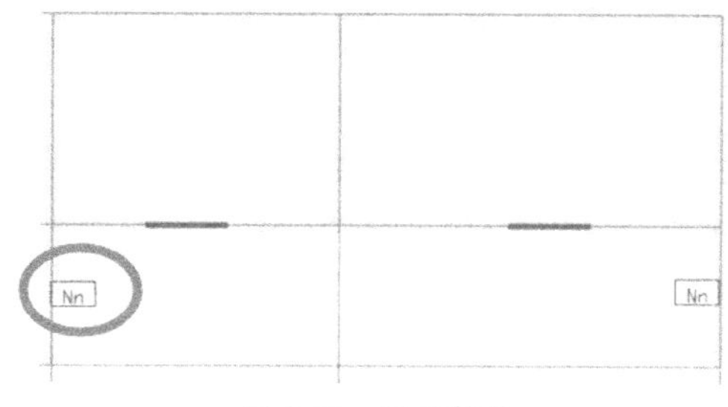

图 9-30　图示符号

9.3.2　疑难分析

电缆、管线计算工程量时，不能简单根据轴线长度计算，需注意管线位置，注意实际长度，如图 9-31 所示。

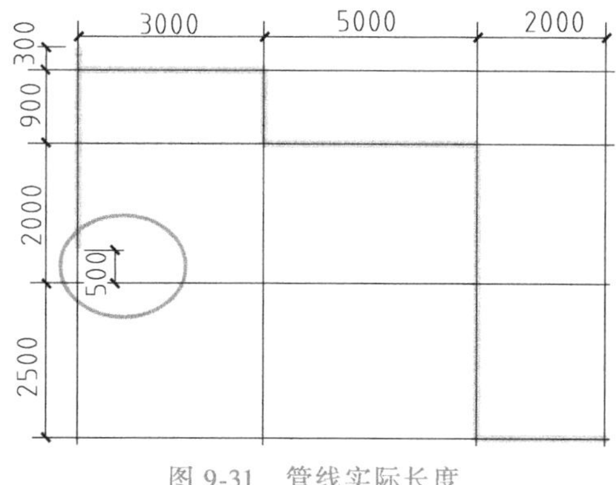

图 9-31　管线实际长度

第10章 刷油、防腐蚀、绝热工程

10.1 工程量计算依据

刷油、防腐蚀、绝热工程新的清单范围划分的子目包含刷油工程、防腐蚀涂料工程、手工糊衬玻璃钢工程、橡胶板及塑料板衬里工程、衬铅及搪铅工程、喷镀（涂）工程、耐酸砖和板衬里工程、绝热工程、管道补口补伤工程、阴极保护及牺牲阳极10节，共50个项目。

刷油工程计算依据见表10-1。

表10-1 刷油工程计算依据

<table>
<tr><th>计算规则</th><th>清单规则</th><th>定额规则</th></tr>
<tr><td>管道刷油</td><td rowspan="2">(1)以 m^2 计量，按设计图示表面积尺寸以面积计算
(2)以m计量，按设计图示尺寸以长度计算</td><td rowspan="10">(1)管道、设备与矩形管道、大型型钢钢结构、铸铁管暖气片的刷油、喷漆工程按散热展开面积以“$10m^2$”为计量单位
(2)一般钢结构、管廊钢结构的刷油、喷漆工程以“100kg”为计量单位
(3)灰面、玻璃布、白布面、麻布面、石棉布面、气柜、玛蹄脂面刷油工程以“$10m^2$”为计量单位</td></tr>
<tr><td>设备与矩形管道刷油</td></tr>
<tr><td>金属结构刷油</td><td>(1)以 m^2 计量，按设计图示表面积尺寸以面积计算
(2)以kg计量，按金属结构的理论质量计算</td></tr>
<tr><td>铸铁管、暖气片刷油</td><td>(1)以 m^2 计量，按设计图示表面积尺寸以面积计算
(2)以m计量，按设计图示尺寸以长度计算</td></tr>
<tr><td>灰面刷油</td><td rowspan="5">按设计图示表面积计算</td></tr>
<tr><td>布面刷油</td></tr>
<tr><td>气柜刷油</td></tr>
<tr><td>玛蹄脂面刷油</td></tr>
<tr><td>喷漆</td></tr>
</table>

防腐蚀涂料工程计算依据见表10-2。

表 10-2　防腐蚀涂料工程计算依据

计算规则	清单规则	定额规则
设备防腐蚀	按设计图示表面积计算	(1)设备、管道、大型钢结构的防腐蚀涂料工程按展开面积以“$10m^2$”为计量单位 (2)一般钢结构、管廊钢结构的防腐蚀涂料工程以“100kg”为计量单位
管道防腐蚀	(1)以 m^2 计量,按设计图示表面积尺寸以面积计算 (2)以 m 计量,按设计图示尺寸以长度计算	
一般钢结构防腐蚀	按一般钢结构的理论质量计算	
管廊钢结构防腐蚀	按管廊钢结构的理论质量计算	
防火涂料	按设计图示表面积计算	
H 型钢制钢结构防腐蚀		
金属油罐内壁防静电		
埋地管道防腐蚀	(1)以 m^2 计量,按设计图示表面积尺寸以面积计算 (2)以 m 计量,按设计图示尺寸以长度计算	
环氧煤沥青防腐蚀		
涂料聚合一次	按设计图示表面积计算	

手工糊衬玻璃钢工程计算依据见表 10-3。

表 10-3　手工糊衬玻璃钢工程计算依据

计算规则	清单规则	定额规则
碳钢设备糊衬	按设计图示表面积计算	手工糊衬玻璃钢工程以“$10m^2$”为计量单位
塑料管道增强糊衬		
各种玻璃钢聚合		

橡胶板及塑料板衬里工程计算依据见表 10-4 所示。

表 10-4　橡胶板及塑料板衬里工程计算依据

计算规则	清单规则	定额规则
塔、槽类设备衬里	按设计图示表面积计算	橡胶板及塑料板衬里工程以“$10m^2$”为计量单位
锥形设备衬里		
多孔板衬里		
管道衬里		
阀门衬里		
管件衬里		
金属表面衬里		

衬铅及搪铅工程计算依据见表 10-5。

表 10-5 衬铅及搪铅工程计算依据

计算规则	清单规则	定额规则
设备衬铅	按设计图示表面积计算	衬铅及搪铅工程以“$10m^2$”为计量单位
型钢及支架包铅		
设备封头、底搪铅		
搅拌叶轮、轴类搪铅		

喷镀（涂）工程计算依据见表 10-6。

表 10-6 喷镀（涂）工程计算依据

计算规则	清单规则	定额规则
设备喷镀(涂)	(1)以 m^2 计量,按设备图示表面积计算 (2)以 kg 计量,按设备零部件质量计量	喷镀(涂)工程以“$10m^2$”为计量单位
管道喷镀(涂)	按图示表面积计算	
型钢喷镀(涂)		
一般钢结构喷(涂)塑	按图示金属结构质量计算	

耐酸砖、板衬里工程计算依据见表 10-7。

表 10-7 耐酸砖、板衬里工程计算依据

计算规则	清单规则	定额规则
圆形设备耐酸砖、板衬里	按设计图示表面积计算	耐酸砖、板衬里工程以“$10m^2$”为计量单位
矩形设备耐酸砖、板衬里		
锥(塔)形设备耐酸砖、板衬里		
供水管内衬		
衬石墨管接	按图示数量计算	
铺衬石棉板	按图示表面积计算	
耐酸砖板衬砌体热处理		

绝热工程计算依据见表 10-8。

表 10-8　绝热工程计算依据

<table>
<tr><th>计算规则</th><th>清单规则</th><th>定额规则</th></tr>
<tr><td>设备绝热</td><td rowspan="2">按图示表面积加绝热层厚度及调整系数计算</td><td rowspan="9">(1)绝热工程区分不同的保温材质、不同规格及保温厚度,以“m^3”为计量单位
(2)聚氨酯泡沫喷涂发泡管道补口安装工程量以“一个口”为计量单位
(3)阀门、法兰保温安装以“10 个”为计量单位
(4)硅酸盐类涂抹材料安装、防潮层安装、保护层安装、管道、设备、金属结构部分防火涂料、防火的工程量以“$10m^2$”为计量单位
(5)金属保温盒、托盘钩钉的制作安装、瓦楞板、冷粘胶带保护层的工程量以“$10m^2$”为计量单位</td></tr>
<tr><td>管道绝热</td></tr>
<tr><td>通风管道绝热</td><td>(1)以 m^3 计量,按图示表面积加绝热层厚度及调整系数计算
(2)以 m^3 计量,按图示表面积及调整系数计算</td></tr>
<tr><td>阀门绝热</td><td rowspan="2">按图示表面积加绝热层厚度及调整系数计算</td></tr>
<tr><td>法兰绝热</td></tr>
<tr><td>喷涂、涂抹</td><td>按图示表面积计算</td></tr>
<tr><td>防潮层、保护层</td><td>(1)以 m^2 计量,按图示表面积加绝热层厚度及调整系数计算
(2)以 kg 计量,按图示金属结构质量计算</td></tr>
<tr><td>保温盒、保温托盘</td><td>(1)以 m^2 计量,按图示表面积计算
(2)以 kg 计量,按图示金属结构质量计算</td></tr>
</table>

管道补口补伤工程计算依据见表 10-9。

表 10-9　管道补口补伤工程计算依据

<table>
<tr><th>计算规则</th><th>清单规则</th><th>定额规则</th></tr>
<tr><td>刷油</td><td rowspan="3">(1)以 m^2 计量,按设计图示表面积尺寸以面积计算
(2)以口计量,按设计图示数量计算</td><td rowspan="4">金属管道的补口补伤的防腐以“10 个口”为计量单位</td></tr>
<tr><td>防腐蚀</td></tr>
<tr><td>绝热</td></tr>
<tr><td>管道热缩套管</td><td>按设计图示表面积计算</td></tr>
</table>

阴极保护及牺牲阳极计算依据见表 10-10。

表 10-10　阴极保护及牺牲阳极计算依据

<table>
<tr><th>计算规则</th><th>清单规则</th><th>定额规则</th></tr>
<tr><td>阴极保护</td><td rowspan="3">按图示数量计算</td><td rowspan="3">按图示数量计算</td></tr>
<tr><td>阳极保护</td></tr>
<tr><td>牺牲阳极</td></tr>
</table>

10.2 工程案例实战分析

10.2.1 刷油工程

刷油，又称涂覆，是安装工程施工的一项重要内容，设备、管道及附属钢结构经除锈后，即可在表面刷油。刷油是将普通油脂漆料涂刷在金属表面、使之与外界隔绝，以防止气体、水分对金属表面的氧化侵蚀，并增加设备、管道以及附属钢结构的光泽美观。刷油可以分为底漆和面漆两种。刷漆的种类、方法和遍数可根据设计图样或有关规范要求确定。设备、管道以及附属钢结构经除锈后，就可在其表面进行刷油（涂覆）。

1. 刷油施工方法

刷油的施工方法有涂刷法、喷涂法、浸涂法、电泳涂装法等。

(1) 涂刷法　用刷子将涂料均匀地刷在被涂物表面上。这种方法使用的工具简单，但是施工质量主要取决于操作者的熟练程度，并且功效较低。

(2) 喷涂法　利用压缩空气为动力，用喷枪将涂料喷成雾状，均匀地涂在物体表面上。这种方法功效高，施工简易，涂膜分散均匀，但涂料利用率低，施工中必须保证良好的通风和安全预防措施。

(3) 浸涂法　将物件浸入盛在容器中的涂料里浸渍，适用于小型零件和内外表面的涂覆。这种方法设备简单，生产效率高，操作简单，但易产生不均匀的漆膜表面，一般不适用于干燥快的涂料。

(4) 电泳涂装法　以被涂物件的金属表面作阳极，以盛漆的金属容器作阴极，利用电泳原理涂覆的一种方法。这种方法涂料利用率高，施工功效高，涂层质量好，适用于水性涂料。

一般来说，刷漆的种类、方法和遍数可根据设计图样或有关规范要求确定。

2. 管道刷油

(1) 名词概念　是为减缓或防止管道在内外介质的化学、电化学作用下或由微生物的代谢活动而被侵蚀和变质的措施。管道设备如图 10-1、图 10-2 所示。

图 10-1　室内布置的管道设备

图 10-2　管沟中的管道

（2）案例导入与算量解析

【例 10-1】 某工程需要保温的焊接钢管长度：DN50 为 90m，DN40 为 40m，DN32 为 30m，保温层厚度：DN50 为 0.1885m，DN40 为 0.1507m，DN32 为 0.1297m，试计算焊接钢管的除锈、刷油工程量。

【解】

1）识读内容：

通过题干内容可知需要保温的焊接钢管长度：DN50 为 90m，DN40 为 40m，DN32 为 30m。保温层厚度：DN50 为 0.1885m，DN40 为 0.1507m，DN32 为 0.1297m。

2）工程量计算。

① 清单工程量：

除锈刷油面积 $=\underline{90}\times\underline{0.1885}+\underline{40}\times\underline{0.1507}+\underline{30}\times\underline{0.1297}$

$=26.884\ (m^2)$。

② 定额工程量：

定额工程量同清单工程量。

【小贴士】 式中，90、40、30 分别为焊接钢管长度；0.1885、0.1507、0.1297 分别为焊接钢管的保温层厚度。

10.2.2　防腐蚀涂料工程

防腐蚀是为避免管道和设备腐蚀损失，而在其表面喷涂防锈漆，粘贴耐腐蚀材料和涂抹防腐蚀面层，以抵御腐蚀物质的侵蚀。

音频 10-1：防腐蚀涂料工程

1. 名词概念

（1）防腐的分类　防腐可分为内防腐和外防腐。安装工程中的管道、设备、管件、阀门等，除采取外防腐措施防止锈蚀外，有些工程还要按照使用的要求，采用内防腐措施，涂刷防腐材料或用防腐材料衬里，附着于内壁，与腐蚀物质隔开。因此，也可以说防腐蚀工程是根据需要对除锈、刷油、衬里、绝热等工程的综合处理。

（2）防腐涂料　涂料按其作用可分为底漆和面漆，先用底漆打底，再用面漆罩面。常用的防腐涂料包括生漆、漆酚树脂漆、酚醛树脂漆、聚氨酯漆、环氧-酚醛树脂漆、环氧树脂涂料、过氯乙烯漆等。涂料涂层施工图如图 10-3 所示。

图 10-3　涂料涂层施工图

（3）防火涂料　在建筑材料的阻燃技术中，除了对各类可燃、易燃的建筑材料本身进行阻燃改性外，还可以应用各种外部防护措施及阻燃防护材料使那些可燃或易燃的材料及制品获得足够的防火性能。这也是现代阻燃技术研究的一个重要方面。在这类阻燃防护材料或措施中，应用最广、效果最为显著的是防火涂料或防火封堵材料。

防火涂料也称为阻燃涂料，是指涂装在物体的表面，能降低可燃性基材的火焰传播速率或阻止热量向可燃物传递，进而推迟或消除可燃性基材的引燃过程，或者推迟结构失稳或力学强度降低的一类功能涂料。防火涂料作为防火的一种手段，不但具有很高的防火效率，而且使用十分方便，具有广泛的实用性。

2. 案例导入与算量解析

【例 10-2】 已知某工程管道，采用外径为 165mm 的钢管，钢管长度为 200m，如图 10-4 所示，上装有 4 个阀门，采用的是环氧煤沥青防腐蚀，涂刷底漆两道，中间漆、面漆各一道。试计算防腐涂料工程量。

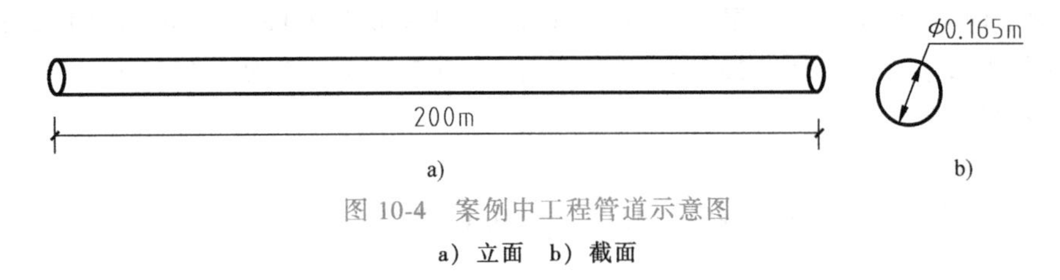

图 10-4 案例中工程管道示意图

a）立面 b）截面

【解】

1）识图内容：

有题干可知，管道直径 D 为 0.165m，管道长度 L 为 200m，阀门数量 N 为 4。

2）工程量计算。

① 清单工程量。

钢管防腐涂料面积：

$S_{管}=\pi\times D\times L=3.14\times\underline{0.165}\times\underline{200}=103.62\ (m^2)$。

阀门防腐涂料面积：

$S_{阀门}=\pi\times D\times 2.5D\times K\times N$

$=3.14\times\underline{0.165}\times 2.5\times\underline{0.165}\times\underline{1.05}\times\underline{4}$

$=0.898\ (m^2)$。

所以，$S_{总}=S_{管}+S_{阀门}$

$=103.62+0.898$

$=104.518\ (m^2)$。

② 定额工程量：

定额工程量同清单工程量。

【小贴士】 式中，0.165 为钢管外径；200 为钢管长度；4 为阀门个数；1.05 为系数 K。

10.2.3 手工糊衬玻璃钢工程

1. 名词概念

手工糊衬玻璃钢指在常温、常压条件下采用刷涂、刮涂或喷射的方法，将其树脂胶液涂覆在玻璃纤维及其织物表面，并达到浸透玻璃纤维及其织品所制得的玻璃钢。

塑料管道玻璃钢增强工程即以塑料为主要材料制成的管道玻璃钢工程。所谓增强指玻璃钢的机械强度和比强度高，比强度指单位重量的抗拉强度。

碳钢设备是指由碳素钢为主要构件的管道和管材以及其他工艺设备。

2. 案例导入与算量解析

【例 10-3】 某工程管道采用外径为 110mm 的塑料管，管道长度为 100m，如图 10-5 所示。外表面采用环氧树脂玻璃钢增强。试计算糊衬玻璃钢工程的工程量。

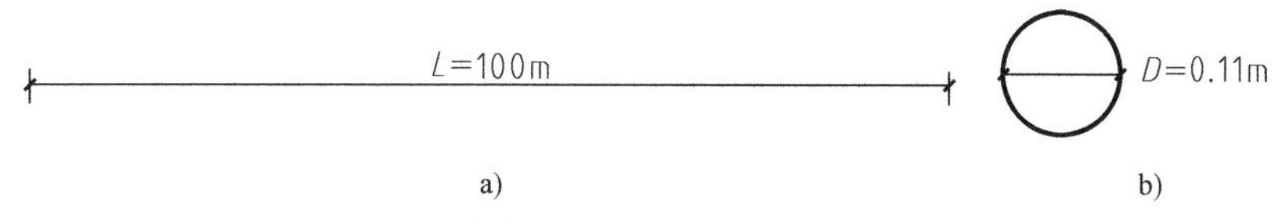

图10-5 案例中某工程管道塑料管示意图

a）平面 b）外径剖面

【解】

1）识图内容：

由题干可知管道外径直径 D 为0.11m，管道长度 L 为100m。

2）工程量计算。

① 清单工程量。

糊衬玻璃钢面积：$S=\pi\times D\times L=3.14\times\underline{0.11}\times\underline{100}=34.54$（$m^2$）。

② 定额工程量：

定额工程量同清单工程量。

【小贴士】 式中，0.11为工程管道塑料管外径；100为管道长度。

10.2.4 衬里

衬里是一种综合利用不同材料的特性、具有较长使用寿命的防腐方法。根据不同介质条件，在金属设备及管道内衬金属或非金属材料，将其金属表面与工艺介质隔开，防止金属的腐蚀。对于温度、压力较高的场合，可衬耐蚀金属，如不锈钢、钛、铜、锅等。

常用衬里包括块材衬里、纤维增强塑料衬里、橡胶衬里、塑料衬里、玻璃鳞片衬里、铅衬里、喷涂聚脲衬里、氯丁胶乳水泥砂浆衬里等。

1. 橡胶衬里

用作化工衬里的橡胶是生胶经过硫化处理而成。经过硫化后的橡胶具有一定的耐热性能、机械强度及耐腐蚀性能。它可分为软橡胶、半硬橡胶和硬橡胶三种。橡胶硫化后具有优良的耐腐蚀性能，除强氧化剂（如硝酸、浓硫酸、铬酸）及某些溶剂（如苯、二硫化碳、四氯化碳等）外，耐大多数无机酸、有机酸、碱、各种盐类及酸类介质的腐蚀。

橡胶衬里是设备或管道内部采用内衬耐磨、防腐以及耐高温的橡胶作为衬里层，通过橡胶自身的物理和化学性能，从而降低了管路输送介质对外部结构的作用如冲击力、腐蚀等，由于橡胶的缓冲作用，可以很好地保护设备管道，起到延长管道使用寿命的作用。

（1）热硫化橡胶板衬里的选择原则 热硫化橡胶板衬里的选择原则主要应考虑腐蚀介质的操作条件及具体施工的可能性。

1）介质的腐蚀性强，温度变化不大，无机械振动的设备，宜用1~2层硬橡胶。

2）为了避免腐蚀性气体的渗透作用，一般宜用两层硬橡胶，不采用软橡胶。

3）介质含有悬浮物，需考虑耐磨性时，可采用硬橡胶作底层，软橡胶作面层。

4）衬大型设备时，考虑在冬天温度过低时易冻裂，一般采用硬橡胶作底层，软橡胶作面层。在有些寒冷地区，可采用两层半硬橡胶。

5）对于需要进行机械切削加工的橡胶衬里设备，如泵、鼓风机叶轮和阀件等，应采用硬橡胶。

6）在真空条件下，一般不采用软橡胶作底层。

7）在有剧烈振动的场合，不能使用橡胶衬里。

（2）施工方法　硫化的方法有间接硫化（硫化釜内硫化）、直接本体硫化（衬橡胶设备本体硫化）和常压硫化三种。

2. 塑料衬里

所用塑料的品种需视介质和使用条件而定，常用作衬里的塑料有：聚氯乙烯、聚乙烯、聚丙烯、氯化聚醚等。塑料可借热压法或粘接法衬在设备内表面上；也可做成塑料衬套，放在金属设备中。但一般塑料的使用温度不宜太高，导热性能不好，故塑料衬里设备一般不宜用于温度较高及需要传热的场合。

3. 衬铅及搪铅工程

衬铅和搪铅是两种覆盖铅的方法，衬铅的施工方法比搪铅简单，生产周期短，相对成本也低，适用于立面、静荷载和正压下工作；搪铅与设备器壁之间结合均匀且牢固，没有间隙，传热性好，适用于负压、回转运动和震动下工作，如图 10-6 所示。

衬铅是将铅板敷贴在化工设备内壁表面上作为防腐层。一般采用搪钉固定法、螺栓固定法和压板条固定法。

4. 衬里施工方法

（1）橡胶衬里　橡胶衬里施工是采用粘贴法，把加工好的整块橡胶板利用胶粘剂粘贴在金属表面上，接口以搭边方式粘合。橡胶衬里包括加热硫化橡胶衬里、自然硫化橡胶衬里和预硫化橡胶衬里。

（2）塑料衬里　塑料衬里是采用塑料板材或管材，以焊接、粘贴等方法衬砌在设备或管道的内表面。常用塑料衬里工程包括软聚氯乙烯板衬里设备、氟塑料衬里设备和塑料衬里管道。

图 10-6　衬铅及搪铅

（3）铅衬里　铅衬里的方法分为衬铅与搪铅两种。铅衬里适用于常压或压力不高、温度较低和静荷载作用下工作的设备；真空操作的设备、受震动和有冲击的设备不宜采用。例如，铅衬里常用在制作输送硫酸的泵、管道和阀等设施的衬里上。

5. 案例导入与算量解析

【例 10-4】 某钢制塔内设备高度为 1.4m，内表面积为 $335m^2$，内表面采用热硫化橡胶板衬里，层数为两层。试计算热硫化橡胶板衬里工程的工程量。

【解】

1）识读内容：

由题干可知，钢制塔内设备高度为 1.4m，内表面积为 $335m^2$，内表面采用热硫化橡胶板衬里，层数为两层。

2）工程量计算。

① 清单工程量：

热硫化橡胶板衬里面积 $S=\underline{335}$（m^2）

② 定额工程量：

定额工程量同清单工程量。

【小贴士】　式中，335 为内表面积。

【例 10-5】 某钢制酸储罐，基本尺寸如图 10-7 所示，管道外径 $D=1.5\mathrm{m}$，管道长度 $L=2\mathrm{m}$，管壁厚度为 4mm，内表面采用压板法衬铅，试计算其工程量。

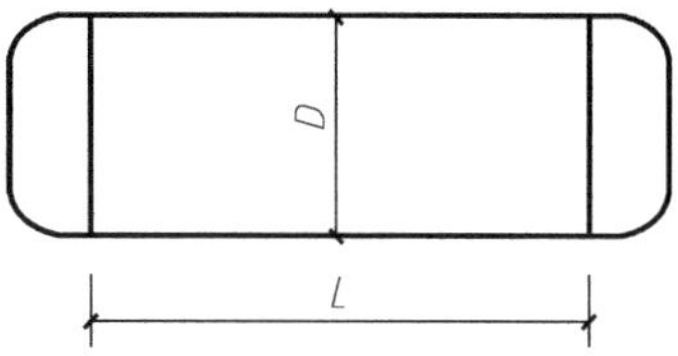

图 10-7　案例中钢制酸储罐尺寸示意图

【解】

1）识图内容：

由题干可知 $D=1.5\mathrm{m}$，$L=2\mathrm{m}$，管壁厚度为 4mm。

2）工程量计算。

① 清单工程量。

带封头设备的表面积：

$$S=\pi\times D\times L+(D/2)^2\times\pi\times1.6\times N$$

$$=3.14\times\underline{1.5}\times\underline{2}+(\underline{1.5}/2)^2\times3.14\times1.6\times\underline{2}$$

$$=15.072\ (\mathrm{m}^2)。$$

② 定额工程量：

定额工程量同清单工程量。

【小贴士】　式中，1.5 为管道外径；2 为管道长度，2 为封头个数。

10.2.5　喷镀（涂）工程

1. 名词概念

将金属材料高温熔化后立刻用惰性气体或压缩牢气吹成雾状，并喷涂在物体表面的过程叫喷镀；将塑料熔化后喷到物体表面的过程叫喷塑。

2. 案例导入与算量解析

【例 10-6】　某工业管道上装有型钢做支架 10 副，支架防腐采用喷锌处理，支架单个质量为 8.5kg，喷锌层厚度为 0.15mm，试计算支架喷锌工程的工程量。

【解】

1）识读内容：

由题干可知，工业管道上装有 10 副型钢支架，支架防腐采用喷锌处理，支架单个质量为 8.5kg，喷锌层厚度为 0.15mm。

2）工程量计算。

① 清单工程量：

支架总质量 $M=\underline{8.5}\times\underline{10}=85\ (\mathrm{kg})$。

② 定额工程量：

定额工程量同清单工程量。

【小贴士】　式中，8.5 为单个支架质量；10 为支架个数。

10.2.6　耐酸砖、板衬里工程

1. 名词概念

耐酸砖、板衬里是采用耐腐蚀胶泥将耐酸砖、板贴衬在金属设备内表面，形成较厚的防腐蚀保护层。其耐腐蚀性、耐磨性和耐热性较好，并有一定的抗冲击性能。因此，作为一种传统的防腐蚀技术被广泛应用于各类塔器、贮罐、反应釜的衬里。

2. 案例导入与算量解析

【例 10-7】 某供水管内衬工程，采用 DN500 的管道，管道长度为 100m，内衬硅质胶泥厚度为 20mm。试计算硅质胶泥内衬工程量。

【解】

1）识读内容：

由题干可知，DN500 的管道长度为 100m，内衬硅质胶泥厚度为 20mm。

2）工程量计算。

① 清单工程量。

管道内表面积：$S=\pi\times D\times L$

$=3.14\times\underline{0.5}\times\underline{100}$

$=157\ (m^2)$。

② 定额工程量：

定额工程量同清单工程量。

【小贴士】 式中，0.5 为管道外径；100 为管道长度。

10.2.7 绝热工程

绝热是为减少管道、设备及其附件向周围环境传热，或为减少环境向其传递热量，而在其外表面包覆保温材料，以减少热（冷）量损失，提高用热（冷）的效能。

音频 10-2：绝热层施工方法

1. 绝热的分类

绝热按用途可分为保温、加热保温和保冷。保温就是减少管道和设备内部所通过的介质的热量向外部传导和扩散，用隔热材料加以保护，从而减少工艺过程中热损失。保冷就是减少外部热量向被保冷物体内传导。

2. 绝热结构

绝热结构由保温层和保护层两部分组成。为了区别不同的管道和设备，一般在保护层的外面再刷一层色漆。保温层起保温保冷的作用，是保温结构的主要部分。对保冷结构而言，保温层外面要设置防潮层，以防止生成凝结水使保温层受潮而降低保温性能。保护层设在保温层或防潮层外面，主要是保护保温层或防潮层不受机械损伤。

3. 绝热材料

保温层材料主要包括珍珠岩类、蛭石类、硅藻土类、泡沫混凝土类、软木类、石棉类、玻璃纤维类、泡沫塑料类、矿渣棉类、岩棉类。防潮层常用的材料有沥青及沥青油毡、玻璃丝布、聚乙烯薄膜和铝箔等。保护层常用材料有石棉石膏、石棉水泥、金属薄板、玻璃丝布等。管道绝热如图 10-8 所示。

4. 管道及设备保温

保温是为减少管道和设备与外界环境进行热量传递而采取的一种工艺措施，空调风管保温如图 10-9 所示。保温的意义在于：

1）减少管道和设备系统的冷热损失。

2）改善劳动条件，防止烫伤，保障工作人员安全。

3）保护管道和设备系统。

4）保证系统中输送介质的品质。

图 10-8　管道绝热

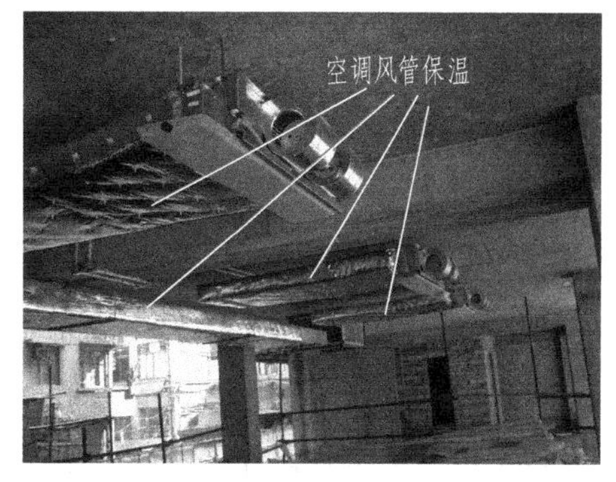

图 10-9　空调风管保温

5. 案例导入与算量解析

【例 10-8】 某大楼3层空调工程共有空调冷水管道 DN50 长度 100m，DN20 长度 100m，均已安装完毕。现要求对冷水管用泡沫玻璃瓦块保温，保温层厚度为 40mm，圆形管道绝热结构如图 10-10 所示。保温层的保护层为玻璃丝布，保护层外刷调和漆一道，试计算保温防腐工程量。

【解】

1）识图内容：

由题干可知，DN50 和 DN20 的管道外径分别为 0.0603m、0.0267m，管道长度均为 100m，保温层厚度为 0.04m。

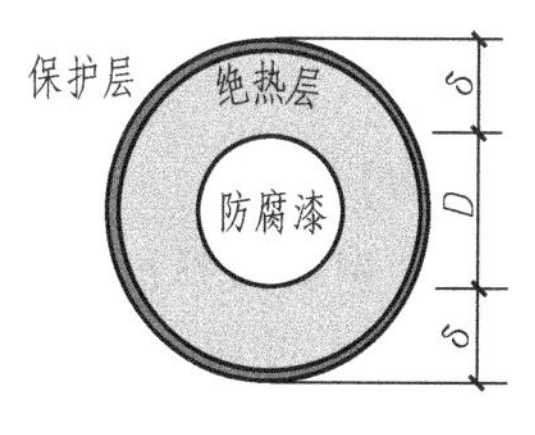

图 10-10　案例中圆形管道绝热结构示意图

D—管道外径　δ—绝热层厚度

2）工程量计算。

① 清单工程量。

a. 保温层工程量。

DN50 管道：

$$V=\pi\times(D+1.033\delta)\times1.033\delta\times L$$
$$=3.14\times(\underline{0.0603}+1.033\times\underline{0.04})\times1.033\times\underline{0.04}\times100$$
$$=1.32\ (m^3)$$

DN20 管道：

$$V=\pi\times(D+1.033\delta)\times1.033\delta\times L$$
$$=3.14\times(\underline{0.0267}+1.033\times\underline{0.04})\times1.033\times\underline{0.04}\times100$$
$$=0.88\ (m^3)$$

b. 保护层安装工程量。

DN50 管道：

$$S=\pi\times(D+2.1\delta+0.0082)\times L$$
$$=3.14\times(\underline{0.0603}+2.1\times\underline{0.04}+0.0082)\times100$$
$$=47.89\ (m^2)$$

DN20 管道：

$S = \pi \times (D + 2.1\delta + 0.0082) \times L$

$= 3.14 \times (\underline{0.0267} + 2.1 \times \underline{0.04} + 0.0082) \times 100$

$= 37.33\ (m^2)$

c. 保护层刷油工程量

保护层刷油工程量同保护层安装工程量。

② 定额工程量：

定额工程量同清单工程量。

【小贴士】 式中，0.0603、0.0267 为 DN50 和 DN20 的管道外径；0.04 为保温层厚度。

10.2.8 管道补口补伤

1. 名词概念

管道工程现场防腐补口、补伤是保证管道使用寿命及安全性的关键工序之一，施工质量要求高，加之地形地貌复杂，使施工有一定难度。主要适用于防腐管道安装之后，在现场对预留焊口部位和因安装过程中所造成的防腐层破损部分进行再防腐处理的工程。

因为防腐层破损条件不同，破损范围不同，管道补伤一律按现场实际签证工程量计算。处理方法按建设单位或设计单位现场签证要求处理。

2. 案例导入与算量解析

【例 10-9】 某长输直线管道长 2km，采用 $\phi133\times8$ 的无缝钢管，无缝钢管外形如图 10-11 所示。其上有 180 个接口，现用环氧煤沥青漆加强防腐补口，试计算管道补口的工程量。

【解】

1）识图内容：

由题干可知，$\phi133\times8$ 的无缝钢管上有 180 个接口，用环氧煤沥青漆加强防腐补口，其长度为 2km。

2）工程量计算。

① 清单工程量：

管道补口数量 = $\underline{180}$（口）。

② 定额工程量：

定额工程量同清单工程量。

【小贴士】 式中，180 为无缝钢管接口个数。

10.2.9 阴极保护及牺牲阳极

1. 名词概念

阴极保护是指通过外加直流电保护了阴极，牺牲阳极保护是指牺牲掉阳极保护阴极的保护法，如船体表面接锌块。

埋在土壤中的金属管道由于各种原因管道表面将出现阳极区和阴极区，并在阳极区发生局部腐蚀。阴极保护就是利用外加手段迫使电解质中被保护金属表面都成为阴极，以达到抑制腐蚀的目的，如图 10-12 所示。使用阴极保护时，被保护的金属管道应有良好的防腐绝缘层，以降低阴极保护的费用。

采用牺牲阳极法的主要优点有无须外部电源、对外界干扰少、安装维护费用低、无须征地或占用其他建构筑物、保护电流利用率高等，因此特别适合于城市范围内的埋地钢管腐蚀。

图 10-11　无缝钢管外形

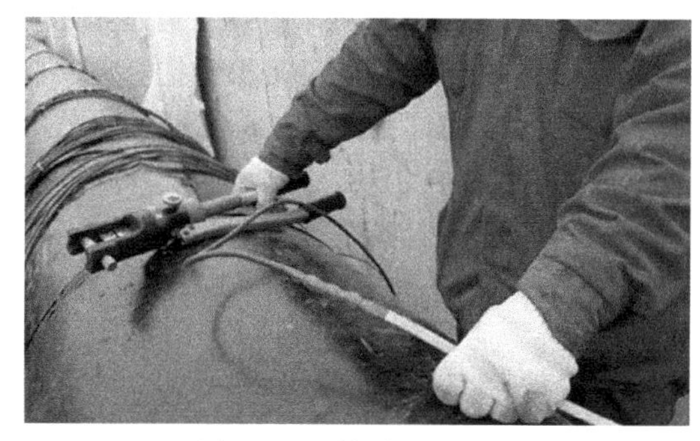
图 10-12　管道阴极保护

阴极保护对腐蚀反应进行积极的干预，它采用阴极极化的电化学手段，保证了被保护金属体的电化学均匀性，抑制了腐蚀电池的产生。阴极保护不仅使用于新管的防护，也应用于旧管线的改造和延寿。

2. 案例导入与算量解析

【例 10-10】 某城市管道平面图如图 10-13 所示，每 250m 设置一个镁合金牺牲阳极，共设置 125 个，试计算牺牲阳极工程量。

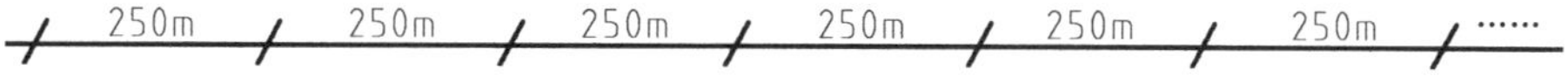

250m　250m　250m　250m　250m　250m　……

图 10-13　案例中城市管道平面图

【解】

1）识图内容：

由题干可知，每 250m 设置一个镁合金牺牲阳极，共设置 125 个。

2）工程量计算。

① 清单工程量：

牺牲阳极的数量 = 125（个）。

② 定额工程量：

定额工程量同清单工程量。

【小贴士】 式中，125 为镁合金牺牲阳极的个数。

10.3　关系识图与疑难分析

10.3.1　关系识图

1. 刷油工程

1）设备除锈：按设备外表展开面积计算。

2）设备筒体、管道表面积：$S=\pi\times D\times L$

式中　π——圆周率；

D——直径；

L——设备筒体高或管道延长米。

3）设备筒体、管道表面积包括管件、阀门、法兰、人孔、管口凹凸部分。

4）带封头的设备面积：$S=L\times\pi\times D+(D/2)\times\pi\times K\times N$

式中　K——1.05；

N——封头个数。

设备封头又分为平封头和圆封头，如图 10-14 所示。

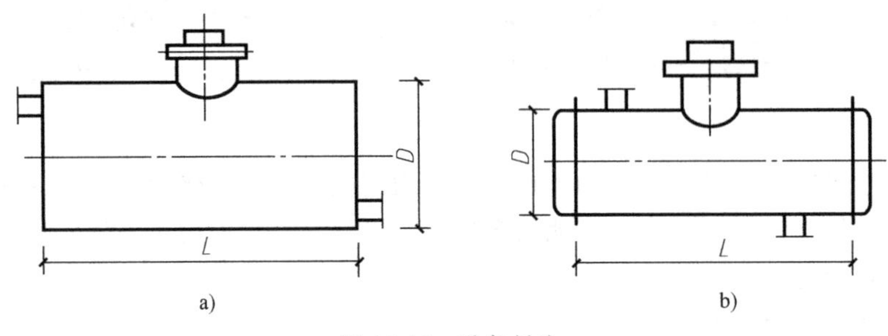

图 10-14　设备封头

a）平封头　b）圆封头

2. 绝热工程

保温措施：减少热载体（如过热蒸汽、饱和水蒸气、热水和烟气等）热量的散失。热量传递路径：防腐层→保温层→保护层→识别层。

保冷措施：减少冷载体（如液氨、液氮、冷冻盐水和低温水等）冷量的散失。冷量传递路径：防腐层→保冷层→防潮层→保护层→识别层。

设备筒体或管道绝热、防潮和保护层计算：

$V=\pi\times(D+1.033\delta)\times1.033\delta\times L$

$S=\pi\times(D+2.1\delta+0.0082)\times L$

式中　D——直径；

1.033、2.1——调整系数；

δ——绝热层厚度；

L——设备筒体或管道长；

0.0082——捆扎线直径或钢带厚。

10.3.2　疑难分析

1. 刷油工程

1）管道刷油以米计算，按图示中心线以延长米计算，不扣除附属构筑物、管件及阀门等所占长度。

2）涂刷部位：指涂刷表面的部位，如设备、管道等部位。

3）结构类型：指涂刷金属结构的类型，如一般钢结构、管廊钢结构、H 型钢钢结构等类型。

2. 防腐蚀涂料工程

1）分层内容：指应注明每一层的内容，如底漆、中间漆、面漆及玻璃丝布等内容。

2）如设计要求热固化需注明。

3）设备筒体、管道表面积：$S=\pi\times D\times L$

式中 π——圆周率；

D——直径；

L——设备筒体高或管道延长米。

4）阀门表面积：$S=\pi\times D\times 2.5D\times K\times N$

式中 K——1.05；

N——阀门个数。

5）弯头表面积：$S=\pi\times D\times 1.5D\times 2\pi\times N/B$

式中 N——弯头个数；

B 值取定：90°弯头，$B=4$；45°弯头，$B=8$。

6）法兰表面积：$S=\pi\times D\times 1.5D\times K\times N$

式中 K——1.05；

N——法兰个数。

7）设备、管道法兰翻边面积：$S=\pi\times(D+A)\times A$

式中 A——法兰翻边宽。

8）带封头的设备面积：$S=L\times\pi\times D+(D^2/2)\times\pi\times K\times N$

式中 K——1.5；

N——封头个数。

9）计算设备、管道内壁防腐蚀工程量时，当壁厚大于 10mm 时，按其内径计算；当壁厚小于 10mm 时，按其外径计算。

第11章 安装工程定额与清单计价

11.1 安装工程定额计价

定额计价是我国工程建设中长期以来采用的一种模式，即设计完成后，根据施工图样，按国家规定的预算定额、各地方政府制定的费用定额及其他有关计价文件编制出施工图预算，经过批准后，作为确定工程造价、进行工程结算的依据。

以定额计价确定工程造价是我国采用的一种与计划经济相适应的工程造价管理制度。定额计价实际上是国家通过颁布统一的估算指标、概算指标以及概算、预算等有关定额来对建筑产品价格进行有计划的管理。从价格形成的角度来说，定额计价是介于国家指导价和国家控制价之间的一种计价模式。

11.1.1 安装工程预算定额的概念

安装工程预算定额指由国家或授权单位组织编制并颁发执行的具有法律性的数量指标。它反映出国家对完成单位安装产品基本构造要素（即每一单位安装分项工程）所规定的人工、材料和机械台班消耗的数量额度。

11.1.2 安装工程预算定额编制原则

1. 社会平均水平确定预算定额水平的原则

音频 11-1：安装工程预算定额编制原则

由于预算定额是确定和控制建筑安装工程造价的主要依据，因此，它必须遵循价值规律的客观要求，即按照生产过程中所消耗的社会必要劳动时间来确定定额水平。换言之，是在现有的社会正常生产条件下，在社会平均的劳动熟练程度和劳动强度下创造某种使用价值所必需的劳动时间来确定定额水平。所以，安装工程预算定额的水平是在正常的施工条件下，合理组织施工，在平均劳动熟练程度和劳动强度下，完成单位分项工程基本构造要素所需的劳动时间。

预算定额水平是以施工定额水平为基础的。预算定额反映的是社会平均水平，施工定额反映的是社会平均先进水平，所以，预算定额水平要低于施工定额水平。

2. 简明适用原则

这是从执行预算定额的可操作性考虑，在编制定额时，通常采用“细算粗编”的方法，从而减少定额的换算，少留定额“活口”，即简明、适用的原则。

3. 统一性和差别性相结合原则

所谓统一性，是从统一市场规范计价行为出发，计价定额的编制和组织实施由住房和城乡建设厅部门批准，建筑工程标准定额站负责统一定额制定或修订，颁发有关工程造价管理的规章制度办法等。从而利于通过定额和工程造价管理实现建筑安装工程价格的宏观调控。

通过编制通用安装工程定额，使建筑安装工程具有一个统一的计价依据，同时可使考核设计和施工的经济效果具有一个统一的尺度。

所谓差别性，是在统一性的基础上，根据部门和地区的具体情况，制定部门和地区性定额，补充性制度和管理办法。

11.1.3　预算定额的编制方法

编制预算定额的方法主要有：调查研究法、统计分析法、技术测定法、计算分析法等。

如采用计算分析法编制预算定额的具体步骤如下。

1）根据安装工程（电气、管道）施工及验收规范、技术操作规程、施工组织设计和正确的施工方法等，确定定额项目的施工方法、质量标准和安全措施。依据编制定额方案规定的范围、内容，对定额项目（子目）进行工序划分。

2）制定材料、成品、半成品施工操作中的损耗率表。

3）选择有代表性的施工图样，计算各工序的工程量，并确定定额综合内容以及所包括的工序含量和比重。

4）根据定额的工作内容以及建筑安装工程统一劳动定额，计算完成某一工程项目的人工和施工机械台班用量。采用理论计算法，计算材料、成品、半成品消耗用量，从而确定完成定额规定计量单位所需要的人工、材料、机械台班消耗量的指标。

11.1.4　预算定额的作用

1）预算定额是编制施工图预算，确定和控制建筑安装工程造价的基础。施工图预算是施工图设计文件之一，是控制和确定建筑安装工程造价的必要手段；同时，预算定额对建筑安装工程直接费影响很大，按照预算定额编制施工图预算，对于确定建筑安装工程费用起着极其重要的作用。

2）预算定额是对设计方案进行技术经济比较、技术经济分析的依据。设计方案在设计工作中居核心地位，并且，方案的选择需要满足功能、符合设计规范，要求技术先进、经济合理，因此需要采用预算定额从技术和经济相结合的角度考虑方案采用后的可行性和经济效益。

音频11-2：定额的作用

3）预算定额是施工企业进行经济活动分析的依据。企业实行经济核算的最终目的，是采用经济的手段促使企业在确保质量和工期的前提下，使用较少的劳动消耗量获取最大的经济效果。因此，企业必须以预算定额作为衡量企业工作的重要标准，从而提高企业的市场竞争能力。

4）预算定额是编制标底、投标报价的基础。这是在市场经济体制下，预算定额作为编制标底的依据和施工企业报价的基础性作用所决定，亦是由其自身的科学性和权威性所决定的。

5）预算定额是编制概算定额和概算指标的基础。概算定额和概算指标是在预算定额基础上经过综合、扩大编制而成。

11.1.5 定额的分类

1）按照定额反映的生产要素消耗内容，把定额分为劳动消耗定额、机械消耗定额和材料消耗定额三种。

2）按定额的编制程序和用途，把定额分为施工定额、预算定额、概算定额、概算指标、投资估算指标五种。

① 施工定额是以同一性质的施工过程或工序为测定对象，确定建筑安装工人在正常施工条件下，为完成单位合格产品所需劳动、机械、材料消耗的数量标准，建筑安装企业定额一般称为施工定额。

② 预算定额是以分项工程和结构构件为对象编制的定额。其内容包括劳动定额、机械台班定额、材料消耗定额三个基本部分，是一种计价性定额。从编制程序上看，预算定额是以施工定额为基础综合扩大编制的，也是编制概算定额的基础。

③ 概算定额是以扩大分项工程或扩大结构构件为对象编制的，计算和确定劳动、机械台班、材料消耗量所使用的定额，也是一种计价性定额。

④ 概算指标是概算定额的扩大与合并，它是以整个建筑物和构筑物为对象，以更为扩大的计量单位来编制的。概算指标的内容包括劳动定额、机械台班定额、材料定额三个基本部分，同时还列出了各结构分部的工程量及单位建筑工程（以体积计或面积计）的造价，是一种计价定额。

⑤ 投资估算指标是在项目建议书和可行性研究阶段编制投资估算、计算投资需要量时使用的一种定额。它非常概略，往往以独立的单项工程或完整的工程项目为计算对象，编制内容是所有项目费用之和。

3）按专业性质，定额分为全国通用定额、行业通用定额和专业专用定额三种。全国通用定额是指在部门间和地区间都可以使用的定额；行业通用定额是指具有专业特点、在行业部门内可以通用的定额；专业专用定额是特殊专业的定额，只能在指定的范围内使用。

4）按主编单位和管理权限，定额可以分为全国统一定额、行业统一定额、地区统一定额、企业定额、补充定额五种。

11.1.6 安装工程定额计价的特点

1. 科学性

工程建设定额的科学性包含两重含义：一是工程建设定额与生产力发展水平相适应，反映出工程建设中生产消费的客观规律；二是指工程建设定额管理在理论、方法和手段上适应现代科学技术和信息社会发展的需要。

2. 统一性

建设工程定额的统一性主要由国家宏观调控职能决定。为使国民经济按照既定目标发展，必须借助某些标准、定额、参数等对工程建设进行规划、组织、调节控制，而这些标准、定额、参数必须在一定范围内是一种统一的尺度。

3. 系统性

建设工程定额是相对独立的系统，它是由施工定额、预算定额、概算定额、概算指标等多种定额结合而成的有机整体，它的结构复杂、层次鲜明、目标明确。

4. 指导性

建设工程定额的指导性来源于定额的科学性，建设工程定额作为国家各地区和行业颁布的指导性依据，可以规范市场交易行为，作为确定建设产品价格时的重要依据；另一方面，建设市场交易双方采用工程量清单计价模式，承包商报价的依据是企业定额，但企业定额的编制离不开统一定额的指导。

5. 稳定性和时效性

建设工程定额的任何一种都是一定时期技术发展和管理水平的反映，因而在一段时间内表现出稳定的状态。但是，建设工程定额的稳定性是相对的，当生产力向前发展时，定额就会与生产力不相适应，这样，它原有的作用就会逐步减弱以至消失，需要重新编制或修订。

11.1.7　安装工程定额计价的应用

1. 材料与设备的划分

安装工程材料与设备界线的划分，目前国家尚未正式规定，通常凡是经过加工制造，由多种材料和部件按各自用途组成独特结构，具有功能、容量及能量传递或转换性能的机器、容器和其他机械、成套装置等均称为设备。但在工艺生产过程中不起单元工艺生产作用的设备本体以外的零配件、附件、成品、半成品等均称为材料。

（1）电气工程

1）各种电缆、电线、管材、型钢、桥架、梯架、槽盒、立柱、托臂、灯具及其开关、插座、按钮等均为材料。

2）小型开关、保险器、杆上避雷器、各种避雷针、各种绝缘子、金具、电线杆、铁塔、各种支架等均为材料。

3）各种装在墙上的小型照明配电箱、0.5kW 照明变压器、电扇、铁壳开关、电铃等小型电器均为材料。

（2）通风工程

1）空气加热器、冷却器、各类风机、除尘设备、各种空调机、风机盘管，过滤器、净化工作台、风淋室等均为材料。

2）各种风管及其附件，施工现场加工制作的调节阀、风口、消声器及其他部件、构件等均为材料。

（3）管道工程

1）公称直径 300mm 以上的阀门和电动阀为设备。

2）各种管道、公称直径 300mm 以内的阀门、管件、配件及金属结构件等均为材料。

3）各种栓类、低压器具、卫生器具、供暖器具、现场自制的钢板水箱，及民用燃气管道和附件、器具、灶具等均为材料。

2. 计价材料和未计价材料的区别

计价材料是指编制定额时，把所消耗的辅助性或次要材料费用计入定额基价中，主要材料是指构成工程实体的材料，又称为未计价材料，该材料规定了其名称、规格、品种及消耗数量，它的价值是根据本地区定额，按地区材料预算单价（即材料预算价格）计算后汇总在工料分析表中。计算方法为：

音频 11-3：计价材料和未计价材料的区别

某项未计价材料数量=工程量×某项未计价材料定额消耗量

未计价材料定额消耗量通常列在相应定额项目表中。而未计价材料费用的计算式为：

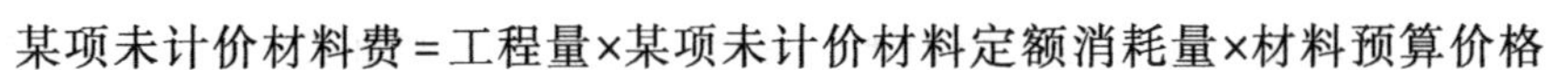

某项未计价材料费=工程量×某项未计价材料定额消耗量×材料预算价格

3. 运用系数计算的费用

安装工程预算定额在编制中，有些系数在费用定额中不便列出，要经过定额规定的系数来计算，并且是通过在原定额基础上乘以一个规定系数计算，计算后属于直接费系数的有章节系数、子目系数、综合系数三种。该类系数列在定额的“册（篇）说明”或“章说明”中。

（1）章节系数　有些子目（分项工程项目）需要经过调整，方能符合定额要求。其方法是在原子目基础上乘以一个系数即可。该系数通常放在各章说明中，称为章节系数。

（2）子目系数　子目系数是费用计算中最基本的系数，又是综合系数的计算基础，也构成直接费用，子目系数由于工程类别不同，各自的要求亦不同，列在各册说明中。如高层建筑工程增加系数、单层房屋工程超高增加系数以及施工操作超高增加系数等。计取方法可按地方规定执行。

（3）综合系数　列入各册说明或总说明内，通常出现在计费程序表中，如脚手架搭拆系数、采暖与通风工程中的系统调整计算系数、安装与生产同时进行时的降效增加系数、在有害健康环境中施工时要收取的降效增加系数，以及在特殊地区施工中应收取的施工增加系数等。此项费用计算结果仍然构成直接费用。

（4）子目系数与综合系数的关系　子目系数作为综合系数的计算基础，两者之间的关系可采用以下计算式表达：

综合系数计算费用=(分部分项人工费+全部子目系数费用中的人工费)×综合系数

在定额运用时，由于以上两种系数是根据各专业安装工程施工特点制定的，因此，对于各册（篇）定额所列的子目系数和综合系数不可以混用。

（5）采用子目系数与综合系数的计算方法

1）采用子目系数计算的方法。

① 高层建筑增加费的计算：

高层建筑增加费=Σ分部分项全部人工费×高层建筑增加费率

② 施工操作超高增加费的计算：

操作超高增加费=操作超高部分全部人工费或各定额册（篇）规定的计算基数×操作超高增加系数

2）采用综合系数计算的方法。

① 脚手架搭拆费的计算：

脚手架搭拆费=Σ（分部分项全部人工费+全部子目系数费中的人工费)×脚手架搭拆费系数

② 系统调整费的计算：运用综合系数计算系统调整费用，在安装工程中通常有采暖工程系统调整费（不包括热水供应系统）和通风工程系统调整费。两者都可按照以下计算式进行计算：

系统调整费=Σ（分部分项全部人工费+全部子目系数费中的人工费)×系统调整费系数

③ 当安装施工过程中发生以下费用时，通常在定额的总说明中查找到相应系数，然后列入措施项目清单计价表中加以计算：与主体配合施工的增加费；安装施工与生产同时进行的增加费；在有害环境中施工的增加费；在洞库内安装施工的增加费等。

4. 安装工程预算定额表的查阅

预算定额表的查阅，就是指定额的使用方法，即熟练套用定额。其步骤为：

1）确定工程名称，要与定额中各章、节工程名称相一致。

2）根据分项工程名称、规格，从定额项目表中确定定额编号。

3）按照所查定额编号，找出相应工程项目单位产品的人工费、材料费、机械台班费和未计价材料数量。

在查阅定额时，应注意除了定额可直接套用外，定额的使用中还存在定额的换算问题。安装工程中如出现换算定额时，一般有定额的人工、材料、机械台班及其费用的换算，多数情况下，采用乘以一个系数的办法解决。但各地区可根据具体情况酌情处理。

4）将套用的单位产品的人工费、材料费、机械台班费、未计价材料数量和定额编号，按照施工图预算表的格式及要求，填写清楚。

至于定额中查阅不到的项目，业主和施工方可根据工艺和图样的要求，编制补充定额，双方必须经当地造价部门仲裁后方可执行。

5. 定额各册的联系和交叉性

（1）与第一册（篇）“机械设备”定额的分界

1）各种电梯的机械设备部分主要指轿厢、配重、厅门、导向轨道、牵引电机、钢绳、滑轮、各种机械底座和支架等，均执行第一册（篇）有关子目。而电气设备安装主要指线槽、配管配线、电缆敷设、电机检查接线、照明装置、风扇和控制信号装置的安装和调试，均执行第四册（篇）《电气设备安装工程》定额。

2）起重运输设备的轨道、设备本体安装、各种金属加工机床等的安装均执行第一册（篇）《机械设备安装工程》定额有关子目。而其中的电气盘箱、开关控制设备、配管配线、照明装置以及电气调试执行第四册（篇）定额相应子目。

3）电机安装执行第一册（篇）定额有关子目，电机检查接线则执行第四册（篇）定额相应子目。

（2）注意定额各册之间的关系　在编制单位工程施工图预算中，除需要使用本专业定额及有关资料外，还涉及其他专业定额的套用。而具体应用中，有时不同册（篇）定额所规定的费用等计算有所不同时，原则上应该按各定额册（篇）规定的计算规则计算工程量及有关费用，并且套用相应定额子目。如果定额各册（篇）规定不一样，此时要分清工程主次，采用“以主代次”的原则计算有关费用。比如主体工程使用的是第四册（篇）《电气设备安装工程》定额，而电气工程中支架的除锈、刷油等工程量需要套用第十二册（篇）《刷油、防腐蚀、绝热工程》中的相应子目，所以只能按第四册（篇）定额规定计算有关费用。

11.2　工程量清单计价

11.2.1　工程量清单计价的概念

工程量清单是表现建设工程的分部分项工程项目、措施项目、其他项目、规费项目和税金项目的名称和相应数量等的明细清单，是按照统一规定进行编制的，它体现的核心内容是分项工程项目名称及其相应数量。工程量清单应由具有编制能力的招标人或受其委托具有相应资质的工程造价咨询人编制。采用工程量清单方式招标，工程量清单必须作为招标文件的组成部分，其准确性和完整性由招标人负责。

工程量清单计价是建设工程招标投标中，招标人或招标委托具有资质的中介机构按照统一的工程量清单计价规范，由招标人列出工程数量作为招标文件的一部分提供给投标人，投标人自主报价经评审后确定中标的一种工程造价计价模式。对于全部使用国有资金投资或国有资金投资为主的工程建设项目，必须采用工程量清单计价。

1. 工程量清单计价模式

建设工程项目用工程量清单招标时，其招标控制价、投标报价、合同价款的确定，竣（完）工时的工程结算等，承发包双方均以工程量清单为依据进行计价。行政主管部门按计价规范和相关法规管理和规范计价行为。这种以清单为核心的管理模式，称为“工程量清单计价模式”。我国清单计价模式的特点是：政府宏观调控，企业自主报价，市场竞争形成价格，社会全面监督。

2. 工程量清单计价

（1）招标控制价　为了利于客观、合理地评审投标报价和避免哄抬标价，造成资产流失，招标人要编制招标控制价。招标控制价应由具有编制能力的招标人或委托具有相应资质的工程造价咨询人进行编制。

（2）投标价　投标人按清单要求编制的报价，是投标人对该项目计价的期望值，它体现投标人的管理水平和竞争实力。投标人根据工程量清单和招标文件要求、施工现场实际情况、拟订的施工方案或施工规划大纲、国家消耗量定额、企业消耗量定额或企业成本库、市场价格信息和风险等，并参照建设行政主管部门的有关规定，按完成工程量清单项目所需要的全部费用进行投标报价（计价）。

（3）工程量变更时的计价　工程量清单因漏项或错误，或设计变更引起新的工程量清单项目，其相应综合单价由承包方以质疑方式提出，经发包人确认后作为结算依据。

由于设计变更引起工程量增减部分，属于合同约定幅度以内的，按合同约定的综合单价执行；属于合同约定幅度以外的，其综合单价由承包人提出，经发包人确认后作为结算依据。因工程量的变更，实际发生了合同规定以外的费用损失，承包人可以提出索赔要求，与发包人协商确认后，由发包人给予补偿。

11.2.2　推行工程量清单计价的目的和意义

1. 深化工程造价管理改革、推进建设市场化

长期以来，工程预算定额是我国承发包计价、定价的主要依据。预算定额中规定的消耗量和有关施工措施性费用是按社会平均水平编制的，以此为依据形成的工程造价基本上也属于社会平均价格。这种平均价格可作为市场竞争的参考价格，但不能反映参与竞争企业的实际消耗和技术管理水平，在一定程度上限制了企业的公平竞争。

工程量清单计价是建设工程招标投标中，按照国家统一的工程量清单计价规范，由招标人提供工程数量，投标人自主报价，经评审低价中标的工程造价计价模式。采用工程量清单计价能反映工程个别成本，有利于企业自主报价和公平竞争。

2. 规范建筑市场秩序的基本措施之一

工程造价是工程建设的核心，也是市场运行的核心内容，建筑市场存在着许多不规范的行为，大多数与工程造价有直接联系。建筑产品是商品，其具有商品的共性，它受价值规律、货币流通规律和供求规律的支配。但是，建筑产品与一般的工业产品价格构成不同，建筑产品具有某些特殊性：

1）工程竣工后建筑产品一般不在空间发生物理运动，可以直接移交用户，立即进入生产消费或生活消费，因而价格中不含商品使用价值运动发生的流通费用，即因生产过程在流通领域内继续进行而支付的商品包装运输费、保管费。

2）建筑产品是固定在某个地方的。

3）由于施工人员和施工机具围绕着建设工程流动，因而，有的建设工程构成还包括施工企业远离基地的费用，甚至包括成建制转移到新的工地所增加的费用等。

建筑产品价格随建设时间和地点而变化，相同结构的建筑物在同一地段建造，施工的时间不同造价就不一样；同一时间、不同地段造价也不一样；即使时间和地段相同，施工方法、施工手段、管理水平不同，工程造价也有所差别。因此，建筑产品的价格，既有其同一性，又有其特殊性。

建筑产品市场形成价格是社会主义市场经济的需要。过去，工程预算定额在调节承发包双方利益和反映市场价格需求方面存在着不相适应的地方，特别是在公开、公正、公平竞争方面，还缺乏合理的机制，甚至出现了一些漏洞，如高估冒算，相互串通，从中回扣。若要发挥市场规律，“竞争”和“价格”的作用是治本之策。尽快建立和完善市场形成工程造价的机制，是当前规范建筑市场的需要。通过推行工程量清单计价，有利于发挥企业自主报价的能力，同时也有利于规范业主在工程招标中的计价行为，有效改变招标单位在招标中盲目压价的行为，从而真正体现公开、公平、公正的原则，反映市场经济规律。

3. 与国际接轨的需要

工程量清单计价是目前国际上通行的做法，一些发达国家和地区基本采用这种方法。在国内的世界银行等国外金融机构、政府机构贷款项目在招标中大多也采用工程量清单计价办法。我国加入世贸组织后，国内建筑业面临着两大变化，一是中国市场将更具有活力；二是国内市场逐步国际化，竞争更加激烈。因此，建筑产品的价格由市场形成是社会主义市场经济和适应国际惯例的需要。

4. 促进建设市场有序竞争和企业健康发展

工程量清单是招标文件的重要组成部分，由招标单位编制或委托有资质的工程造价咨询单位编制，工程量清单编制的准确、详尽、完整，有利于提高招标单位的管理水平，减少索赔事件的发生。由于工程量清单是公开的，有利于防止在招标工程中出现弄虚作假、暗箱操作等不规范行为。投标单位通过对单位工程成本、利润进行分析，统筹考虑，精心选择施工方案，根据企业的定额合理确定人工、材料、机械等要素投入量的合理配置，优化组合，合理控制现场经费和施工技术措施费，在满足招标文件需要的前提下，合理确定自己的报价，让企业有自主报价权。改变了过去依赖建设行政主管部门发布的定额和规定的取费标准进行计价的模式，有利于提高劳动生产率，促进企业技术进步，节约投资和规范建设市场。采用工程量清单计价后，招标活动的透明度增加了，在充分竞争的基础上降低了造价，提高了投资效益，且便于操作和推行，业主和承包商都将会接受这种计价模式。

5. 有利于我国工程造价政府职能的转变

按照政府部门真正履行“经济调节、市场监督、社会管理和公共服务”的职能要求，政府对工程造价管理的模式要进行相应的改变，将推行政府宏观调控、企业自主报价、市场形成价格、社会全面监督的工程造价管理思路。实行工程量清单计价，将有利于我国工程造价政府职能的转变，由过去政府控制的指令性定额转变为制定适应市场经济规律的工程量清单计价方法，由过去的行政干预转变为对工程造价进行依法监管，有效地强化了政府对工程造价的宏观调控。

11.2.3 工程量清单计价的影响因素

工程量清单报价中标的工程，无论采用何种计价方法，在正常情况下，基本说明工程造价已确定，只是当出现设计变更或工程量变动时，通过签证再结算调整另行计算。工程量清单工程成本要素的管理重点是：在既定收入的前提下，如何控制成本支出。

1. 人工费

人工费支出约占建筑产品成本的17%，且随市场价格波动而不断变化。对人工单价在整个施工期间做出切合实际的预测，是控制人工费用支出的前提条件。

2. 材料费

材料费用开支约占建筑产品成本的63%，是成本要素控制的重点。材料费用因工程量清单报价形式不同、材料供应方式不同而有所不同。

3. 机械费

机械费的开支约占建筑产品成本的7%，其控制指标，主要是根据工程量清单计算出使用的机械控制台班数。

4. 水电费

为便于施工过程支出的控制管理，应把控制用量计算到施工子项以便于水电费用控制。月末依据完成子项所需水电用量同实际用量对比，找出差距的出处，以便制定改正措施。总之，施工过程中对水电用量控制不仅是一个经济效益的问题，更重要的是一个合理利用宝贵资源的问题。

5. 设计变更和工程签证

在施工过程中，时常会遇到一些原设计未预料到的实际情况，或业主单位提出要求改变某些施工做法、材料代用等，引发设计变更；同样，对施工图以外的内容及停水、停电，或因材料供应不及时造成停工、窝工等都需要办理工程签证。这些工程变更直接影响着造价的变化。

11.2.4 工程量清单计价的基本方法

工程量清单计价的过程可以分为以下几个步骤：分部分项工程工程量清单的编制和综合单价的编制、计算措施项目费、其他项目费、汇总单位工程合价及单项工程合价等过程。具体可用公式表示如下：

$$分部分项工程费=\sum 分部分项工程量\times 相应分部分项综合单价$$

$$措施项目费=\sum 各措施项目费$$

其他项目费=暂列金额+暂估价+计日工+总承包服务费

单位工程合价=分部分项工程费+措施项目费+其他项目费+规费+税金

$$\text{单项工程合价} = \sum \text{单位工程合价}$$

$$\text{建设项目总报价} = \sum \text{单位工程合价}$$

工程量清单计价活动涵盖施工招标、合同管理以及竣工交付全过程，主要包括：编制招标工程量清单、招标控制价、投标报价，确定合同价，进行工程计量与价款支付、合同价款的调整、工程结算和工程计价纠纷处理等活动。

11.2.5　工程量清单计价的作用

1. 利于规范建设市场管理行为

虽然工程量清单计价形式上只是要求招标文件中列出工程量表，但在具体计价过程中涉及造价构成、计价依据、评标办法等一系列问题，这些与定额预结算的计价形式有着根本的区别，所以说，工程量清单计价是一种全新的计价形式。计价规范附录中工程量清单项目以及计算规则的项目名称表现的是工程实体项目，项目名称明确清晰，工程量计算规则简洁，尤其还列有项目特征和工程内容，易于编制工程量清单时确定其具体项目名称和投标报价。“计价规范”不仅适应市场定价机制，亦是规范建设市场秩序的治本措施之一。实行工程量清单计价，并将其作为招标文件和合同文件的重要组成部分，可规范招标人的计价行为，从技术上避免在招标中弄虚作假，从而确保工程款的支付。

2. 利于造价管理机构职能转变

工程量清单计价模式的实施，促使我国从业人员转变以往单一的管理方式和业务适应范围，有利于提高造价工程师的素质和职能部门人员的业务水平和管理思路，转变管理模式，使相关从业者逐渐成为既懂技术又懂管理的复合型人才。全面提高我国工程造价管理水平。

3. 利于控制建设项目投资

采用现行的施工图预算形式，业主对因设计变更、工程量增减所引起的工程造价变化不敏感，当竣工结算时才发现这些对项目投资的影响非常重大。采用工程量清单计价方式，在进行设计变更时，可即刻得知其对工程造价的影响，业主此时可根据投资情况做出正确的抉择、可合理利用建设资源并有效控制建设投资。

11.2.6　工程量清单计价的特点

1. 满足竞争的需要

招标投标过程就是竞争的过程，招标人提供工程量清单，投标人根据自身情况确定综合单价，综合单价的高低成了投标人是否中标的决定性因素之一，报高了企业中不了标，报低了企业要赔本，综合单价的高低直接取决于企业管理水平和技术水平的高低，这种竞争格局促进了企业对提高管理水平的需求。

2. 提供了一个平等的竞争条件

采用施工图预算来投标报价，由于设计图样的缺陷，不同施工企业的人员理解不一，计算出的工程量也不同，报价就可能相差甚远，也容易产生纠纷。而工程量清单报价能够为投标者提供一个平等竞争的条件，相同的工程量，由企业根据自身的实力来填报不同的单价，符合商品交换的一般性原则。

3. 有利于实现风险的合理分担

采用工程量清单报价方式后，投标人只对自己所报的成本、单价等负责，而由业主承担工程量计算不准确的风险，这种风险分担机制符合风险分担与责权利关系对等的一般原则。

4. 有利于业主对投资的控制

工程量清单计价模式下，设计变更、工程量的增减对工程造价的影响一目了然，业主能马上知道这些变更对工程造价的影响，然后根据投资情况来采用是否变更或进行方案比较，最终采用最恰当的处理方法。

5. 有利于工程款的拨付和工程造价的最终结算

工程量清单计价模式下，业主根据施工企业完成的工程量及企业中标书中的综合单价，可以很容易地确定进度款的拨付额。工程竣工后，根据设计变更、工程量增减等，业主也很容易确定工程的最终造价，可在某种程度上减少业主与施工单位之间的纠纷。

11.2.7　工程量清单计价的应用

《中华人民共和国招标投标法》的实施，确立了招标投标制度在我国建设市场中的主导地位，竞争已成为市场形成工程造价的主要形式。尤其是国有资产投资或国有资金占主体的建设工程，为提高投资效益，保障国有资金的有效使用，必须实行招标投标。在招标投标工程中推行工程量清单计价是目前规范建设市场秩序的根本措施之一，同时也是我国招标投标制度与国际接轨的内在要求。

1. 工程量清单计价与招标

（1）工程量清单计价招标的优点　与现行的招标投标方法相比，在招标中采用工程量清单计价主要有以下优点。

1）工程量清单招标为投标单位提供了公平竞争的基础。由于工程量清单作为招标文件的组成部分，包括了拟建工程的分部分项工程项目、措施项目、其他项目名称和相应数量的明细清单，由招标人负责统一提供，从而有效保证了投标单位竞争基础的一致性，减少了由于投标单位编制投标文件时出现的偶然性技术误差而导致投标失败的可能，充分体现了招标投标公平竞争的原则。同时，由于工程量清单的统一提供，简化了投标报价的计算过程，节省了时间，可减少不必要的重复劳动。

2）采用工程量清单招标有利于“质”与“量”的结合，体现企业的自主性。质量、造价、工期之间存在着必然的联系，投标企业报价时必须综合考虑招标文件规定完成工程量清单所需的全部费用，不仅要考虑工程本身的实际情况，还要求企业将进度、质量、工艺及管理技术等方案落实到清单项目报价中，在竞争中真正体现企业的综合实力。

3）工程量清单计价有利于风险的合理分担。由于建设工程本身的特性，工程的不确定和变更因素多，工程建设的风险较大。采用工程量清单计价模式后，投标单位只对自己所报的成本、单价等负责，而对工程量的变更或计算错误等不负责任，因此由这部分引起的风险也由业主承担，这种格局符合风险合理分担与责权利关系对等的原则。

4）用工程量清单招标，淡化了标底的作用，有利于标底的管理和控制。在传统的招标投标方法中，标底一直是个关键的因素，标底的正确与否、保密程度如何一直是人们关注的焦点。采用工程量清单招标，工程量清单作为招标文件的一部分，是公开的。同时，标底的作用也在招标中淡化，只是起到一定的控制或最高限价（即拦标）作用，对评定标的影响越来越小，在适当的时候甚至可以不编制标底。这就从根本上消除了标底泄漏所带来的负面影响。

5）工程量清单招标有利于企业精心控制成本，促进企业建立自己的定额库。中标后，中标企业可以根据中标价以及投标文件中的承诺，通过对单位工程成本、利润进行分析，统筹考虑，精心选择施工方案，逐步建立企业自己的定额库，通过在施工过程中不断地调整、优化组合，合理控制现场费用和施工技术措施费用等，从而不断地促进企业自身的发展和进步。

6）工程量清单招标有利于控制工程索赔。在传统的招标方式中，“低价中标高价索赔”的现象屡见不鲜，其中，设计变更、现场签证、技术措施费用及价格是索赔的主要内容。工程量清单计价招标中，由于单项工程的综合单价不因施工数量变化、施工难易程度、施工技术措施差异、取费等变化而调整，大大降低了施工单位不合理索赔的可能性。

（2）清单计价模式下的招标程序　采用工程量清单招标，是指由招标单位提供统一的招标文件（包括工程量清单），投标单位以此为基础，根据招标文件中的工程量清单和有关要求、施工现场实际情况以及拟定的施工组织设计，按企业定额或参照建设行政主管部门颁布的现行消耗量定额以及造价管理机构发布的市场价格信息进行投标报价，招标单位择优选定中标人的过程。一般来说，工程量清单招标的程序主要有以下几个环节。

1）建设工程项目报建。建设工程项目立项批准文件或年度投资计划下达后，按照国家有关规定具备条件的，须向建设行政主管部门报建备案。

工程报建的程序：建设单位填写统一格式的“工程建设项目报建登记表”，有上级主管部门的须经其批准同意后，连同应交验的文件资料报建设行政主管部门。

2）建设单位组织招标工作机构。建设单位应根据招标条件组织招标工作机构，负责招标的技术性工作。若建设单位不具备上述相应条件，则必须委托具有相应资质的咨询或监理单位代理招标。

3）招标申请。招标申请书的内容包括：招标单位的资质，招标工程具备的条件，拟采用的招标方式和对投标单位的要求。

4）资格预审文件、招标文件编制与送审。公开招标采用资格预审时，只有资格预审合格的施工单位才可以参加投标；不采用资格预审的公开招标应进行资格后审，即在开标后进行资格审查。

招标人根据施工招标项目的特点和需要编制招标文件。招标文件一般包括下列内容：投标邀请书；投标人须知；合同主要条款；投标文件格式；采用工程量清单招标的，应当提供工程量清单；技术条款；设计图纸；评标标准和方法；投标辅助材料。

招标文件应由招标人编制或委托有资质的中介咨询机构来编制，其中一项核心工作就是编制工程量清单。在编制工程量清单时，若该工程为“全部使用国有资金投资或国有资金投资为主的大中型建设工程”，应严格执行《建设工程工程量清单计价规范》（GB 50500—2013）。

资格预审文件和招标文件须报招标管理机构审查，审查同意后可刊登资格预审通告、招标通告。

5）工程标底的编制。标底由招标人自行编制或委托中介机构编制。一个工程只能编制一个标底，任何单位和个人不得强制招标人编制或报审标底，或干预其确定标底。

6）刊登资审通告、招标通告。实行资格预审的招标工程，招标人应当在招标公告或者投标邀请书中载明资格预审的条件和获取资格预审文件的办法。

依法必须进行公开招标的工程项目，应当在国家或者地方指定的报刊、信息网站或者其他媒介上发布招标公告，并同时在中国工程建设和建筑业信息网上发布招标公告。

招标人采用邀请招标方式的，应当向 3 个以上符合资质条件的施工企业发出投标邀请书。

7）资格预审。招标单位对报名参加投标的单位进行资格预审，并将审查结果通知各申请投标单位。招标人不得以不合理的条件限制或者排斥潜在投标人，不得对潜在投标人实行歧视待遇。

8）向合格的投标单位分发招标文件及设计图纸、技术资料。招标文件一经发出，招标单位不得擅自变更内容或增加附加条件；确需变更和补充的，报招标投标管理部门批准后，在投标截止日期 15 天前通知所有投标单位。

工程量清单作为招标文件的一部分，发给各投标单位。投标单位在接到招标文件后，可对工程量清单进行复核，如果没有大的错误，即可考虑各种因素进行工程报价。如果投标单位发现工程量清单与有关图纸差异较大，可要求招标单位进行澄清，但投标单位不得擅自变动工程量。

9）踏勘现场。招标单位组织投标单位进行勘查现场的目的在于了解工程场地和周围环境情况，以获取投标单位认为有必要的信息。为便于投标单位提出问题并得到解决，勘查现场一般安排在投标预备会的前 1~2 天。

招标单位应向投标单位介绍有关现场的以下情况：施工现场是否达到招标文件规定的条件；施工现场的地理位置和地形、地貌；施工现场的地质、土质、地下水位、水文情况；施工现场气候条件，如气温、湿度、风力、年雨雪量等；临时用地、临时设施的搭建等。

10）投标预备会。招标单位以投标预备会的形式解答投标单位提出的相关问题，投标预备会可安排在发出招标文件 7 日后 28 日内进行，内容一般为：

① 对招标文件和现场情况做介绍或解释，并解答投标单位对招标文件和勘查现场中所提出的疑问，包括书面提出的和口头提出的询问。

② 对施工图纸进行交底和必要的解释。

③ 投标预备会结束后，由招标单位整理会议记录和解答内容，招标管理机构核准同意后，以书面形式发送到所有获得招标文件的投标单位。

④ 参加投标预备会的投标单位必须签到登记，以证明出席投标预备会。

11）投标文件的编制与递交。投标人应当在招标文件要求提交投标文件截止前，将投标文件送达投标地点。招标人收到投标文件后，应当签收保存，不得开启。在招标文件要求提交投标文件的截止时间后送达的投标文件，招标人应当拒收。投标人在招标文件要求提交投标文件的截止时间前，可以补充、修改或者撤回已提交的投标文件，并书面通知招标人。补充、修改的内容为投标文件的组成部分。

12）建立评标组织，制定评标办法。组建评标委员会，评标委员会由招标人依法组建，负责评标活动、向招标人推荐中标候选人或者根据招标人的授权直接确定中标人。

13）评标的准备与初步评审。评标委员会应当根据招标文件的评标标准和方法，对投标文件进行系统的评审和比较。招标文件中没有规定的标准和方法不得作为评标的依据。

2. 工程量清单计价与投标

（1）以招标人提供的工程量清单为依据　投标人分别对分部分项工程、措施工程及其他工程逐项进行报价，根据企业自主定价的原则，工程量清单报价从表达形成、组成内容和投标策略三个方面都体现了投标人通过市场竞争、自主形成价格这一特点。根据工程量清单计价方法，现阶段我国常用的工程量清单计价方法有两种：

1）采用国际上普遍沿用的全费用综合单价计价，即分项工程的单价中包含了完成该分项工程所需的直接费、间接费，有关文件规定的调价、材料价差、利润和税金、风险准备金等全部费用，将综合单价与相应的工程量相乘再相加后即得该工程的总造价。

2）我国目前普通使用的工料单价法，即先用工程量清单上给定的分部分项的工程量，套用预案定额或综合预算定额基价，从而确定工程的直接费，再以此为基础计算工程的间接费，有关文件规定的调价、材料价差、利润和税金等，最后将这部分费用相加后即得该工程的总造价。

采用第一种方法投标报价时，该报价是投标单位根据自身的人员素质、施工机械和机具的配置、施工技术水平、企业管理水平等编制的能够真实地反映企业投标工程的个别成本，有利于投标单位编制本企业的内部定额，合理确定工程造价，降低工程成本，提出有竞争力的报价。

第二种方法采用的是国家行业或地方政府建设主管部门颁发的统一预算定额或综合定额，这就把人工、机械及材料的消耗量统一到了同一个水平，按照这种方法计算出的工程造价反映的是社会平均成本，而非企业的个别成本，因此不利于各投标单位之间形成真正的竞争及降低工程造价。

目前，我国推行的是全费用综合单价计价模式（即第一种方法），这样既可以在招标投标和工程施工管理过程中充分发挥工程量清单的作用，又可以与国际惯例接轨，达到降低工程造价、提高工程质量、缩短工期的目的。

（2）投标报价的组成内容体现了企业自主定价的原则 施工企业投标报价采用综合单价的形式，编制单价时，人工、材料、施工机械台班消耗量可参照现行预算定额或按照企业内部定额确定。人工单价可以根据市场劳务分包情况予以确定，材料价格应在当地造价管理部门发布的造价信息基础上进行市场询价，机械台班单价应调查租赁价格，确定自行购置机械还是租赁更能降低成本。对于其他直接费、现场经费和间接费的确定，可根据施工现场情况、工程条件和自身管理水平并充分考虑成本降低措施，按实际有可能发生的费用进行计算。

（3）利用投标策略进行报价 利用投标策略进行报价，以保证在标价具有竞争力的条件下，获取尽可能大的经济效益。

常用的一种投标策略是不平衡报价，即在总报价固定不变的前提下，提高某些分部分项工程的单价，同时降低另外一些分部分项工程的单价，不平衡报价有两方面的目的：一个是早收钱，另一个是多收钱。投标人通过适当提高早期施工的分项工程的单价，降低后期施工分项工程的单价，可以使前期工作的收入多些，从而达到早收钱的目的。为了能够多收钱，投标人必须对招标人提供的工程数量进行复核，对于实际数量比招标人提供的数量多的或者有可能多的，不妨合理地提高单价；反之，则可降低报价。

3. 工程量清单计价与评标

（1）评标工作是招标投标工作的核心部分 在工程量清单计价方式下，工程的评标工作与以往发生了很多变化，主要表现在以下几点。

1）定额计价模式下，工程评标主要看总造价，评标工作中的商务标评审十分简单；清单模式下，由于清单本身具有的特点，评标工作不能只简单地评审工程总价，还要进行分部分项清单费、措施工程费、主要清单单价、主要材料价格、是否有计算错误等的评审。

2）定额计价时企业报价都依据主管部门颁布的定额，不用考虑企业的特点，企业之间对同一工程的报价基本相同，所以评标时不用考虑企业报价是否合理；在清单模式下，材料价格、人材机消耗量等全部由企业自主报价，评标时必须考虑其报价是否合理，是否不低于企业的成本。

3）定额计价时施工合同主要签订总价合同，结算时以定额为依据；清单执行后施工合同主要以单价合同为主，所以评标时要审核投标数据之间的逻辑关系，是否存在计算错误，避免给业主带来损失。由此可见，清单执行后，评标工作更加细化，要考虑的因素越来越多，必须采用科学、合理的评标方法。

（2）现行的政府采购的工程　政府为了尽量减少财政投资，基本都采用最低投标中标原则，最低中标法在评定时，简单易行，能真正体现招标投标进行价格竞争的目的，也能减少人为因素，体现公平公正的原则。但诸多企业内部定额尚未建立和健全，市场机制也尚未完善和成熟，种种不利条件下，一些实力软弱、业绩差的施工企业在竞争激烈的建筑市场中为谋取中标，违背价值规律，恶性压价竞争，由此产生各种不良后果。为引导投标人以不低于其成本的合理低价进行竞争，可从以下几方面实现。

1）在评标过程中，通过询标的办法，评标委员会发现投标人的报价明显低于标底，使得其投标报价可能低于其个别成本，应当要求该投标人进行合理说明或者提供相关证明材料，不能合理说明或者不能提供相关证明材料的，由评标委员会认定该投标人以低于成本报价竞标，其投标应作为废标处理。

2）在招标文件中，规定明确的可量化的评分标准，得分高者为中标单位。在评分标准设置中，合理规定技术标与商务标的权重，商务标一般应占到70%，根据工程特点的不同相应浮动。对结构简单、施工方法与工艺相对成熟的施工工程，商务标的权重不妨为100%，对结构复杂、技术难度大的工程，为避免施工单位低价抢标，影响工程质量，应相应加大技术标权重。

为防止投标人哄抬标价或恶性压价，通过设置标准来确定“异常”报价，对异常报价只能计取较低分值，不参与评标基准价的计算，以其余投标报价的算术平均值为评标基准价，防止施工企业不平衡报价，正确评判其总报价是否合理有效。

第12章 安装工程造价软件应用

12.1 广联达工程造价算量软件概述

12.1.1 广联达算量软件简介

广联达软件在工程造价中的应用十分广泛，不仅使用简便，而且加快了概预算的编制速度，极大地提高了工作效率。目前市场推出的工程造价方面的软件包括广联达图形算量软件和广联达清单计价软件。算量软件主要有云计价（GCCP5.0）、广联达土建计量软件（GTJ2018）安装算量软件（GQI）、精装算量软件（GDQ）、市政算量软件（GMA），这几种目前均比较成熟，普及率很高，普遍运用于各大设计院、造价事务所等。

广联达软件是将手工的思路完全内置在软件中，只是将过程利用软件实现，依靠已有的计算扣减规则，利用计算机这个高效的运算工具快速、完整地计算出所有的细部工程量。软件中层高确定高度，轴网确定位置，属性确定断面，只需把点形构件、线形构件和面形构件画到软件当中，就能根据相应的计算规则快速、准确地计算出所需要的工程量。软件内置了规范和图集，自动实行扣减，还可以根据各公司和个人需要，对其进行设置修改，选择需要的格式报表等。安装好广联达工程算量和造价系列软件后，装上相对应的加密锁，双击计算机屏幕上的图标，就可启动软件了。

12.1.2 广联达安装算量软件 GQI2019 简介

音频 12-1：使用广联达安装算量软件的特点

1. 特点及优势

广联达安装算量软件是针对民用建筑安装全专业研发的一款工程量计算软件。GQI2019 支持全专业 BIM 三维模式算量，还支持手算模式算量，适合所有电算化水平的安装造价和技术人员使用，兼容市场上所有电子版图纸的导入，包括 CAD 图纸、REVIT 模型、PDF 图纸、图片等。通过智能化的识别、可视化的三维显示、专业化的计算规则、灵活化的工程量统计、无缝化的计价导入，可全面解决安装专业各阶段手工计算效率低、难度大等问题。安装算量软件的运用极大地提高了安装专业造价人员的工作效率和工作精度，降低了劳动强度。

2. 工作流程

使用 GQI2019 软件绘制实际工程量时通常有如下几个流程：拿到图纸之后先分析图纸，阅读图纸说明，了解工程概况；然后打开软件新建工程，确定工程中使用的计算规则，进行工程设置，包括工程的基本信息与楼层信息；建立工程模型，包括 CAD 识别及手工绘制，

CAD识别包括识别构件和识别图元，手工绘制包括建立构件属性、套用做法及绘制图元，模型绘制好之后进行云检查，软件会从业务方面检查构件图元之间的逻辑关系；云检查无误后进行汇总计算，计算安装工程量，汇总计算之后查看安装工程量，最后查看及打印报表。安装算量流程如图12-1所示。

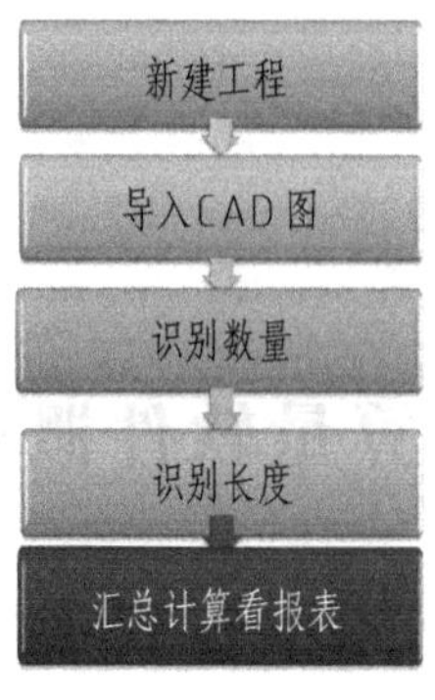

图12-1 安装算量流程

音频12-2：广联达安装算量软件GQI2019的工作流程

12.2 广联达安装算量软件GQI2019操作

12.2.1 新建工程

1. 打开软件

双击GQI图标打开软件。安装计量软件图标如图12-2所示。

图12-2 安装计量软件图标

2. 新建工程

单击图中新建，然后输入工程名称和工程专业，选择清单规则、定额规则、算量模式、单击创建工程，新建工程就完成了。新建工程界面如图12-3所示。

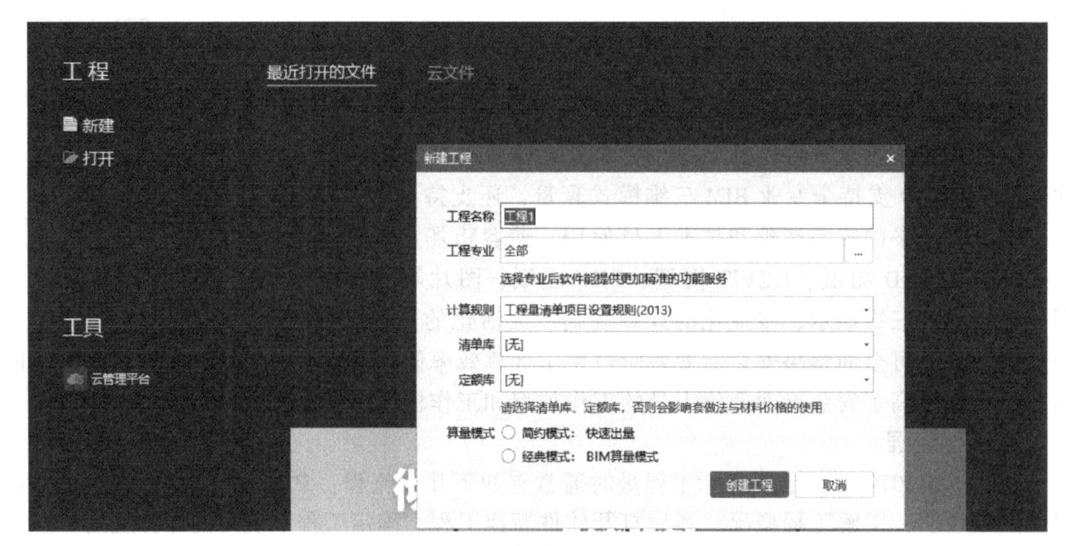

图12-3 新建工程界面

12.2.2　工程设置

在工程设置页面单击工程信息，输入檐高、结构类型、工程类别、建筑面积、层数等影响工程量计算的信息。工程信息中属性名称必须保证填写准确，因为这些数据直接影响工程量。工程信息界面如图 12-4 所示。

图 12-4　工程信息界面

1. 楼层设置

单击楼层设置，根据图样信息进行楼层设置，建立楼层。楼层设置界面如图 12-5 所示。

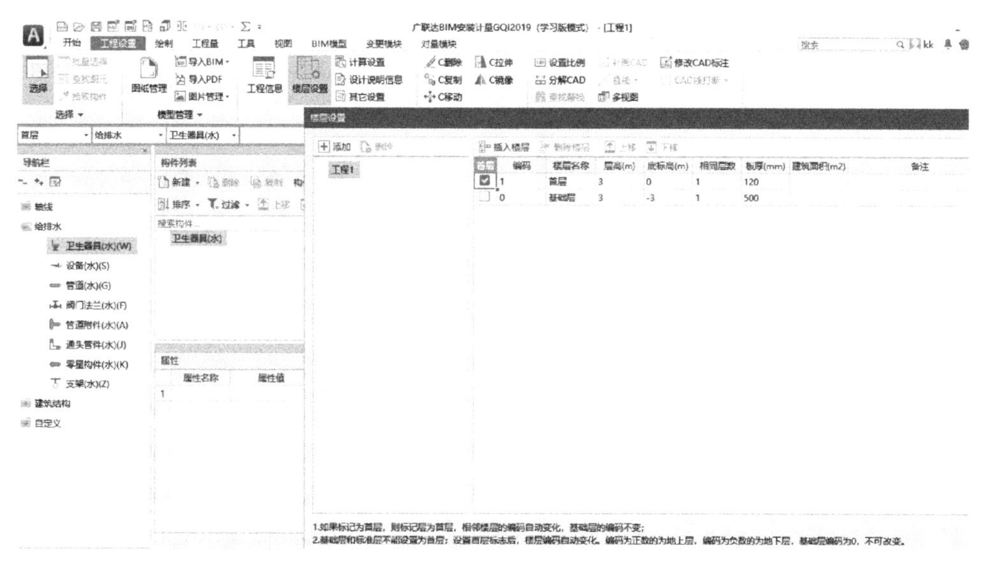

图 12-5　楼层设置界面

2. 计算设置

如需进行计算设置，可单击计算设置，调整安装计算设置信息。计算设置界面如图 12-6 所示。

图 12-6　计算设置界面

3. 设计说明信息

如需调整设计说明信息，可单击设计说明信息，调整专业参数信息。设计说明信息界面如图 12-7 所示。

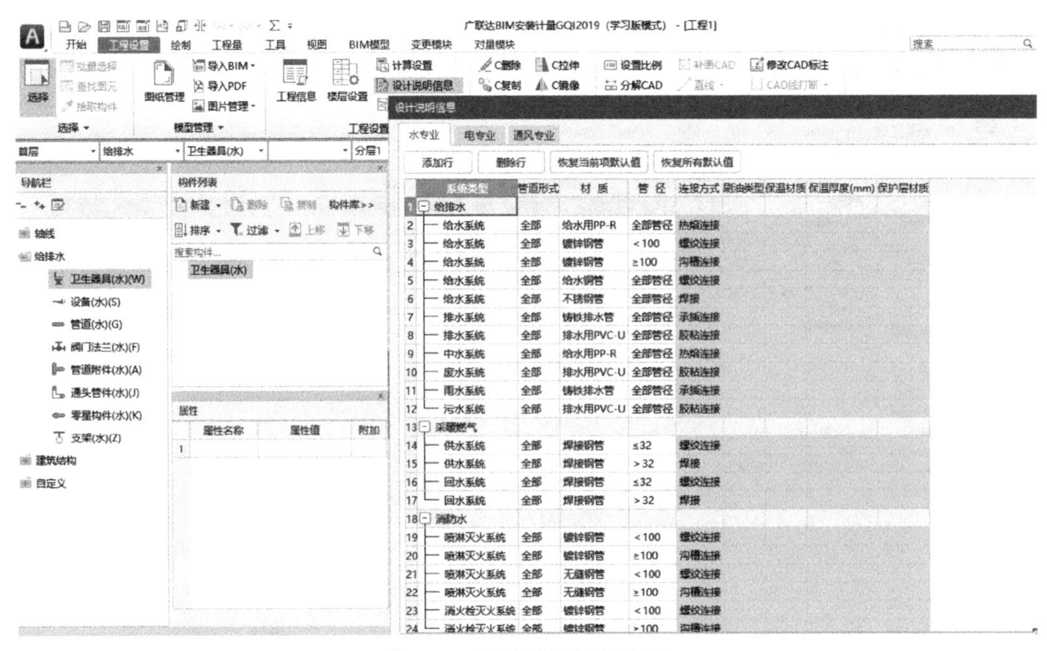

图 12-7　设计说明信息界面

4. 其他设置

根据图样信息，如需进行其他设置，可单击其他设置，可调整其他信息。其他设置界面如图 12-8 所示。

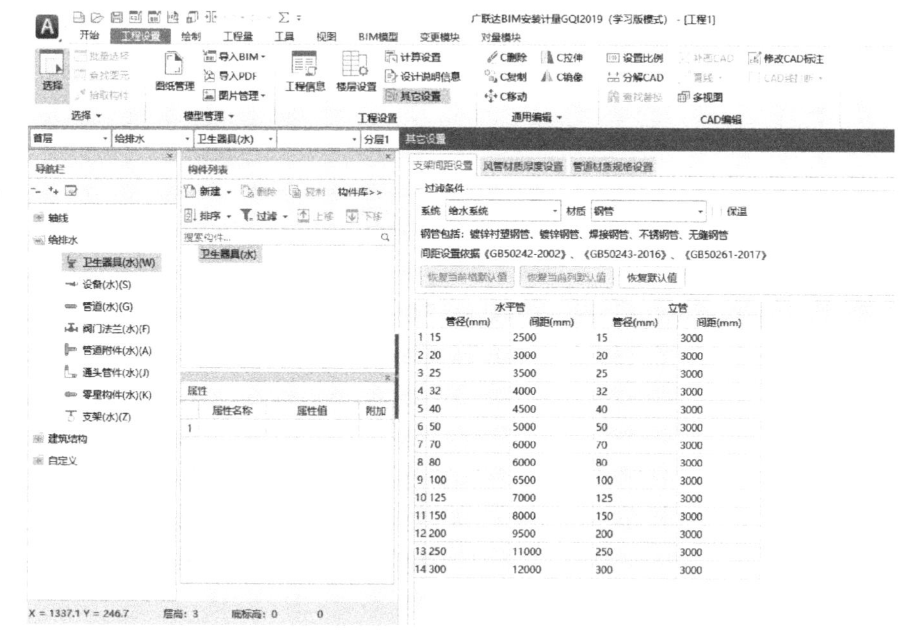

	水平管		立管	
	管径(mm)	间距(mm)	管径(mm)	间距(mm)
1	15	2500	15	3000
2	20	3000	20	3000
3	25	3500	25	3000
4	32	4000	32	3000
5	40	4500	40	3000
6	50	5000	50	3000
7	70	6000	70	3000
8	80	6000	80	3000
9	100	6500	100	3000
10	125	7000	125	3000
11	150	8000	150	3000
12	200	9500	200	3000
13	250	11000	250	3000
14	300	12000	300	3000

图 12-8　其他设置界面

12.2.3　绘图输入

1. 进入建模环节

上面所有步骤均完成后，新建工程及工程信息就填写完成了，可以开始进入建模。建模界面如图 12-9 所示。

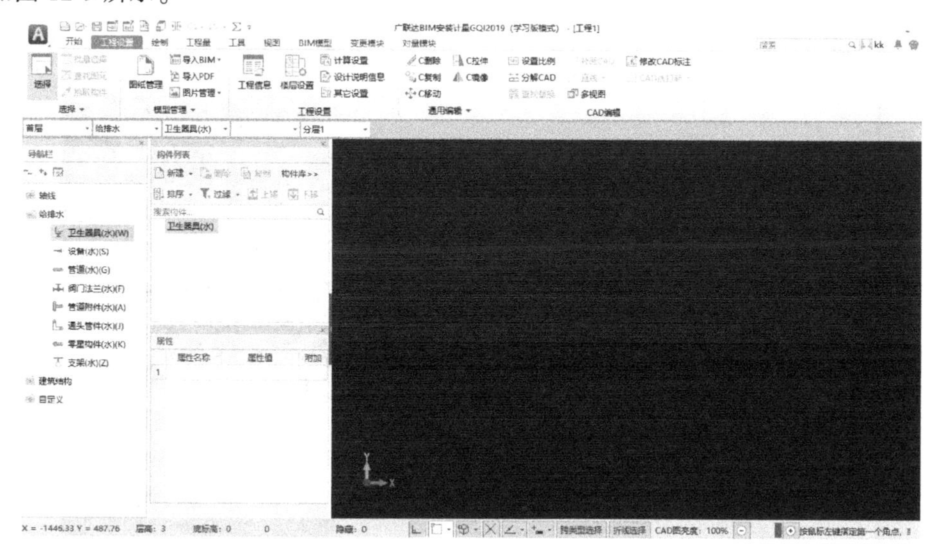

图 12-9　建模界面

2. 导图

（1）添加图纸　单击图纸管理，添加图纸，然后找到图纸所在位置，打开目标图纸。添加图纸界面如图 12-10 所示。

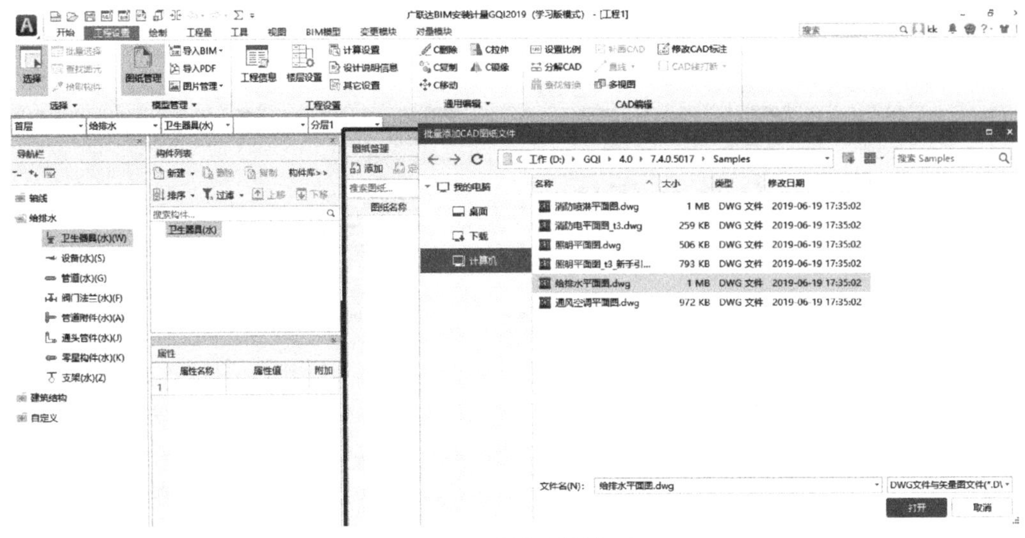

图 12-10　添加图纸界面

（2）设置比例　导入的图纸比例是 1∶50，广联达默认的比例是 1∶1，单击设置比例，使图标呈现为如图 12-11 所示，然后修改比例。

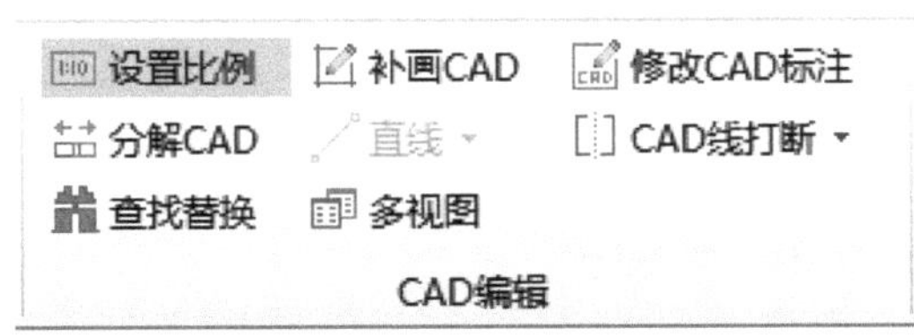

图 12-11　设置比例界面

（3）定位　找到各层的公共点，可以是某一点，每层都将刚才找到的公共点定位到（0，0）点，完成整个工程在立面上的定位，即定位到同一点。定位界面如图 12-12 所示。

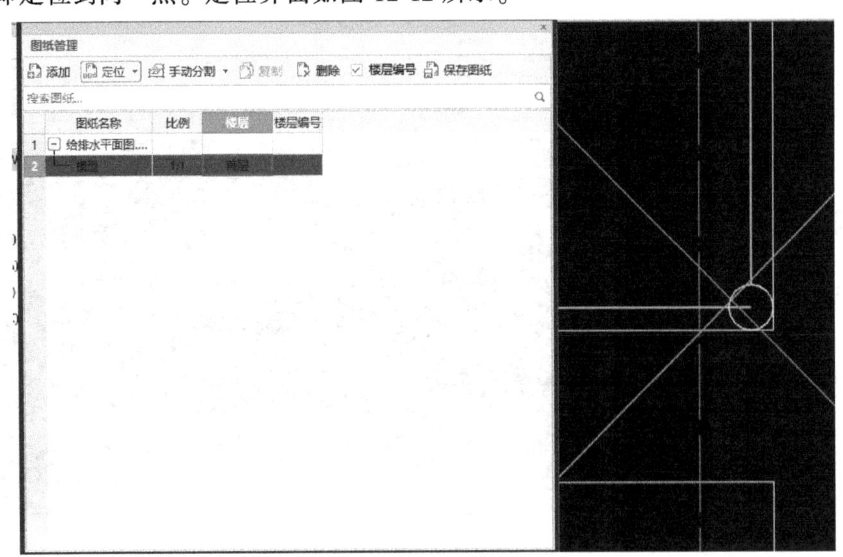

图 12-12　定位界面

（4）分割图纸　单击分割，包含手动分割和自动分割。把图纸分割成方便识别的单个图纸，可以使用自动分割，如有未识别或识别名称不对的，可采用手动分割。分割图纸界面如图 12-13 所示。

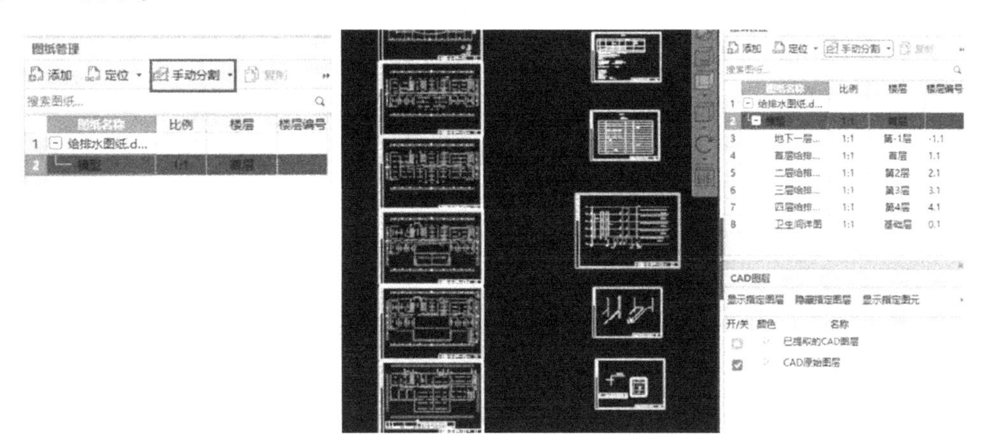

图 12-13　分割图纸界面

12.2.4　卫生器具的识别

1. 新建构件

单击给排水→卫生器具→定义→新建卫生器具→修改卫生器具名称→修改属性值。新建卫生器具界面如图 12-14 所示。

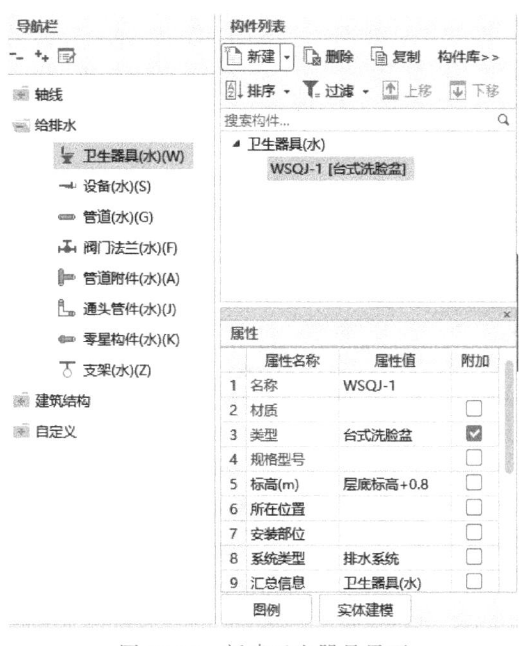

图 12-14　新建卫生器具界面

2. 设备提量

单击绘制界面的设备提量，单击需要识别的图例；单击右键，选择已经建立好的对应的构件；然后单击确定，数量就算出来了。用设备提量的方法识别卫生器具包括：立式小便器、蹲式大便器、坐式大便器、洗脸盆、拖布池、地漏、清扫口。设备提量界面如图 12-15 所示。

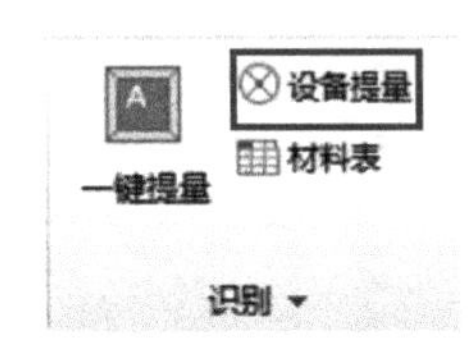

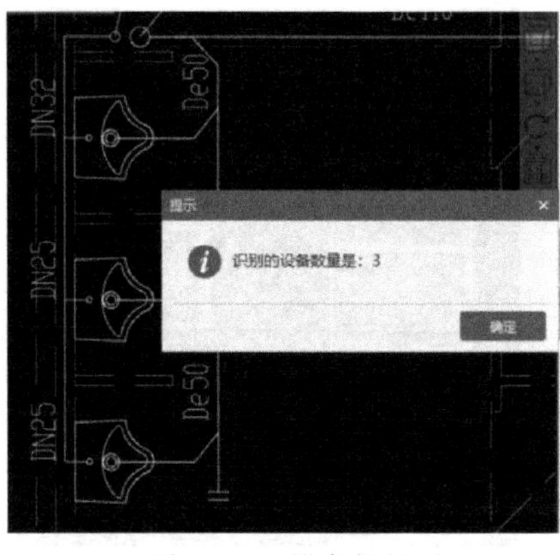

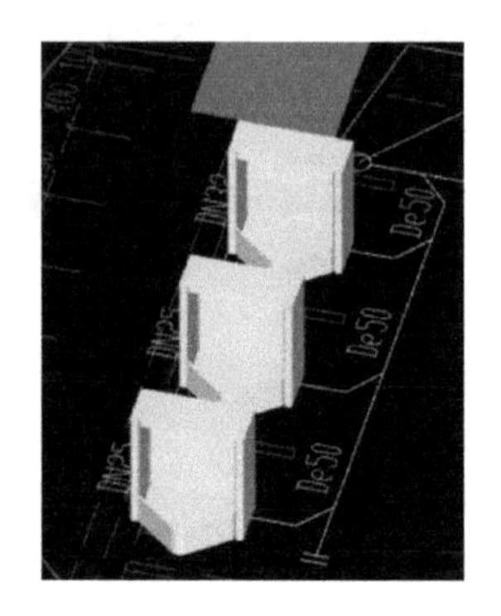

图 12-15 设备提量界面

12.2.5 给水管道的识别

1. 新建构件

单击给排水→管道（水)→定义→新建给水系统→修改给水系统名称→修改属性值。新建给水管道界面如图 12-16 所示。

图 12-16 新建给水管道界面

2. 直线绘制

单击直线，在弹出的直线绘制对话框中，根据图样设置安装高度进行绘制。直线绘制界面如图 12-17 所示。

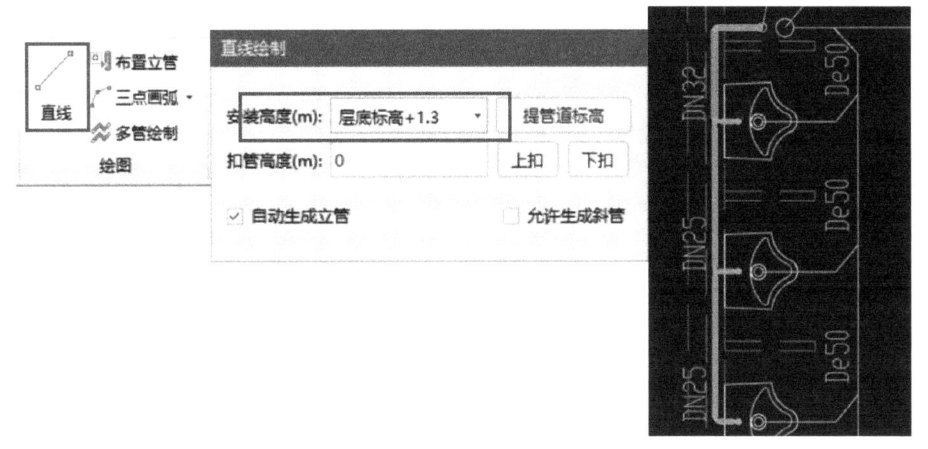

图 12-17　直线绘制界面

3. 扣管高度的操作

单击直线，在弹出的直线绘制对话框中，根据图样设置扣管高度，然后进行绘制。扣管高度操作界面如图 12-18 所示。

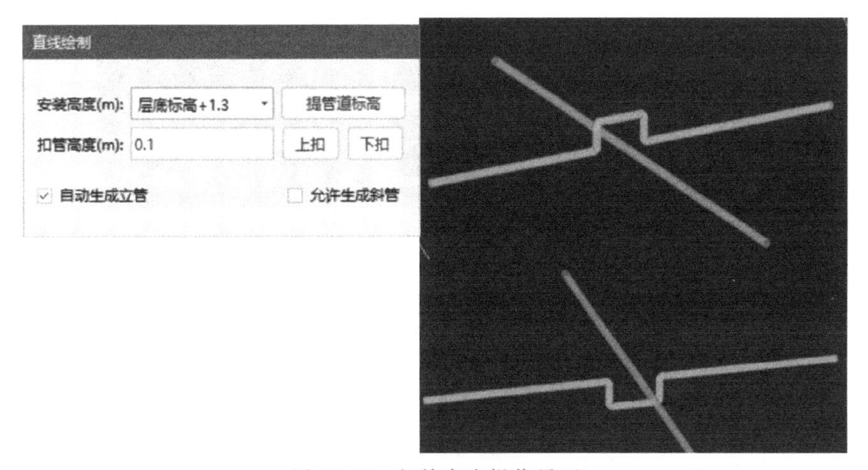

图 12-18　扣管高度操作界面

12. 2. 6　排水管道的识别

1. 新建构件

单击给排水→管道（水）→定义→新建给水系统→修改系统类型→修改属性值。新建排水管道界面如图 12-19 所示。

2. 直线绘制

单击直线，在弹出的直线绘制对话框中，根据图样设置安装高度进行绘制。直线绘制界面如图 12-20 所示。

3. 三维查看绘制完成的安装模型

绘制完成后，可以选择图示动态观察，拖动鼠标进行三维查看绘制完成的安装模型。动态观察绘制完成的安装模型界面如图 12-21 所示。

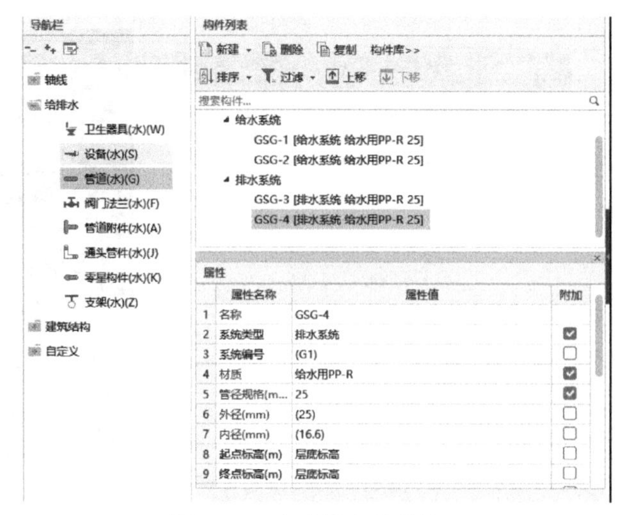

图 12-19　新建排水管道界面

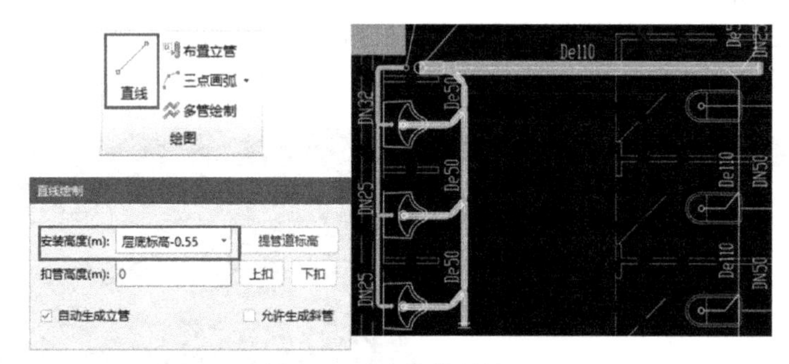

图 12-20　直线绘制界面

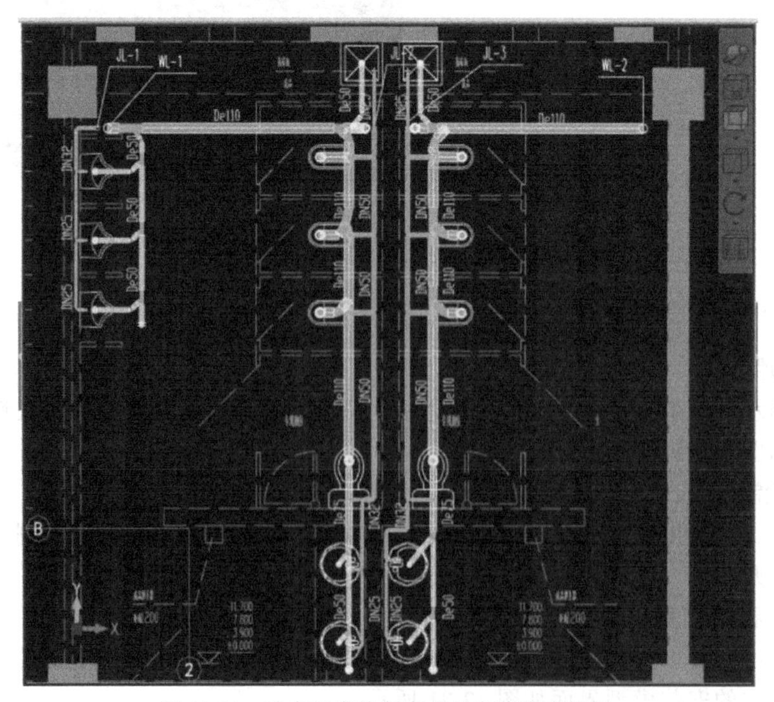

图 12-21　动态观察绘制完成的安装模型界面

12.2.7　图元复制

通过“复制到其他层”命令，把所有图元复制到首层。运用“移动”按钮，把复制过来的图元移动到合适位置。再通过“从其他层复制”命令，把首层图元复制到二层、三层、四层。复制到其他层界面如图 12-22 所示。

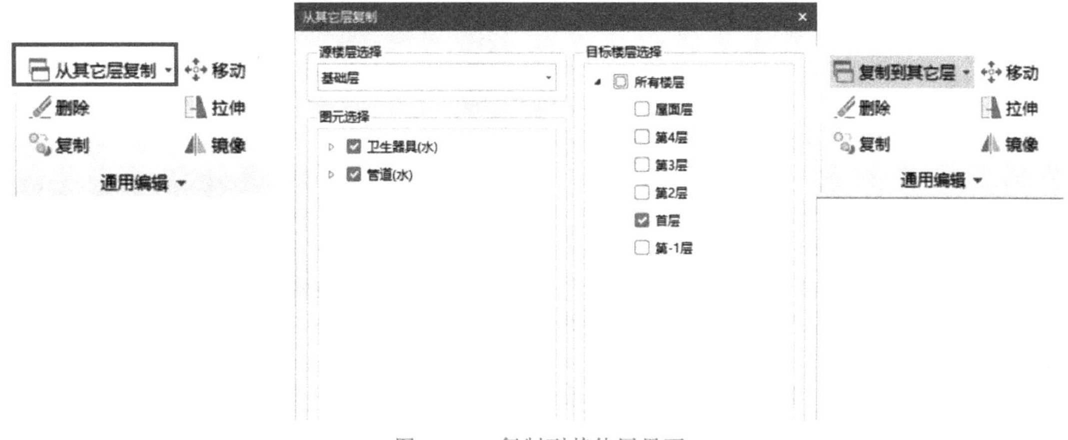

图 12-22　复制到其他层界面

12.2.8　引入管（排出管）的绘制

1. 新建构件

单击给排水→管道（水）→定义→新建给水系统→修改系统类型→修改属性值。新建引入管（排出管）界面如图 12-23 所示。

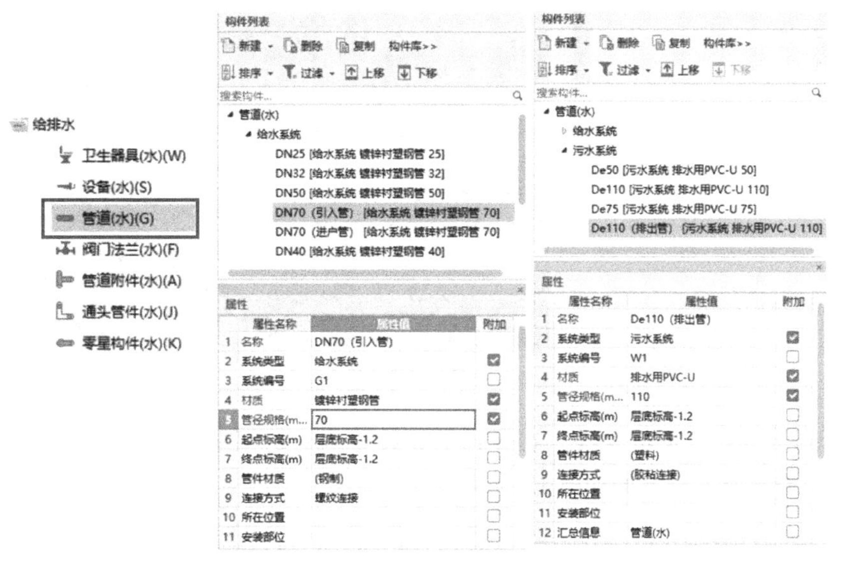

图 12-23　新建引入管（排出管）界面

2. 直线绘制

（1）绘制给水引入管　单击直线，在弹出的直线绘制对话框中，根据图样设置安装高度进行绘制。绘制给水引入管，运用到“点加长度”功能。绘制引入管计算规则室内外界线划分：入口处设阀门者以阀门为界，没有阀门的以距建筑物外墙皮 1.5m 为界。给水引入管界面如图 12-24 所示。

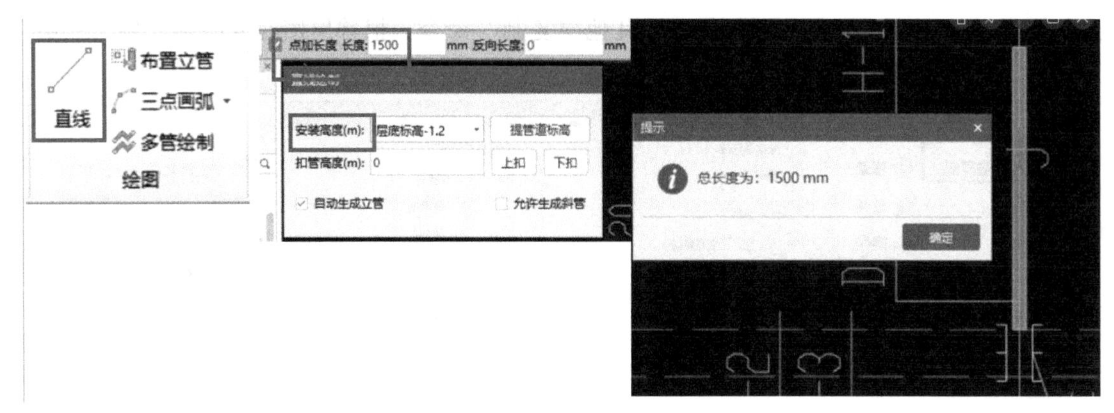

图 12-24 给水引入管界面

（2）绘制进户管 单击直线，在弹出的直线绘制对话框中，根据图样设置安装高度进行绘制。绘制进户管，“点加长度”不勾选。绘制进户管界面如图 12-25 所示。

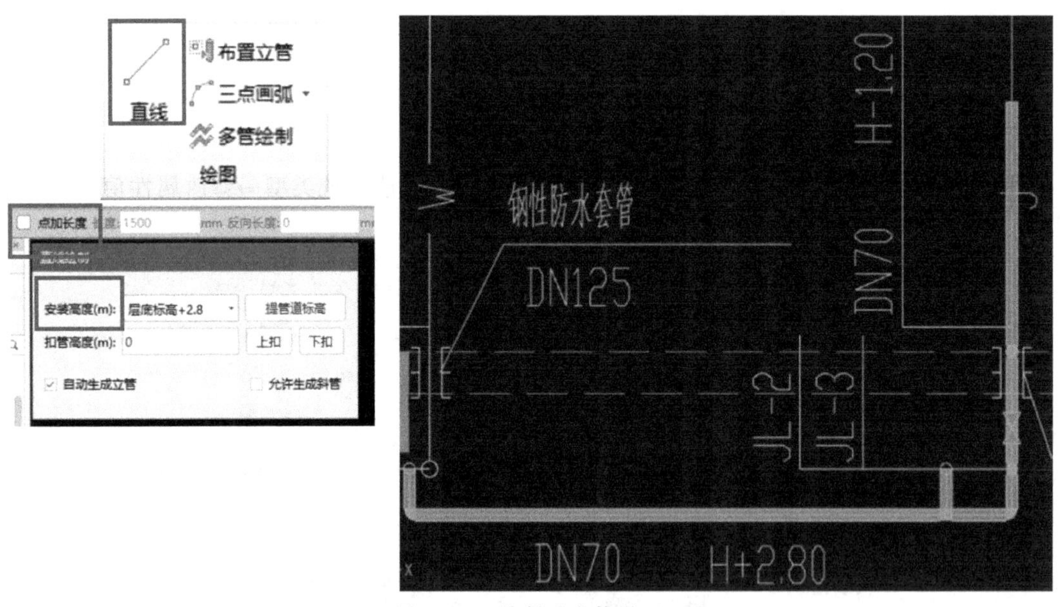

图 12-25 绘制进户管界面

（3）绘制排出管 单击直线，在弹出的直线绘制对话框中，根据图样设置安装高度，绘制排出管。排出管绘制界面如图 12-26 所示。

12.2.9 立管的绘制

1. 布置立管

布置立管，对变径立管标高进行设置。立管布置界面如图 12-27 所示。

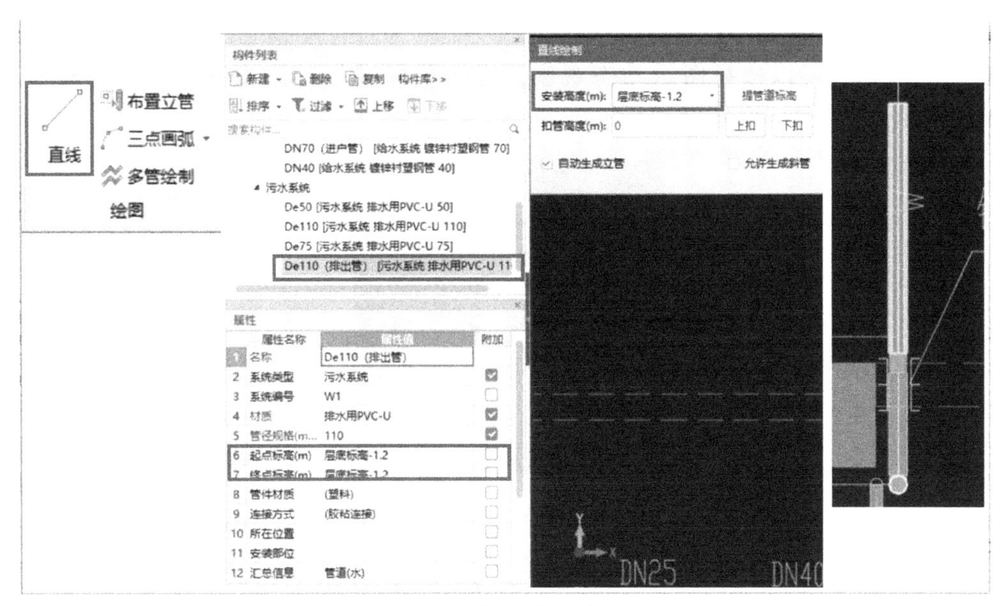

图 12-26　排出管绘制界面

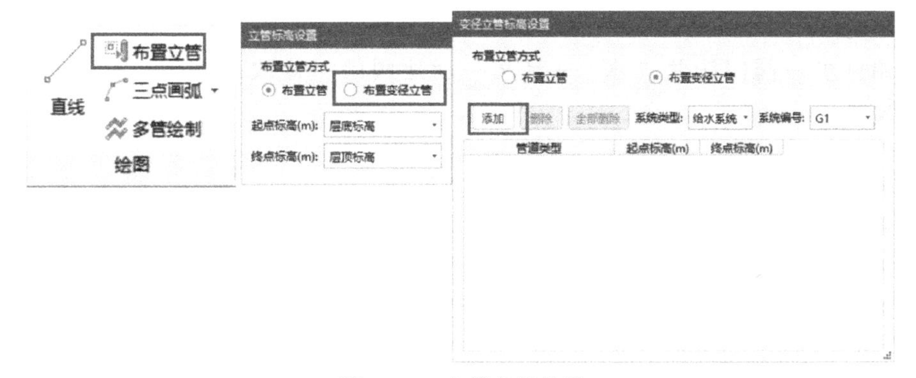

图 12-27　立管布置界面

2. 立管标高设置

添加管道类型，修改起点、终点标高。立管标高设置界面如图 12-28 所示。

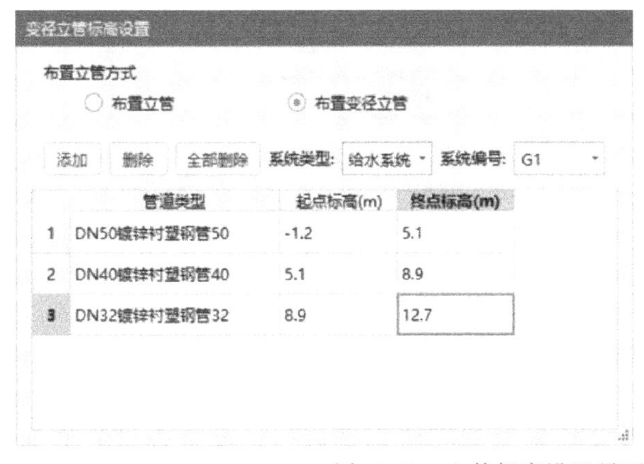

	管道类型	起点标高(m)	终点标高(m)
1	DN50镀锌衬塑钢管50	-1.2	5.1
2	DN40镀锌衬塑钢管40	5.1	8.9
3	DN32镀锌衬塑钢管32	8.9	12.7

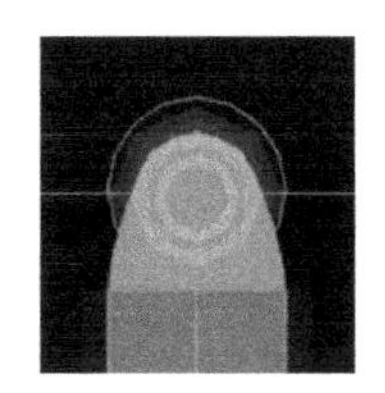

图 12-28　立管标高设置界面

3. 三维查看

绘制完成后，可以选择图示动态观察，拖动鼠标进行三维查看。动态观察界面如图 12-29 所示。

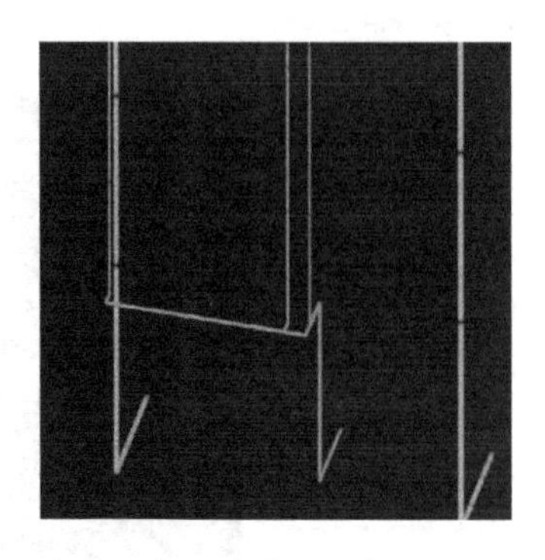

图 12-29 动态观察界面

12.2.10 阀门、法兰的识别

1. 新建构件

单击给排水→阀门法兰（水）→定义→新建阀门→修改属性值。新建阀门界面如图 12-30 所示。

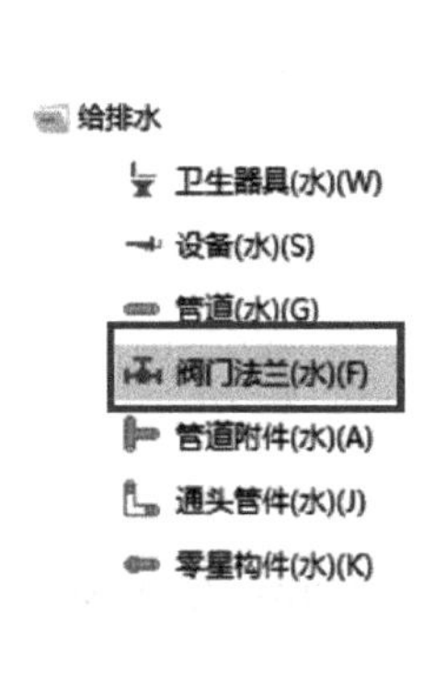

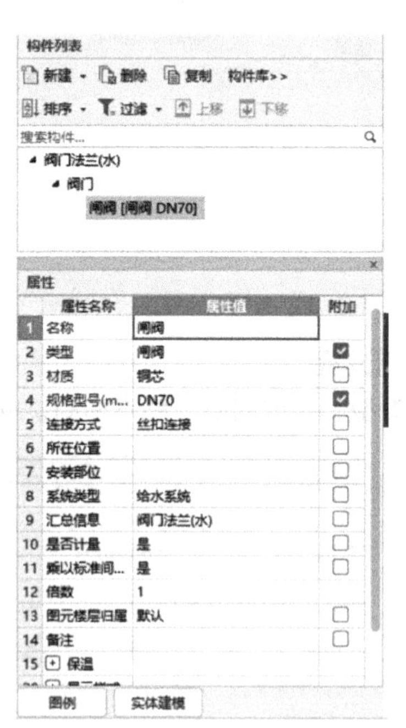

图 12-30 新建阀门界面

2. 设备提量

单击绘制界面的设备提量，用设备提量的方法识别阀门，设备提量界面如图 12-31 所示。

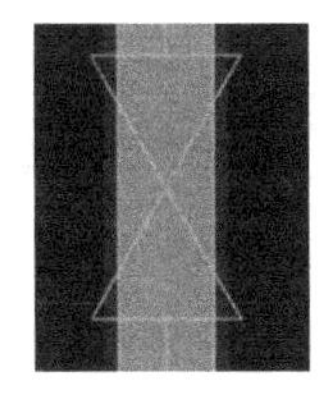
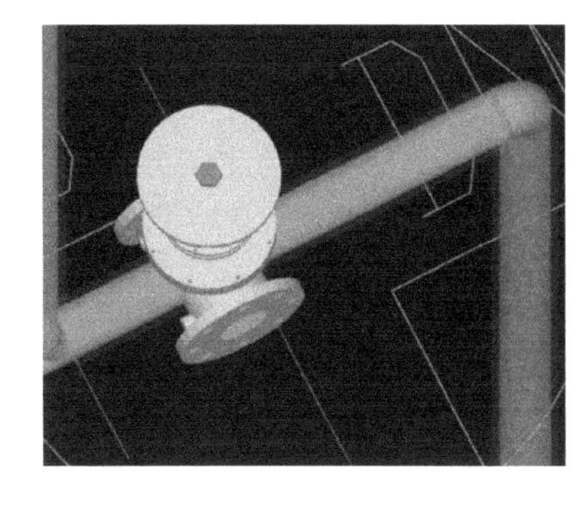

图 12-31　设备提量界面

12.2.11　套管的绘制

1. 识别墙

在导航栏建筑结构界面选择墙，自动识别墙，根据图样修改墙面名称，选择内、外墙。墙面定义就完成了。自动识别墙界面如图 12-32 所示。

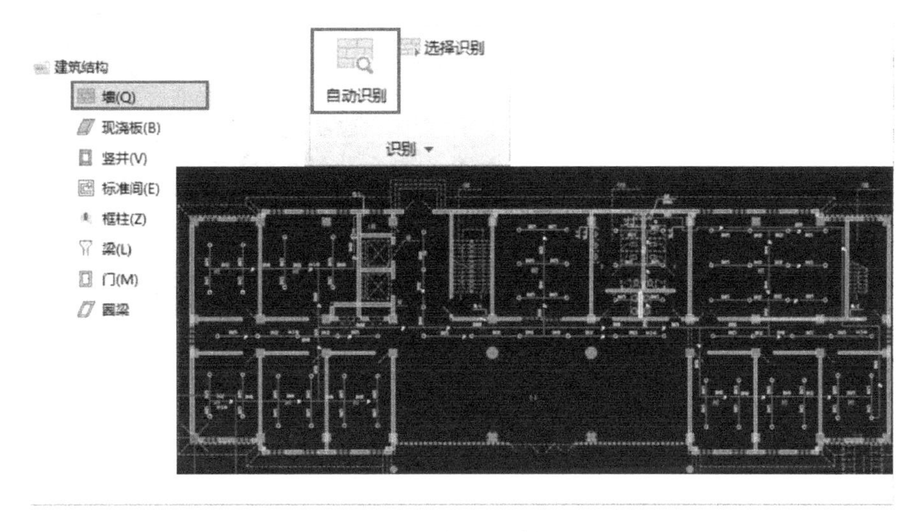

图 12-32　自动识别墙界面

2. 生成穿墙套管

在导航栏给水排水界面选择零星构件，选择生成套管，自动生成穿墙套管，对套管进行生成设置。生成穿墙套管界面如图 12-33 所示。

3. 识别楼板

在导航栏建筑结构界面选择现浇板，新建现浇板，根据图样修改属性值，选择矩形进行绘制。新建楼板界面如图 12-34 所示。

4. 生成穿楼板套管

在导航栏给水排水界面选择零星构件，选择生成套管，自动生成楼板套管，对套管进行生成设置。生成穿楼板套管界面如图 12-35 所示。

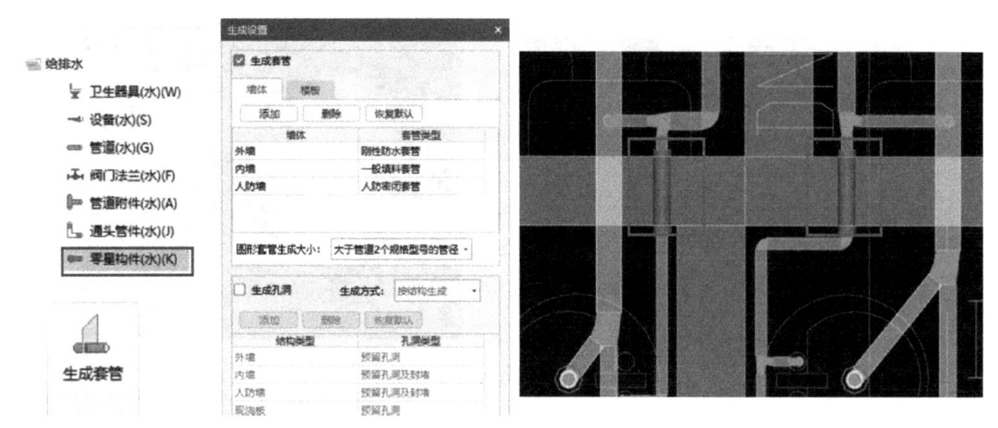

图 12-33 生成穿墙套管界面

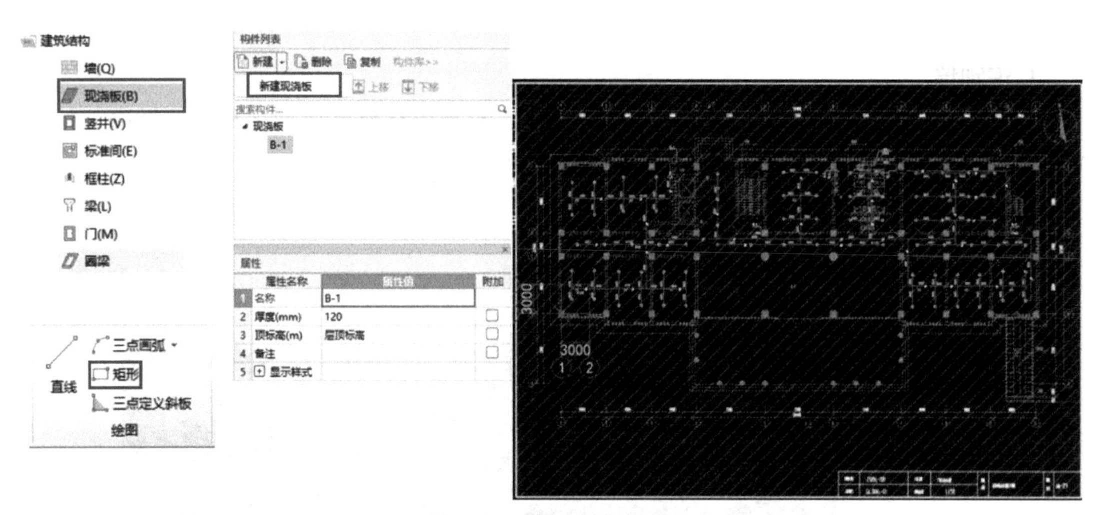

图 12-34 新建楼板界面

图 12-35 生成穿楼板套管界面

12.2.12　检查及汇总计算

1. 检查合法性

图形绘制完成后，进行汇总计算，检查图元合法性，如检查合法性弹出错误，则按照提示进行修改。检查合法性界面如图 12-36 所示。

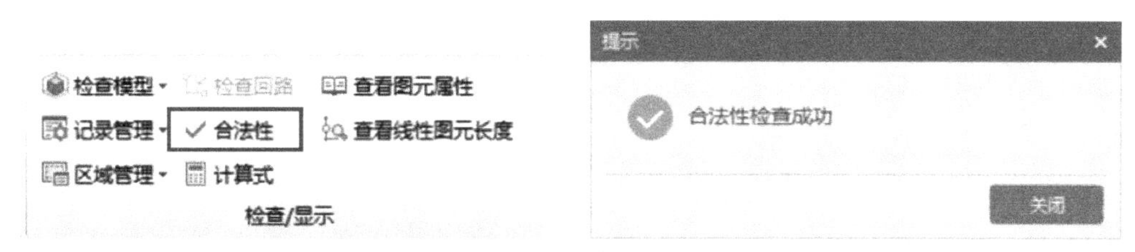

图 12-36　检查合法性界面

2. 汇总计算

图形绘制完成后，进行汇总计算，勾选需要汇总计算的楼层，汇总计算需要算量的楼层。汇总计算界面如图 12-37 所示。

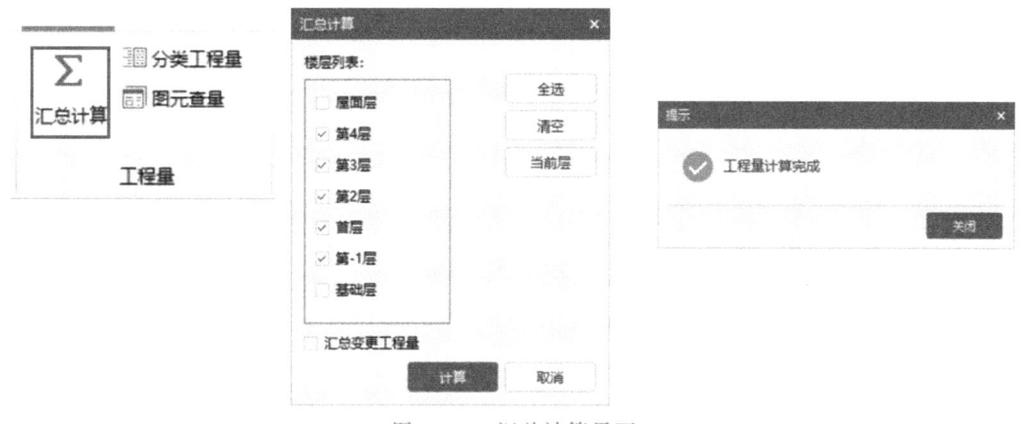

图 12-37　汇总计算界面

12.2.13　集中套用的做法

1. 打开套做法

在工程量界面选择套做法，出现集中套做法界面。然后根据图样要求进行做法套取。套做法界面如图 12-38 所示。

2. 自动套用清单

根据图样做法要求，导入已有清单，自动套用清单，匹配项目特征，添加清单，选择清单。自动套用清单界面如图 12-39 所示。

3. 查询清单

根据图样要求，手动查询清单，添加清单项。查询清单界面如图 12-40 所示。

4. 查询定额

根据图样要求，手动查询匹配定额，添加定额。查询定额界面如图 12-41 所示。

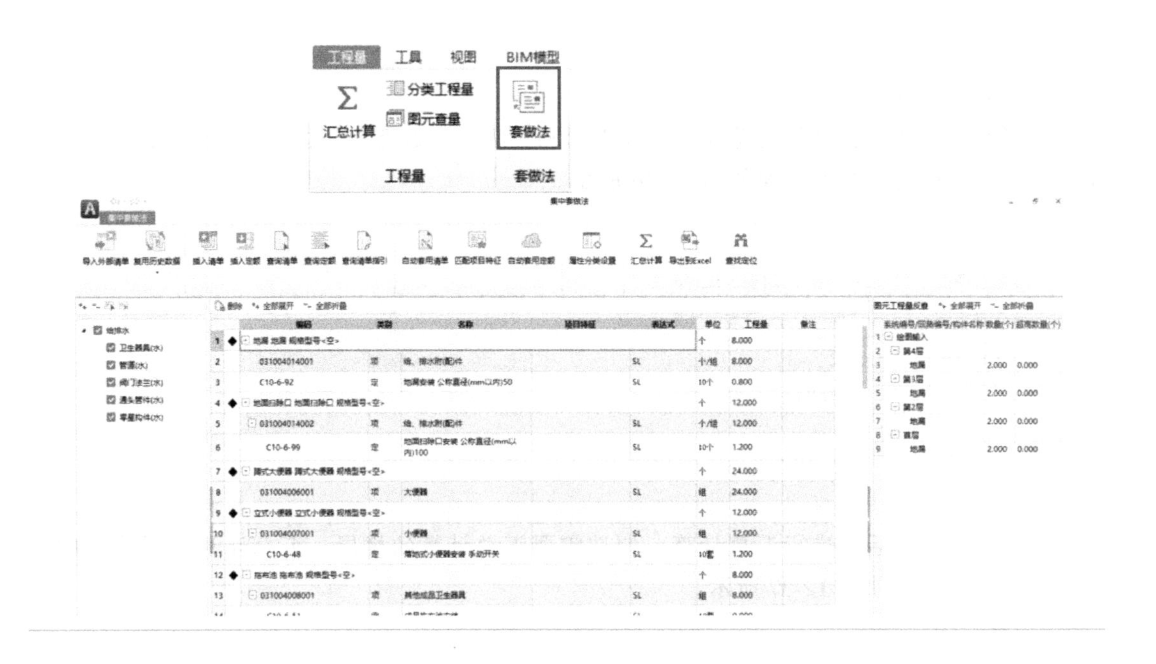

图 12-38　套做法界面

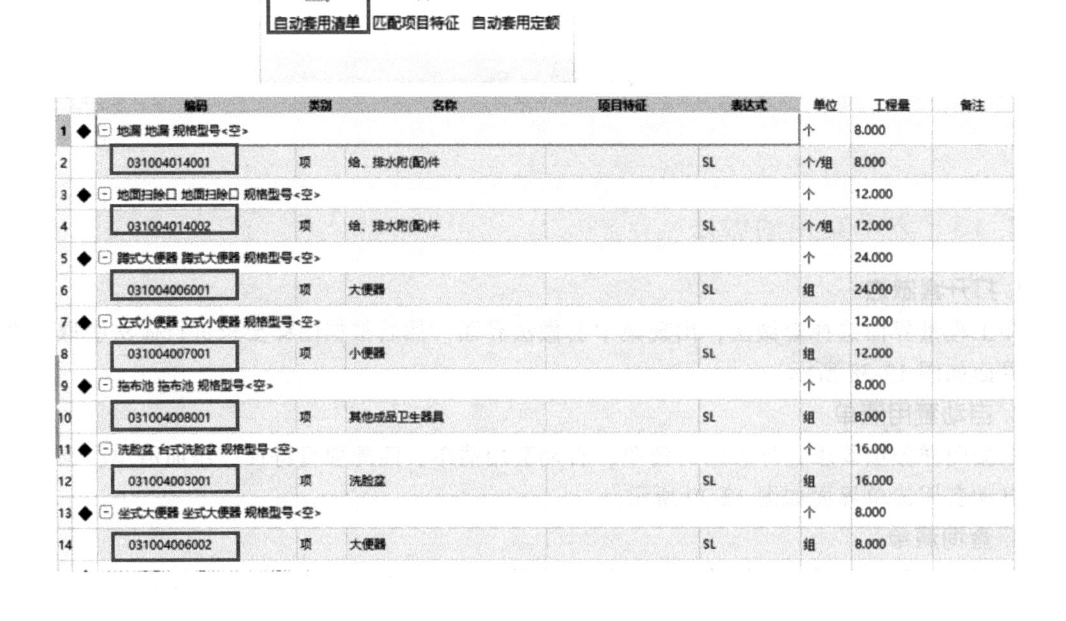

	编码	类别	名称	项目特征	表达式	单位	工程量	备注
1	◆ 地漏 地漏 规格型号<空>					个	8.000	
2	031004014001	项	给、排水附(配)件		SL	个/组	8.000	
3	◆ 地面扫除口 地面扫除口 规格型号<空>					个	12.000	
4	031004014002	项	给、排水附(配)件		SL	个/组	12.000	
5	◆ 蹲式大便器 蹲式大便器 规格型号<空>					个	24.000	
6	031004006001	项	大便器		SL	组	24.000	
7	◆ 立式小便器 立式小便器 规格型号<空>					个	12.000	
8	031004007001	项	小便器		SL	组	12.000	
9	◆ 拖布池 拖布池 规格型号<空>					个	8.000	
10	031004008001	项	其他成品卫生器具		SL	组	8.000	
11	◆ 洗脸盆 台式洗脸盆 规格型号<空>					个	16.000	
12	031004003001	项	洗脸盆		SL	组	16.000	
13	◆ 坐式大便器 坐式大便器 规格型号<空>					个	8.000	
14	031004006002	项	大便器		SL	组	8.000	

图 12-39　自动套用清单界面

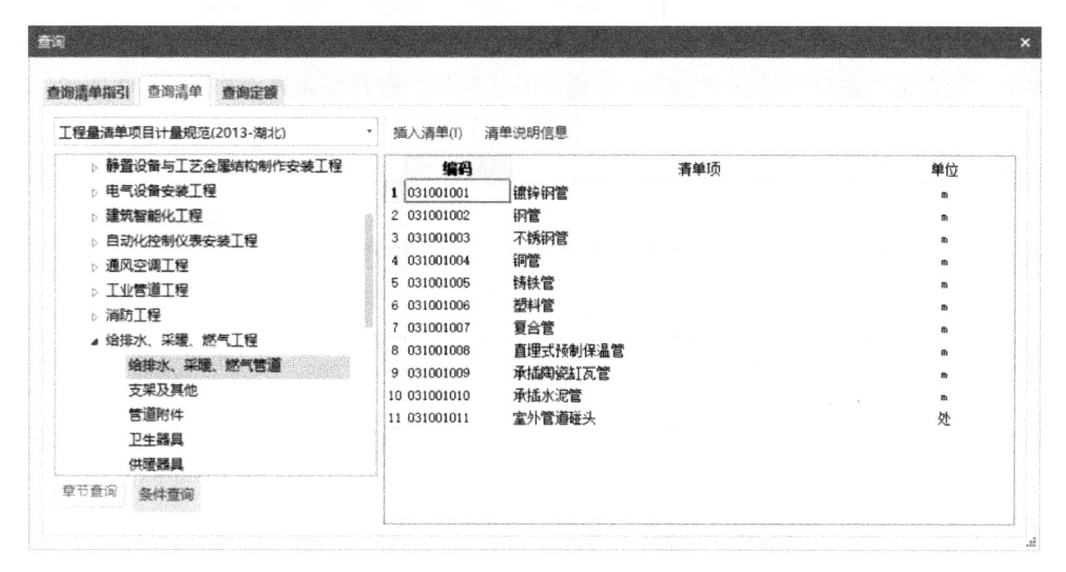

图 12-40　查询清单界面

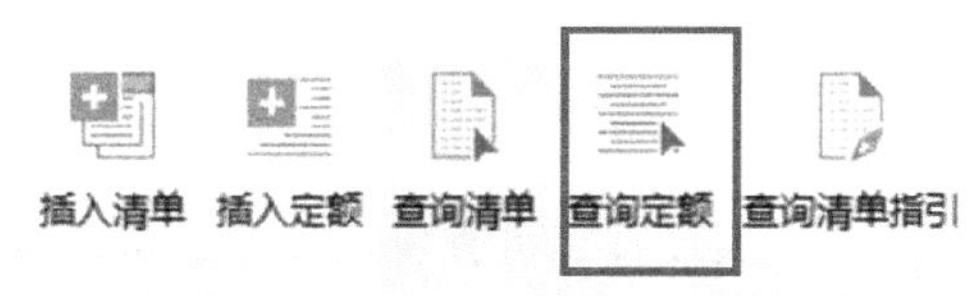

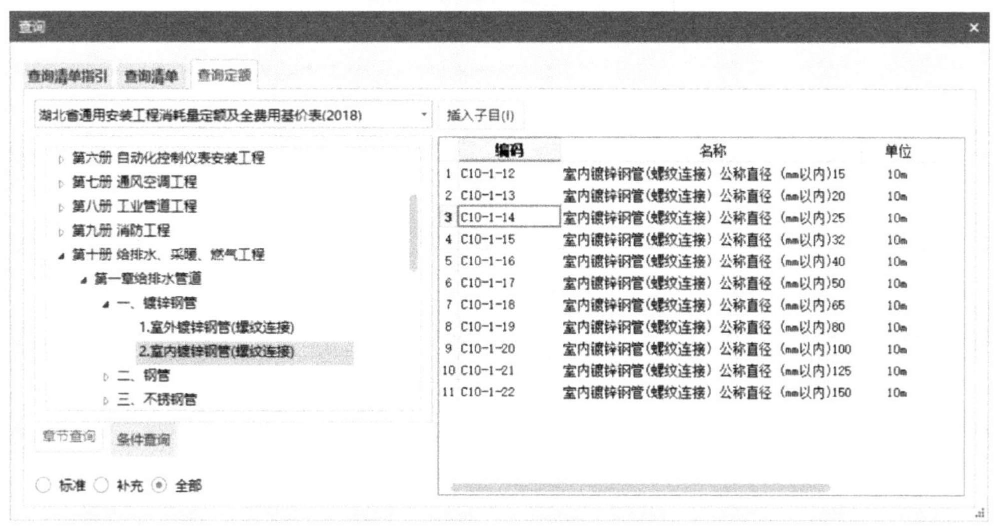

图 12-41　查询定额界面

12.2.14 报表

1. 生成报表

整个项目图形绘制完成后，进行汇总计算，则可生成报表。

2. 查看报表

报表生成后，可单击查看报表，选择安装报表，根据需要选择报表进行查看。构建类型较多时，可以通过选择分类查看功能，快速查看工程量。查看报表界面如图 12-42 所示。

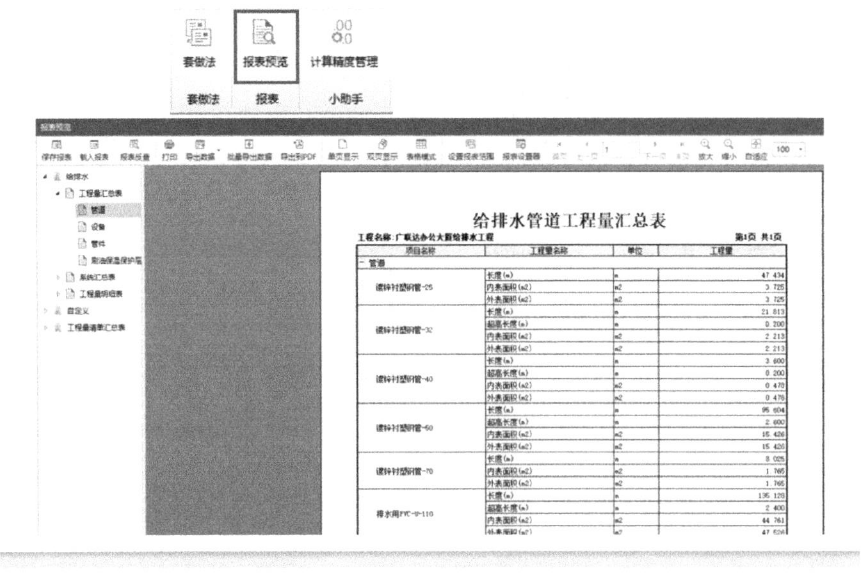

图 12-42 查看报表界面

3. 报表反查

在报表预览界面，选择构件，单击报表反查，可查看构件工程量以及构件位置。报表反查界面如图 12-43 所示。构件选择界面如图 12-44 所示。

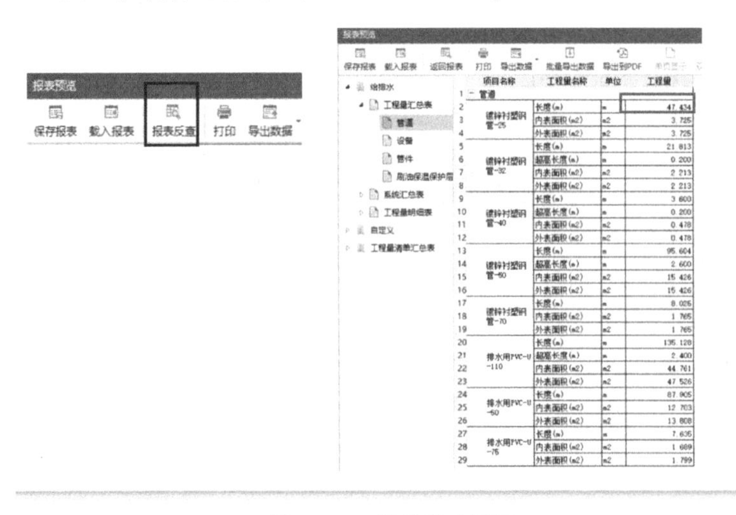

图 12-43 报表反查界面

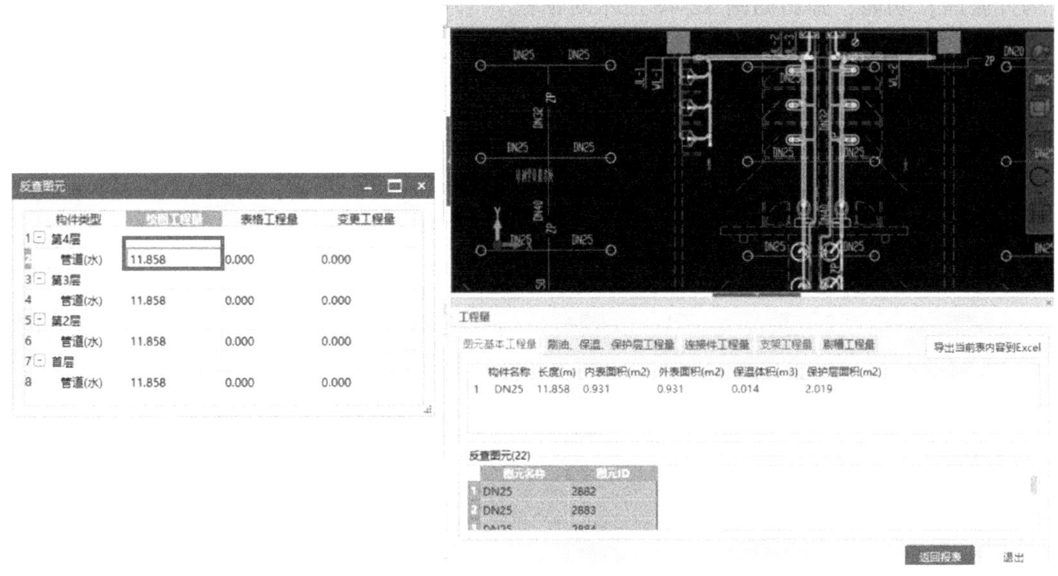

图 12-44　构件选择界面

12.2.15　常见问题处理

1）首层建模完成后，如何快速复制其他相似楼层构件？

如果有其他楼层与首层构件相同，即存在标准层，不需要再画一遍，可以直接利用软件的层间复制功能，快速将首层所有构件或部分构件复制到其他楼层。楼层复制界面如图 12-45 所示。

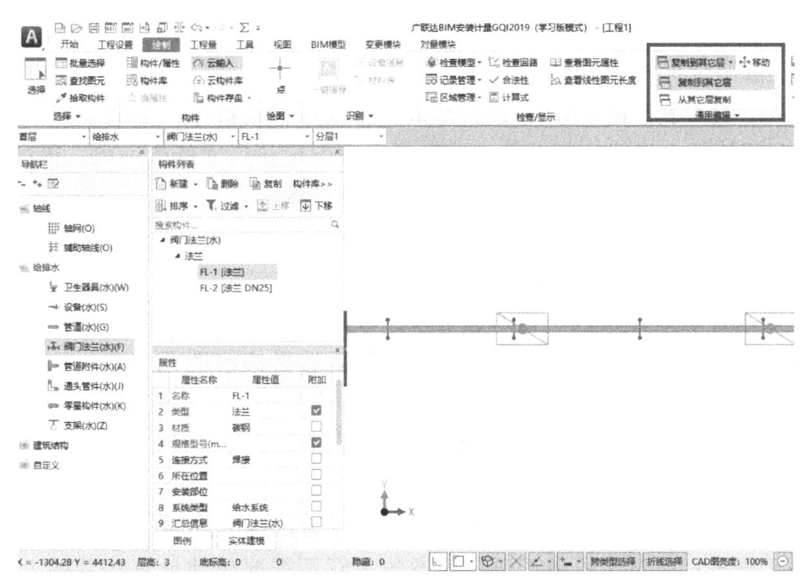

图 12-45　楼层复制界面

2）广联达 GQI2019 中自适应功能如何使用？

步骤一：选择构件图元（可批量选/拉框选/点选），绘图界面中在构件菜单单击【自适应构件属性】功能，弹出如图 12-46 所示对话框。

步骤二：选择需要自适应管道的属性，单击确定。

步骤三：软件退出选择状态，自适应生成相关属性（覆盖生成），完成后给出相应提示。

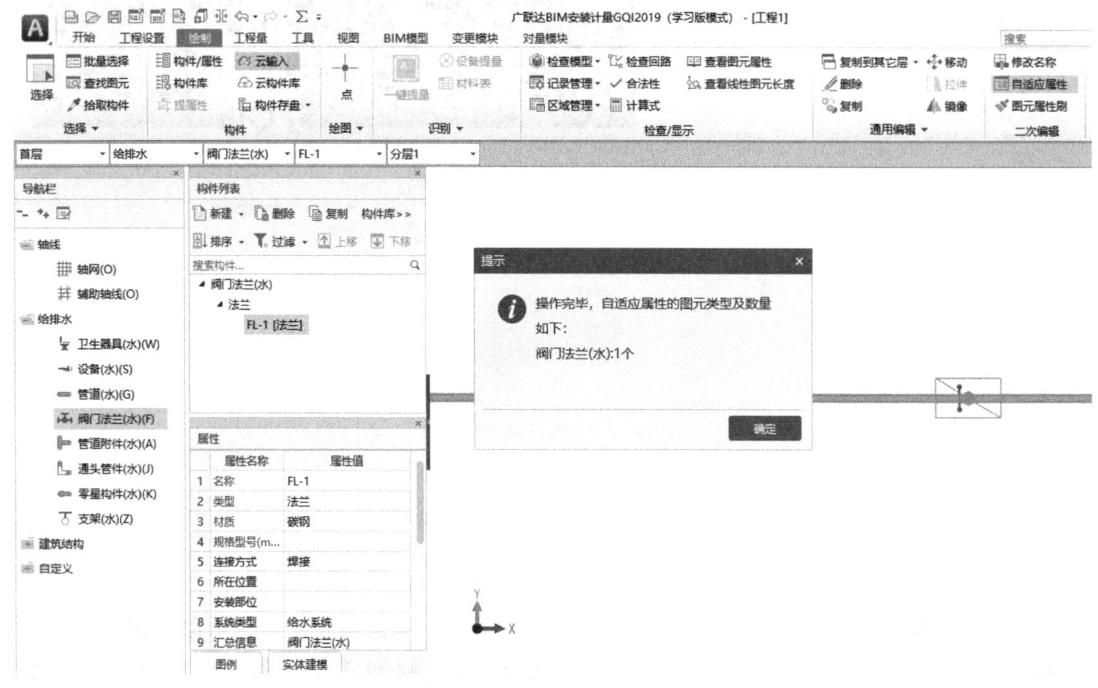

图 12-46　自适应属性界面

3）导图识别过程中，遇到图纸不标准或图纸尺寸信息与标注信息不对应情况，如标注尺寸为 250，实际测量尺寸为 500，如何应对？

方法 1：从图纸入手，在 CAD 中进行修改，修改后，重新导入图纸。

方法 2：利用软件中设置比例功能，将测量尺寸与标注尺寸修改一致，提高识别效率。

方法 3：修改已识别的构件属性信息，使之保持一致。

4）构件绘制完成后，发现选错了图元，比如绘制给水管道 2 完成后，发现错选了给水管道 3 来绘制给水管道 2，如何快速修改？

如果绘制给水管道 2 时错选了给水管道 3，可以通过修改图元名称功能快速修改。选中错误图元给水管道 3，单击右键然后选择修改图元名称，选中图元给水管道 2，单击确定，就可以把给水管道 3 修改为给水管道 2，无须删除重画。修改图元名称界面如图 12-47 所示，选择目标图元界面如图 12-48 所示。

音频 12-3：给水排水计算注意事项

5）当管道连接方式为法兰连接，管道接头计算为法兰片即可，不需要单独计算接头工程量；而对于机械三通、四通的主管不需要单独计算法兰的工程量，GQI2019 软件对机械三通、四通以及法兰片是如何计算的？

当管道为法兰连接时，软件在管道接头处按两片法兰片进行出量，管道为沟槽连接时可依据计算设置修改生成机械三通、四通的原则，不再计算主管法兰片工程量；并且法兰连接

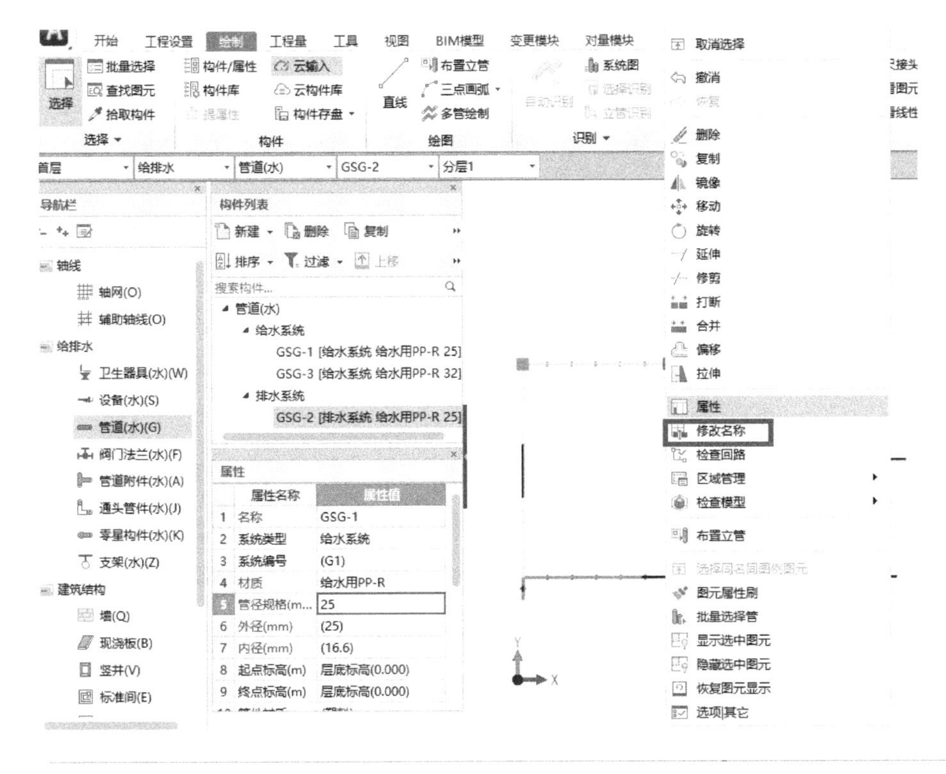

图 12-47　修改图元名称界面

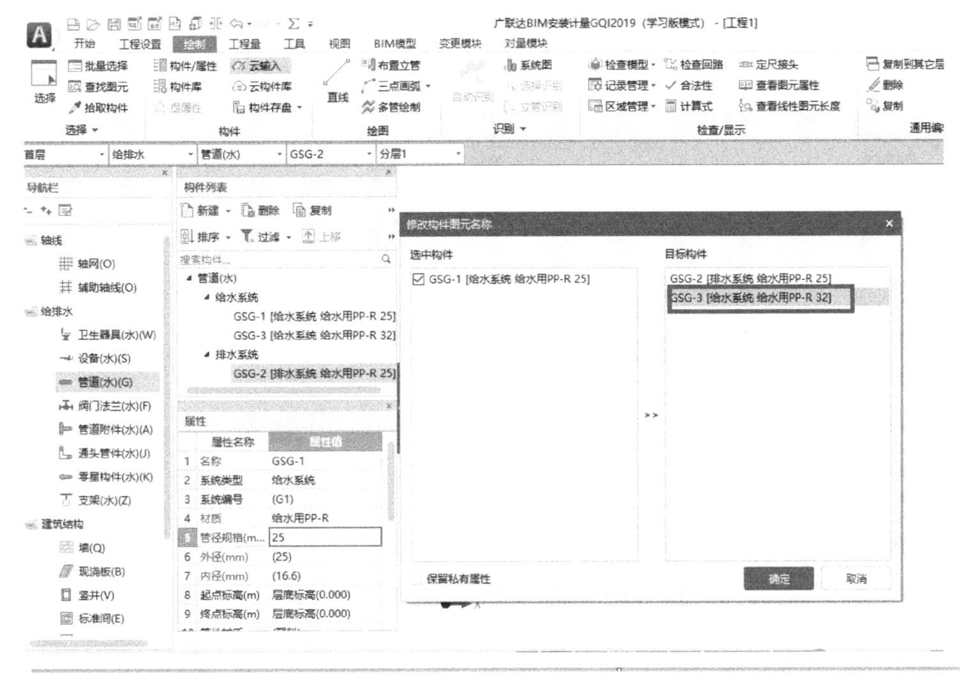

图 12-48　选择目标图元界面

时接头计算工程量仅为法兰盘的工程量。

6）如何查看单个构件工程量？

可以通过查看分类工程量功能查看，比如查看管道（水）工程量，选中管道（水），就能显示该构件详细工程量。查看构件工程量界面如图 12-49 所示。

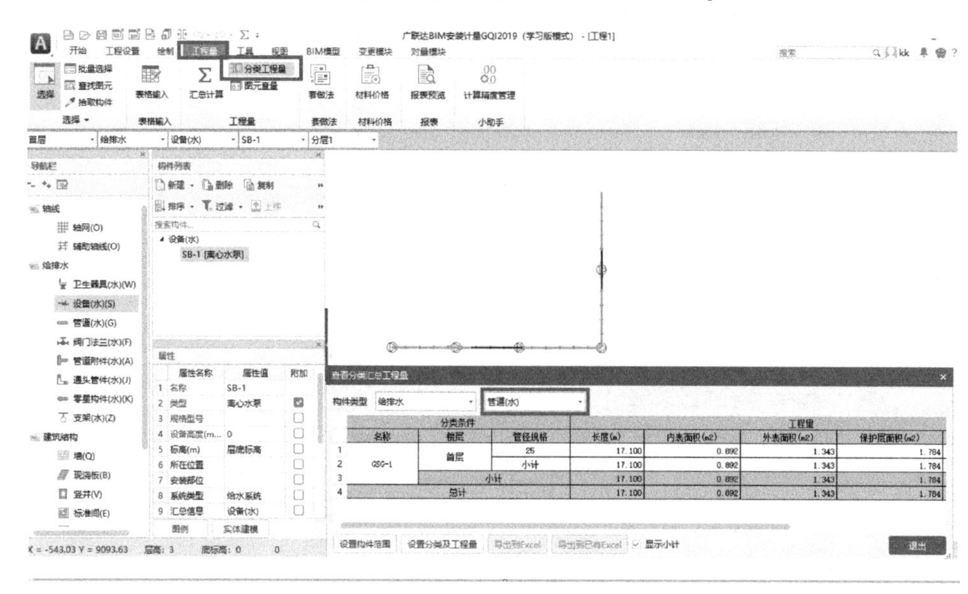

图 12-49　查看构件工程量界面

7）如何在 GQI2019 中测量构件长度？

测量构件长度或两点之间的距离，可通过工具中测量距离功能实现。工具里还有显示线性图元方向、查看线性图元长度等功能。测量距离界面如图 12-50 所示。

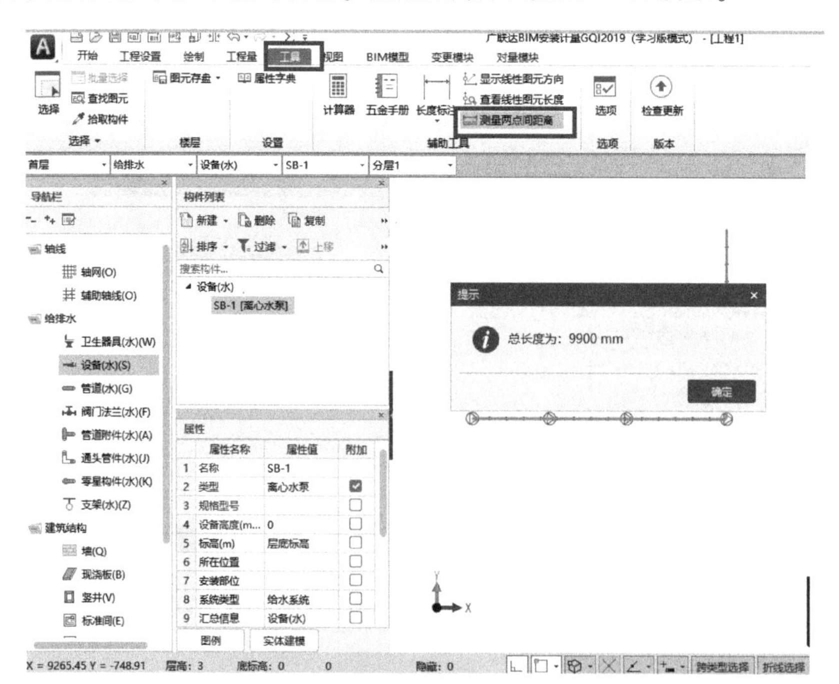

图 12-50　测量距离界面

8）软件背景颜色默认为黑色，如何调成白色？

可以通过工具选项里面的绘图设置、背景显示颜色来调整，可以选择白色或其他颜色。背景颜色修改界面如图 12-51 所示。

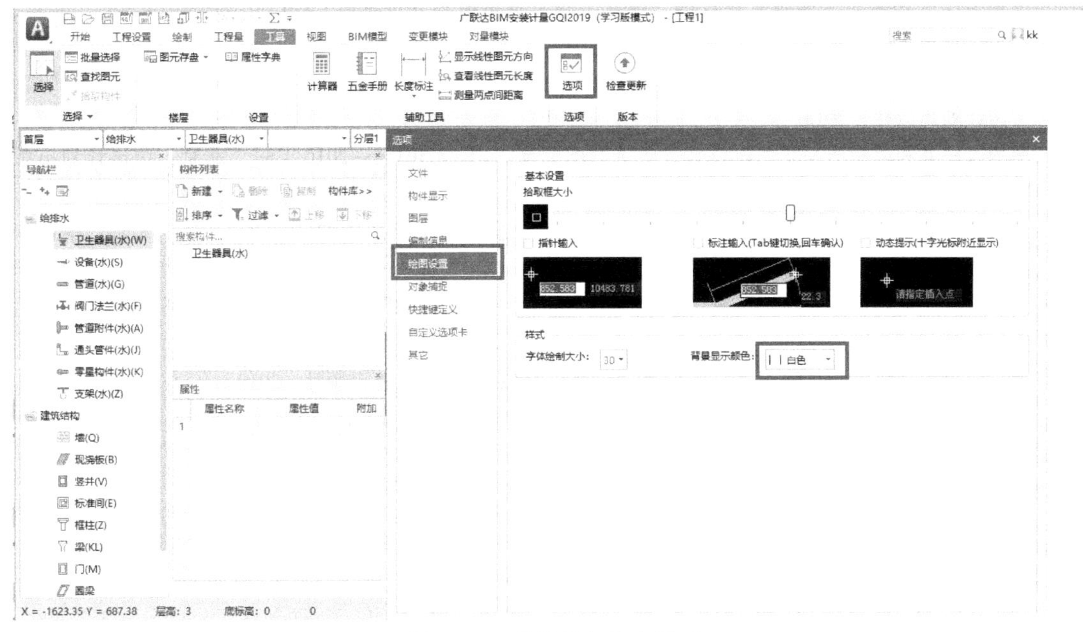

图 12-51　背景颜色修改界面

9）如何隐藏图元或只显示某一图元？

可通过视图中显示设置，通过勾选图元来设置显示某一图元，通过取消勾选隐藏某一图元。显示隐藏图元界面如图 12-52 所示。

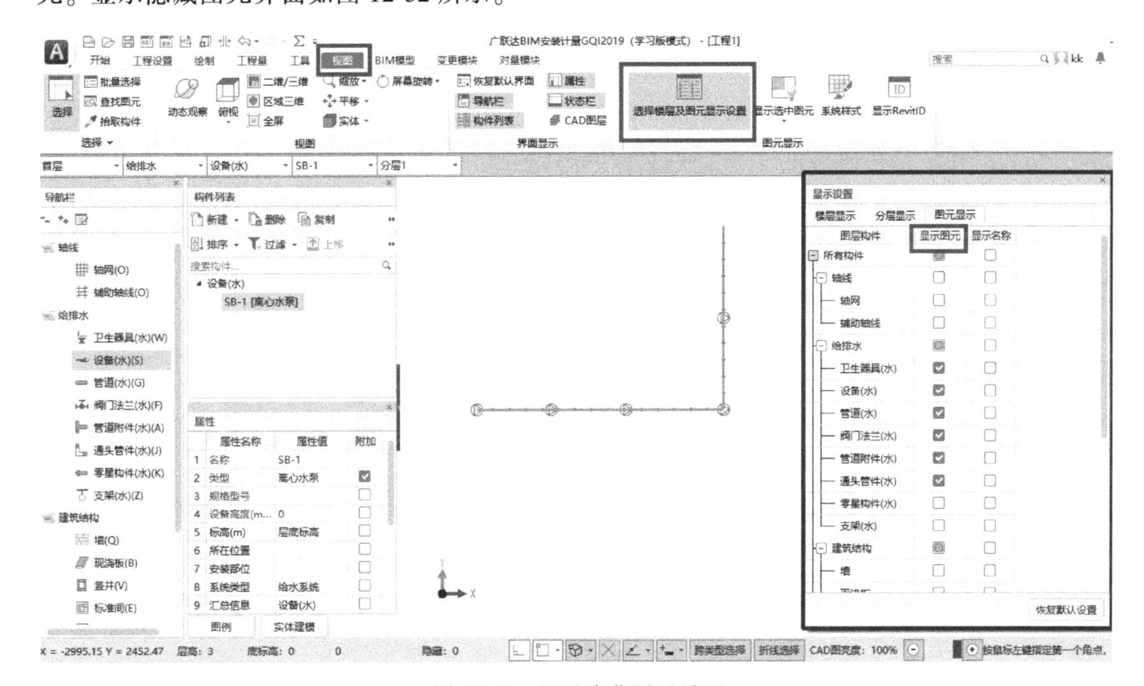

图 12-52　显示隐藏图元界面

参考文献

[1] 中华人民共和国住房和城乡建设部. 建设工程工程量清单计价规范：GB 50500—2013 [S]. 北京：中国计划出版社，2013.

[2] 中华人民共和国住房和城乡建设部. 通用安装工程工程量计算规范：GB 50856—2013 [S]. 北京：中国计划出版社，2013.

[3] 中华人民共和国住房和城乡建设部. 建筑制图标准：GB/T 50104—2010 [S]. 北京：中国计划出版社，2010.

[4] 住房和城乡建设部标准定额研究所. 通用安装工程量消耗定额：TY02-31-2015 [S]. 北京：中国计划出版社，2015.

[5] 全国造价工程师职业资格考试培训教材编审委员会. 建设工程技术与计量（安装工程）[M]. 北京：中国计划出版社，2019.

[6] 鸿图造价. 图解安装工程识图与造价速成 [M]. 北京：化学工业出版社，2019.

[7] 付峥嵘，冯锦. 安装工程计量与计价 [M]. 北京：清华大学出版社，2019.